EUL
VERLAG

Einfluss des Corporate Financial Hedging auf den Unternehmenswert

–

Dargestellt am Beispiel der Absicherung von Zins-und Währungsrisiken deutscher börsennotierter Nicht-Finanzdienstleistungsunternehmen

DISSERTATION

zur Erlangung des akademischen Grades eines

Doktors der Wirtschaftswissenschaft (Dr. rer. pol.)

an der

Fakultät für Wirtschaftswissenschaften

der

Universität Regensburg

Vorgelegt von:

Alois Rauscher (M. Sc.)

Berichterstatter:

Prof. Dr. Klaus Röder

Prof. Dr. Axel Haller

Tag der Disputation:

21. Dezember 2017

Reihe: Finanzierung, Kapitalmarkt und Banken · Band 98

Herausgegeben von Prof. Dr. Hermann Locarek-Junge, Dresden, Prof. Dr. Klaus Röder, Regensburg, und Prof. Dr. Mark Wahrenburg, Frankfurt

Dr. Alois Rauscher

Einfluss des Corporate Financial Hedging auf den Unternehmenswert

Dargestellt am Beispiel der Absicherung von Zins- und Währungsrisiken deutscher börsennotierter Nicht-Finanzdienstleistungsunternehmen

Mit einem Geleitwort von Prof. Dr. Klaus Röder, Universität Regensburg

Bibliografische Information der Deutschen Nationalbibliothek

Die Deutsche Nationalbibliothek verzeichnet diese Publikation in der Deutschen Nationalbibliografie; detaillierte bibliografische Daten sind im Internet über <http://dnb.d-nb.de> abrufbar.

Dissertation, Universität Regensburg, 2017

ISBN 978-3-8441-0562-9
1. Auflage November 2018

JOSEF EUL VERLAG GmbH
Zeithstr. 356
53721 Siegburg
Tel.: 0 22 05 / 90 10 6-80
Fax: 0 22 05 / 90 10 6-88
https://www.eul-verlag.de
info@eul-verlag.de

Bei der Herstellung unserer Bücher möchten wir die Umwelt schonen. Dieses Buch ist daher auf säurefreiem, 100% chlorfrei gebleichtem, alterungsbeständigem Papier nach DIN 6738 gedruckt.

Geleitwort

In seiner Monographie behandelt Herr Rauscher ein Thema, das seit Jahrzehnten eine hohe Relevanz für die Unternehmenspraxis besitzt. Er analysiert die Fragestellung, ob Absicherungsmaßnahmen bei Währungs- und Zinsrisiken den Unternehmenswert beeinflussen. Insbesondere analysiert Herr Rauscher, ob die Art der Darstellung im Jahresabschluss den Unternehmenswert verändern kann. Dazu führt Herr Rauscher eine umfangreiche eigenständige empirische Analyse auf der Basis aller Unternehmen aus DAX, MDAX, TEXDAX und SDAX, die nicht zu den Finanzdienstleistern gehören, durch. Der Untersuchungszeitraum umfasst die Jahresabschlüsse von 2005 bis 2013. Damit nutzt Herr Rauscher die seit der verpflichtenden Anwendung der IFRS im Jahre 2005 zur Verfügung stehenden entsprechenden bilanziellen Informationen. Weiterhin deckt der Untersuchungszeitraum die letzte Finanzkrise ab.

Die Arbeit von Herrn Rauscher überzeugt inhaltlich, methodisch und formal. Ihm ist mit seiner Dissertation ein wichtiger Forschungsbeitrag gelungen. Die Ergebnisse sind auch in höchstem Maße praxisrelevant, wobei der durchgängig eingehaltene rote Faden das Verständnis der Arbeit erleichtert. Ich wünsche der Arbeit eine gute Aufnahme und eine weite Verbreitung sowohl in der Wissenschaft als auch in der Praxis.

Regensburg im Februar 2018 Prof. Dr. Klaus Röder

Vorwort

Die vorliegende Arbeit entstand berufsbegleitend am Lehrstuhl für Finanzdienstleistungen an der Universität Regensburg. Sie wurde im Mai 2017 von der Wirtschaftswissenschaftlichen Fakultät der Universität Regensburg angenommen. Tag der Disputation war der 21. Dezember 2017.

Viele Rahmenbedingungen, von denen ich bei der Verfassung meiner Arbeit profitiert habe, sind nicht selbstverständlich. Es ist mir ein besonderes Anliegen, mich an dieser Stelle bei denjenigen Personen zu bedanken, die mich bei der Realisierung der Dissertation unterstützt haben und Anteil am Gelingen der Dissertation haben.

Mein besonderer Dank gilt Prof. Dr. Klaus Röder für die fachliche Betreuung meiner Dissertation. Seine stetige Unterstützung, weiterführenden Anregungen und motivierenden Ratschläge haben mir geholfen, diese Arbeit zu verfassen. In zahlreichen gemeinsamen Diskussionen konnte ich mein Verständnis für die Thematik und den Horizont erweitern, hiervon habe ich in fachlicher und persönlicher Hinsicht sehr profitiert.

Ebenfalls bedanken möchte ich mich bei Prof. Dr. Axel Haller für die Übernahme des Zweitgutachtens. Seine hilfreichen Anmerkungen haben immer wieder neue inspirierende und lehrreiche Impulse gegeben.

Den aktuellen und früheren Mitarbeitern des Lehrstuhls für Finanzdienstleistungen, Priv.-Doz. Dr. Christian Walkshäusl, Dr. Kathrin Lesser, Manuel Hofstetter, Ulrich Wessels, Florian Weißofner, danke ich für die sehr freundschaftliche Atmosphäre am Lehrstuhl sowie für die vielen spannenden Gespräche, die für mich sowohl fachlich als auch persönlich bereichernd waren.

Besonderer Dank gebührt darüber hinaus meinen Vorgesetzten bei der KPMG Arno Stranegger, Günther David sowie Dirk Hocker, die durch ein flexibles Arbeitszeitmodell eine nebenberufliche Promotion möglich gemacht haben und darüber hinaus meine persönliche und berufliche Weiterentwicklung gefördert haben.

Diese Arbeit wäre ohne privaten und familiären Rückhalt nicht möglich gewesen. Hier möchte ich vier Personen besonders hervorheben: Meiner Lebensgefährtin Katja danke ich für ihre tolle Unterstützung, aber auch für ihr Verständnis in dieser nicht immer einfachen Zeit. Zudem gilt mein Dank meiner Schwester Diana für den moralischen Beistand und das sprachliche und formale Feedback zu dieser Arbeit. Schließlich bedanke ich mich bei meinen Eltern Alois und Barbara, die mir meine akademische Ausbildung ermöglicht haben, für ihr Verständnis und ihre großartige Unterstützung – nicht nur während der Erstellung der Arbeit. Ihnen widme ich die Dissertation.

Regensburg im Mai 2018 Alois Rauscher

Inhaltsverzeichnis

Abbildungsverzeichnis

Tabellenverzeichnis

Abkürzungsverzeichnis

Abs.	Absatz
ADR	American Depositary Receipt
AG	Aktiengesellschaft
AR (2)	serielle Korrelation zweiter Ordnung
Art.	Artikel
BGBl.	Bundesgesetzblatt
BoE	Bank of England
BW	Buchwert
bzw.	beziehungsweise
CAPEX	Capitel Expenditure
CHF	Schweizer Franken
CNY	Chinesische Renminbi
CRD IV	Capital Requirements Directive IV
d. h.	das heißt
DRS	Deutsche Rechnungslegungsstandards
DRSC	Deutsche Rechnungslegungs Standards Committee e. V.
DS	Datastream
EBIT	Earnings before Interest and Taxes
EFTA	Europäischen Freihandelsassoziation
EG	Europäische Gemeinschaft
EGHGB	Einführungsgesetz zum Handelsgesetz
EMIR	European Market Infrastructure Regulation
EMMI	European Money Market Institute
ERM	Enterprise Risk Management
erw.	erweiterte
et al.	und andere
EU	Europäische Union
EUR	Euro
EZB	Europäische Zentralbank
f.	folgende
FCIC	Financial Crisis Inquiry Commission
FE	Fixed Effects

FED	Federal Reserve
FEDS	Finance and Economics Discussion Series
FD	First Difference
FK	Fremdkapital
FTSE	Financial Times Stock Exchange
FWK0709	Finanz-und Wirtschaftkrise-(2007-2009)-Dummy-Variable
FX	Foreign Exchange
FXD	Foreign-Exchange-Hedge-Dummy-Variable
FXHAV	Foreign-Exchange-Hedge-Accounting-Variable
FXHI	Foreign-Exchange-Hedge-Intensität
FXHR	Foreign-Exchange-Hedge-Ratio
FXHV	Foreign-Exchange-Hedge-Variable
GB	Geschäftsbericht
GBP	britische Pfund bzw. Pfund Sterling
GLS	Generalized Least Squares
GmbH	Gesellschaft mit beschränkter Haftung
GMM	Generalized Method of Moments
HAFX	Foreign-Exchange-Hedge-Accounting-Dummy
HAIR	Interest-Rate-Hedge-Accounting-Dummy
HAQFX	Foreign-Exchange-Hedge-Accounting-Quote
HAQIR	Interest-Rate-Hedge-Accounting-Quote
HGB	Handelsgesetzbuch
Hrsg.	Herausgeber
http	hyper text transfer protocol
IAS(s)	International Accounting Standard(s)
IASB	International Accounting Standards Board
IFRIC	International Financial Reporting Interpretations Committee
IFRS(s)	International Financial Reporting Standard(s)
IG	Implementation Guidance
IMF	International Monetary Fund
inkl.	inklusive
insb.	insbesondere
IR	Interest Rate

IRD	Interest-Rate-Hedge-Dummy-Variable
IRHAV	Interest-Rate-Hedge-Accounting-Variable
IRHI	Foreign-Exchange-Hedge-Intensität
IRHR	Interest-Rate-Hedge-Ratio
IRHV	Interest-Rate-Hedge-Variable
ISDA	International Swaps and Derivatives Association
ISIN	International Securities Identification Number
IV	Instrument-Variable
i. V. m.	in Verbindung mit
Jg.	Jahrgang
JPY	japanischer Yen
KonTraG	Gesetz zur Kontrolle und Transparenz im Unternehmensbereich
KZ	Kaplan Zingales
KGaA	Kommanditgesellschaft auf Aktien
LEV	Kapitalstruktur
Ln	natürlicher Logarithmus
LPM	lineare Paneldatenmodelle
MiFID II	Markets in Financial Instruments Directive II
MiFIR	Markets in Financial Instruments Regulation
Mio.	Million
MNC	Multinational Corporation
MPRA	Munich Personal RePEc Archive
MW	Marktwert
No.	Number
Nr.	Nummer
OTC	Over the Counter
POLS	Pooled Ordinary Least Squares
PSM	Propensity Score Matching
rev.	revised
ROCE	Return on Capital Employed
S.	Seite
SA	Size Asset
SE	Societas Europaea

SFAS	Statements of Financial Accounting Standard
sog.	sogenannte(r)
SSRN	Social Science Research Network
TEM	Treatment-Effects-Methode
TRBC	Thomson Reuters Business Classification
Tz.	Textziffer
u.	und
u. a.	unter anderem
UK	Vereinigtes Königreich
US	United States
USD	US-Dollar
US-GAAP	United States Generally Accepted Accounting Principles
v.	von
v. a.	vor allem
VaR	Value at Risk
vgl.	vergleiche
VIF	Variance Inflation Factor
WW	Whited-Wu
z. B.	zum Beispiel

Symbolverzeichnis

*	Signifikanz zum 10 % Signifikanzniveau
**	Signifikanz zum 5 % Signifikanzniveau
***	Signifikanz zum 1 % Signifikanzniveau
&	und
%	Prozent
§	Paragraph
α	Konstante im Regressionsmodell
β	Regressionskoeffizient
γ_j	Regressionskoeffizienten für Kontrollvariable j
ε	Störterm
ϑ	Regressionskoeffizient
Σ	Summe
τ	Regressionskoeffizient
H_1-H_8	Hypothesen 1-8
i	Laufindex
j	Laufindex
M_1-M_8	Regressionsmodelle 1-8
N	Anzahl der Beobachtungen
p	p-Wert
Q_{it}	Tobins Q für Unternehmen i zum Zeitpunkt t
r	Korrelationskoeffizient nach Pearson
R^2	Bestimmtheitsmaß
$R^2_{adj.}$	adjustiertes Bestimmtheitsmaß
t	Zeitpunkt t
Z	Anzahl der Unternehmen

1 Einleitung

1.1 Problemstellung

„*In our view however, derivatives are financial weapons of mass destruction, carrying dangers that, while now latent, are potentially lethal.*“[1] Diese Aussage im Geschäftsbericht von Berkshire Hathaway aus dem Jahr 2002 wird regelmäßig von den Medien zitiert, um die kritischen Aspekte des Einsatzes von Derivaten hervorzuheben.[2] Insbesondere im Zusammenhang mit der Finanz- und Wirtschaftskrise der Jahre 2007 bis 2009 wurde massive Kritik am Einsatz von derivativen Finanzinstrumenten geäußert,[3] da hierbei vor allem die Verfolgung spekulativer Zwecke unterstellt wurde.[4] Dies hatte vor allem mit dem Erlass der European-Market-Infrastructure-Regulation-Verordnung (EMIR) eine stärkere Regulierung des außerbörslichen, also des Over-the-Counter (OTC)-Handels mit Derivaten, welcher den Hauptteil des Derivatehandels repräsentiert,[5] zur Folge.[6] Diese zusätzlichen Auflagen sind auch für Nicht-Finanzunternehmen relevant, die Derivate nicht zur Spekulation, sondern zur Absicherung gegen ihre Geschäftsrisiken (Hedging)[7] einsetzen.[8] Letzteres ist bei vielen Unternehmen außerhalb des Finanzsektors der Fall, denn mehrere Untersuchungen zeigen, dass sich bei Nicht-Finanzunternehmen der Einsatz von Derivaten – insbesondere zur Absicherung von Zins- und Währungsrisiken – etabliert hat.[9] Angesichts des weitverbreiteten Einsatzes von Derivaten zum Zins- und Fremdwährungs-

---

1 Vgl. Berkshire Hathaway (Hrsg.) (2003), S. 15.

2 Vgl. Stulz, R. M. (2009), S. 59; Tuckman, B. (2016), S. 62; Zimmermann, U./Weck, J. (2013), S. 193.

3 Vgl. Acharya, V. et al. (2009), S. 89.

4 Vgl. Bartram, S. M. et al. (2011), S. 967 f.; Köhling, L./Adler, D. (2012a), S. 2125; Rossi Júnior, J. L. (2013), S. 416; Steinbrenner, H.-P./Schulz, S. (2013), S. 179; Stulz, R. M. (2009), S. 59.

5 Vgl. Droll, T./Ockler, M. (2013), S. 173 f.; Trepte, F./Byentsa, M. (2010), S. 260.

6 Der EMIR-Verordnung wird im Rahmen der Regulierung der OTC-Derivate die höchste Bedeutung zugeschrieben und wirkt sich zudem direkt auf Nicht-Finanzunternehmen aus. Vgl. Köhling, L./Adler, D. (2012a), S. 2125; Litten, R./Schwenk, A. (2013a), S. 857. Daneben gibt es jedoch mit MiFID II (Markets in Financial Instruments Directive II), MiFIR (Markets in Financial Instruments Regulation), CRD IV (Capital Requirements Directive IV) noch weitere Regulierungsmaßnahmen. Für einen Überblick über die Maßnahmen zur Regulierung des OTC-Derivatemarktes sowie deren Auswirkung vergleiche: Geier, B. M./Mirtschink, D. J. (2013), S. 102-116; Köhling, L./Adler, D. (2012a), S. 2125-2133; Köhling, L./Adler, D. (2012b), S. 2173-2180; Litten, R./Schwenk, A. (2013a), S. 857-863; Litten, R./Schwenk, A. (2013b), S. 918-922; Wieland, A./Weiß, S. (2013), S. 73-91.

7 Vgl. Glaum, M./Klöcker, A. (2011), S. 462.

8 Vgl. Litten, R./Schwenk, A. (2013a), S. 857; Wieland, A./Weiß, S. (2013), S. 75.

9 Vgl. für internationale empirische Evidenz: Allayannis, G. et al. (2012), S. 69; Bartram, S. M. (2009), S. 193; Bartram, S. M. et al. (2011), S. 976-978; Bodnar, G. M. et al. (2011), S. 47; Servaes, H. et al. (2009), S. 69 f.

Hedging wird in der finanzwirtschaftlichen Literatur umfassend untersucht, inwiefern sich dieser positiv in der Bewertung des sich absichernden Unternehmens durch den Kapitalmarkt niederschlägt.

Wird dem neoklassischen Ansatz von Modigliani/Miller gefolgt, dann wirkt sich die Absicherungspolitik eines Unternehmens nicht auf seinen Wert aus, weil die Anleger auf vollkommenen Kapitalmärkten die Absicherungsstrategie ohne zusätzliche Kosten selbst nachbilden können.[10] Die Durchführung des Hedging durch das Unternehmen ist demnach nur dann vorzuziehen und unter Umständen wertgenerierend, wenn einzelne Voraussetzungen für das Vorliegen eines perfekten Kapitalmarkts nicht erfüllt sind.[11] Ausgehend von der Arbeit von Smith/Stulz wird in einer Vielzahl von Studien, unter Berücksichtigung einzelner Marktfriktionen, die Herleitung der Motive für die Risikoabsicherung angestrebt.[12] Aus diesen Untersuchungen geht unter anderem hervor, dass Hedging insbesondere bei der Existenz von Transaktions-, Insolvenz- und Agency-Kosten, Steuern sowie hohen Kosten für die externe Finanzierung werterhöhend wirken kann.[13] Vor diesem Hintergrund wird der Einfluss des Absicherungsverhaltens von Nicht-Finanzunternehmen auf ihren Wert für verschiedene Länder, Regionen[14] und Branchen[15] direkt empirisch untersucht. Hierbei liegt der Fokus der bisherigen Untersuchungen auf der derivativen Absicherung des Währungsrisikos, während der Werteffekt von Zins-Hedging bislang vergleichsweise selten untersucht wird.[16]

In Bezug auf die verschiedenen bisher untersuchten Ländermärkte ist festzustellen, dass für den deutschen Aktienmarkt bislang noch keine eigenständige empirische Untersuchung vorliegt. Dies ist angesichts der Relevanz des deutschen Aktienmarktes verwunderlich, denn wenn die Marktkapitalisierung der an deutschen Börsen ge-

[10] Vgl. Modigliani, F./Miller, M. H. (1958), S. 268; MacMinn, R. D. (1987b), S. 1169-1173, 1184.
[11] Vgl. Fite, D./Pfleiderer, P. (1995), S. 140; Smith, C. W./Stulz, R. M. (1985), S. 392; Smith, C. W. (1995), S. 24.
[12] Vgl. Smith, C. W./Stulz, R. M. (1985), S. 391-405; Spanò, M. (2013), S. 90.
[13] Vgl. Aretz, K./Bartram, S. M. (2010), S. 365; Monda, B. et al. (2013), S. 4 f.
[14] Vgl. z. B. die Untersuchungen von Clark/Mefteh (Frankreich), Kapitsinas (Griechenland), Magee (USA), Panaretou (Vereinigtes Königreich). Vgl. Clark, E./Mefteh, S. (2010), 186; Kapitsinas, S. (2008), S. 3, 14; Magee, S. (2013), S. 64; Panaretou, A. (2014), S. 1163.
[15] Vgl. z. B. die Untersuchungen von Choi et al. (Pharma- und Biotechnologiesektor), Niebergall (Automobilindustrie); Pérez-González/Yun (Strom- und Gasversorgungsunternehmen). Vgl. Choi, J. J. et al. (2013), S. 244; Niebergall, J. (2008), S. 2f; Pérez-González, F./Yun, H. (2013), S. 2152.
[16] Vgl. Kapitel 4.2.5.

listeten Aktien als Maßstab genommen wird, dann verfügt Deutschland über den siebt- bzw. drittgrößten Aktienmarkt der Welt bzw. Europas.[17] Die Untersuchungen zum Absicherungsverhalten in Deutschland zeigen, dass Derivate bei der Absicherung von Zins- und Währungsrisiken von deutschen Nichtbanken von zentraler Bedeutung sind.[18] So haben bei einer Befragung im Jahr 2010 im Rahmen der Untersuchung von Bock/Chwolka 82 % der befragten deutschen Unternehmen aus DAX, MDAX, SDAX und TecDAX angegeben, Derivate im Rahmen des Risikomanagements einzusetzen.[19] Wird der Untersuchung von Bartram et al. gefolgt, unterscheidet sich die Intensität des Einsatzes von Derivaten jedoch je nach betrachtetem Land.[20] In diesem Zusammenhang zeigen die Untersuchungen von Bartram et al. und Lievenbrück/Schmid, dass die Hedging-Entscheidung nicht nur von firmenspezifischen Eigenschaften (wie z. B. Ausmaß des Währungsrisikos oder Unternehmensgröße) abhängt, sondern auch von landesbezogenen Charakteristika wie der Größe des Derivat-Marktes und der Kultur.[21]

Diese länderspezifischen Unterschiede zeigen sich allerdings nicht nur bezüglich der Hedging-Entscheidung, sondern auch im Hinblick auf die Bewertung der derivativen Absicherung am Kapitalmarkt. So stellen Dhanani et al. fest, dass der Effekt von Hedging auf den Unternehmenswert je nach Steuergesetzgebung und regulatorischen Anforderungen im untersuchten Land unterschiedlich sein kann.[22] Allayannis et al. finden Hinweise für länderspezifische Unterschiede in Bezug auf den Werteffekt der derivativen Fremdwährungsabsicherung in Abhängigkeit von der Ausprägung der Corporate Governance im jeweiligen Land.[23]

---

17 Hierzu wurde Marktkapitalisierung zum Juli 2014 herangezogen. Vgl. Deutsche Bundesbank (Hrsg.) (2014), S. 20.

18 Vgl. Bock, J. M./Chwolka, A. (2013), S. 496; Fatemi, A./Glaum, M. (2000), S. 7; Klöcker, A. (2011), S. 194; Meckl, R. et al. (2010), S. 220; Stenzel, A. et al. (2015), S. 55 f. Hierbei ist zu beachten, dass es bei den Untersuchungen von Klöcker und Meckl et al. neben deutschen Unternehmen bei Klöcker auch schweizerische und bei Meckl et al. zusätzlich östereichische Unternehmen untersucht wurden, wobei die deutschen Unternehmen den Hauptbestandteil der Stichprobe darstellten. Vgl. Klöcker, A. (2011), S. 172; Meckl, R. et al. (2010), S. 218.

19 Vgl. Bock, J. M./Chwolka, A. (2013), S. 492, 496.

20 Vgl. Bartram, S. M. et al. (2009), S. 193.

21 Vgl. Bartram, S. M. et al. (2009), S. 186; Lievenbrück, M./Schmid, T. (2014), S. 104.

22 Vgl. Dhanani, A. et al. (2007), S. 76.

23 Vgl. Allayannis, G. et al. (2012), S. 68, 75. Der Begriff Corporate Governance bezeichnet den „rechtlichen und faktischen Ordnungsrahmen für die Leitung und Überwachung von Unternehmen“. Kühnberger, M. (2016), S. 79.

Vor Hintergrund des aktuellen Stands der Forschung ist unklar, wie Hedging im deutschen Kapitalmarkt bewertet wird. An dieser Forschungslücke setzt die vorliegende Arbeit an.

1.2 Zielsetzung

Mit dieser Arbeit soll in mehrerlei Hinsicht ein Beitrag zur Erweiterung des aktuellen Forschungsstands geleistet werden. Wesentliches Ziel ist dabei, mit der branchenübergreifenden Untersuchung der Auswirkungen der Absicherung mit derivativen Finanzinstrumenten auf den Unternehmenswert in Bezug auf Deutschland eine Forschungslücke zu schließen. Dies soll am Beispiel der Absicherung von Zins- und Währungsrisiken durch derivative Finanzinstrumente untersucht werden. Die Untersuchung beschränkt sich auf Unternehmen, die außerhalb der Finanzbranche agieren, um die Vergleichbarkeit insbesondere in Bezug auf das Risikoprofil sicherzustellen.[24] Die empirische Untersuchung basiert auf der Auswertung der Konzernabschlüsse aller Nicht-Finanzdienstleistungsunternehmen im Zeitraum von 2005 bis 2013, die dem DAX, MDAX, SDAX oder TecDAX angehören. Auf dieser Basis soll untersucht werden, ob für den deutschen Aktienmarkt eine Prämie für die Absicherung von Zins- und Währungsrisiken mit Derivaten festgestellt werden kann.

Die Konzentration auf den deutschen Kapitalmarkt hat in diesem Zusammenhang insbesondere den Vorteil, dass die institutionellen Gegebenheiten, wie z. B. die regulatorischen Anforderungen, die sich aus der Börsennotierung oder dem Enforcement ergeben, für alle Unternehmen gleich sind. Somit werden Verzerrungen (bias) verhindert, die sich bei Untersuchungen, die mehrere Länder umfassen, ergeben.[25]

Zur Feststellung des Werteffekts der Absicherung muss ein Maßstab für den Unternehmenswert bestimmt werden.[26] Vor dem Hintergrund der Untersuchung von börsennotierten Unternehmen wird daher eine marktorientierte Wertkonzeption ge-

24 Vgl. Konoplev, I. (2010), S. 7.

25 Vgl. Ernstberger, J. (2008), S. 14. Die hohe Bedeutung länderspezifischer Unterschiede in diesem Zusammenhang stellt die Untersuchung von Doidge et al. heraus. Sie kommen zum Ergebnis, dass die Eigenschaften des Herkunftslandes eines Unternehmens den wichtigsten Einflussfaktor des Corporate Governance Rating darstellen. Vgl. Doidge, C. et al. (2007), S. 34 f.

26 Vgl. Bessembinder (1991), S. 524.

wählt.[27] Im Rahmen dieser Arbeit wird unter dem Unternehmenswert insbesondere der Börsenwert des Eigenkapitals des Unternehmens, welches auch als Shareholder-Value bezeichnet wird,[28] verstanden.[29]

Im Folgenden soll der Unternehmenswert – wie in den vergleichbaren Untersuchungen – durch Tobins Q approximiert werden.[30] Tobins Q wird als das Verhältnis des Marktwerts eines Unternehmens zu den Wiederbeschaffungskosten seiner Vermögenswerte definiert.[31] Tobins Q weist gegenüber anderen Kennzahlen, wie z. B. Aktienrenditen, den Vorteil auf, dass beim Vergleich der Bewertungen von Unternehmen keine Risikoadjustierung erforderlich ist.[32] Hinsichtlich der Analyse der Werteffekte von Corporate Hedging ist allerdings zu berücksichtigen, dass diese die Sicht der Kapitalmarktteilnehmer widerspiegelt.[33]

Die Untersuchung des Werteffekts der Absicherung basiert auf der Annahme, dass die verfügbaren Informationen zur Absicherung von den Kapitalmarktteilnehmern bei der Kursbildung berücksichtigt werden.[34] Mit der Informationsverarbeitung am Kapitalmarkt beschäftigt sich die Theorie der Informationseffizienz.[35] Nach Fama gilt ein Kapitalmarkt als informationseffizient, wenn die Marktpreise die verfügbaren relevanten Informationen unmittelbar und in vollem Umfang korrekt bzw. unverzerrt reflektieren.[36] In der Literatur wird zwischen einer schwachen, mittelstrengen und strengen Form der Informationseffizienz unterschieden.[37] Bei der schwachen Form

---

27 Diesem stehen die Wertkonzepte wie Bilanzwert, Liquidationswert, Substanzwert, Ertragswert sowie Rekonstruktionswert gegenüber. Für einen Überblick vgl. Kuhner, C./Maltry, H. (2006), S. 32-52. Diese spielen jedoch in diesem empirisch geprägten Forschungszweig keine Rolle.

28 Vgl. Hahnenstein, L. (2001), S. 5.

29 Diese Vorgehensweise steht im Einklang mit der vergleichbarer Untersuchungen dieser Forschungsrichtung, welche Begriffe wie firm market value, firm value sowie Shareholder-Value als Synonyme verwenden. Vgl. u. a. Allayannis, G./Weston, J. P. (2001), S. 243; Aretz, K./Bartram, S. M. (2010), S. 317, 362; Belghitar, Y. et al. (2013), S. 283, 292; Panaretou, A. (2014), S. 1161.

30 Vgl. u. a. Allayannis, G./Weston, J. P. (2001), S. 249; Allayannis, G. et al. (2012), S. 68; Belghitar, Y. et al. (2013), S. 290; Magee, S. (2013), S. 64 f.; Panaretou, A. (2014), S. 1164 f.; Vila Nova, M. et al. (2015), S. 17; Vivel Búa, M. et al. (2013), S. 916.

31 Vgl. Chung, K. H./Pruitt, S. W. (1994), S. 70; Harikumar, T./Harter, C. I. (1995), S. 402; Lindenberg, E. B./Ross, S. A. (1981), S. 1. Hierbei handelt es sich um die betriebswirtschaftliche Interpretation der von Tobin im makroökonomischen Zusammenhang hergeleiteten Q-Ratio. Vgl. Aretz, K./Bartram, S. M. (2010), S. 362; Gehrke, N. (1994), S. 7-23; Tobin, J. (1969), S. 15-29.

32 Vgl. Lang, L. H. P./Stulz, R. M. (1994), S. 1252 f.

33 Vgl. Allayannis, G./Weston, J. P. (2001), S. 248; Lang, L. H. P./Stulz, R. M. (1994), S. 1253.

34 Vgl. Meyer, H. D. (2013), S. 155.

35 Vgl. Meyer, H. D. (2013), S. 155.

36 Vgl. Fama, E. F. (1970), S. 383, Fama, E. F. (1976), S. 143.

37 Vgl. Fama, E. F. (1970), S. 383; Jensen, M. C. (1978), S. 97.

der Informationseffizienz sind ausschließlich die historischen Preisentwicklungen in den aktuellen Aktienkursen berücksichtigt.[38] In diesem Fall sind Anlagestrategien, die ausschließlich auf vergangenen Aktienkursen basieren, nicht überdurchschnittlich rentabel.[39] Ein Markt erfüllt die mittelstrenge Form der Informationseffizienz, wenn alle öffentlich zugänglichen Informationen eingepreist sind, weshalb durch ihre Verwendung im Rahmen einer Fundamentalanalyse keine Überrenditen erzielt werden können.[40] Aus der strengen Form der Informationseffizienz folgt, dass alle relevanten Informationen einschließlich nicht öffentlich verfügbarer Informationen im Marktpreis eines Anlageguts enthalten sind.[41] Somit gibt es keine Informationen, die zur Entwicklung überlegener Strategien führen können.[42]

Durch die Untersuchung der Unternehmen des DAX, MDAX, SDAX und TecDAX stehen die Unternehmen mit der höchsten Marktkapitalisierung, Anzahl der Aktionäre und dem höchsten Aktienhandelsvolumen am deutschen Kapitalmarkt im Zentrum der Untersuchung.[43] Diese Charakteristika rechtfertigen die Annahme eines mittelstrengen informationseffizienten Kapitalmarkts, wenngleich dies nicht final empirisch belegt werden kann.[44] Auf dieser Basis ist eine Analyse des Werteffekts möglich, weil die öffentlich verfügbaren Informationen verarbeitet werden.

Die Wahl des Untersuchungszeitraums von 2005 bis 2013 hat im Wesentlichen zwei Vorteile im Vergleich zu den bisherigen Untersuchungen. Zum einen haben sich durch die seit dem Jahr 2005 verpflichtende Anwendung der International Financial Reporting Standards (IFRS) für die Abschlüsse kapitalmarktorientierter Konzerne die Möglichkeiten der empirischen Auswertung im Vergleich zu den bisherigen Untersuchungen verbessert, da diese auf älterem, weniger aussagekräftigem Datenmate-

38 Vgl. Jensen, M. C. (1978), S. 97.
39 Vgl. Glaum, M. (1994), S. 70; Schremper, R. (2002), S. 687.
40 Vgl. Glaum, M. (1994), S. 70 f.; Jensen, M. C. (1978), S. 97; Schremper, R. (2002), S. 687.
41 Vgl. Fama, E. F. (1970), S. 383, Lindemann, J. (2004), S. 14; Jensen, M. C. (1978), S. 97.
42 Vgl. Glaum, M. (1994), S. 71; Lindemann, J. (2004), S. 14. Die strenge Form der Informationseffizienz wird als Extremfall betrachtet. Vgl. Fama, E. F. (1991), S. 1575. Grossmann/Stiglitz betrachten informationseffiziente Märkte als paradox, da es dann keinen Anreiz mehr für die Anleger gibt, Informationen zu verwerten, wodurch der Markt in ein Ungleichgewicht geraten würde. Vgl. Grossmann, S. J./Stiglitz, J. E. (1976), S. 247 f.; Grossmann, S. J./Stiglitz, J. E. (1980), S. 393. Eine vertiefte Darstellung zur Informationseffizienztheorie sowie der daran geübten Kritik und empirische Evidenz findet sich bei Vollmer (2008). Vgl. Vollmer, R. (2008), S. 43-91.
43 Vgl. Breitkreuz, R. (2012), S. 214.
44 Vgl. Cox, A. J./Portes, J. (1998), S. 284; Gerpott, T. J./Jakobin, N. M. (2006), S. 67 f.; Thiere, W. (2009), S. 32.

rial basieren.[45] Zum anderen ermöglicht diese Wahl des Zeitraums die Untersuchung der Wertrelevanz von Hedging während der Finanzkrise. Die Untersuchung dieser Zeitspanne ist von besonderem Interesse, weil unklar ist, wie sich die volatilen Entwicklungen an den Zins- und Devisenmärkten im Zuge der Finanz- und Wirtschaftskrise auf die Wertrelevanz der Absicherungsaktivitäten auswirken.

In der Literatur gibt es Hinweise, dass es Wechselwirkungen zwischen den Absicherungsaktivitäten und der Kapitalstruktur gibt.[46] Im Rahmen dieser Arbeit soll untersucht werden, welche Rolle die Kapitalstruktur für die Wertrelevanz von Hedging spielt.

In Bezug auf die bilanzielle Abbildung von Sicherungsbeziehungen nach IAS 39 (Hedge Accounting) gibt es in der Literatur zum einen Hinweise, dass die Anforderungen des Hedge Accounting die Absicherungsaktivitäten negativ beeinflussen.[47] Zum anderen zeigt die Untersuchung von Panaretou et al., dass Hedge Accounting die Informationsasymmetrien reduzieren und somit ein positives Signal für den Kapitalmarkt darstellen kann.[48] Vor dem Hintergrund dieser unklaren Auswirkungen der Regelungen des Hedge Accounting soll im Folgenden erstmalig untersucht werden, inwiefern der Werteffekt des Hedging von der Anwendung des Hedge Accounting abhängt.

1.3 Aufbau der Untersuchung

Die vorliegende Arbeit ist in sechs Abschnitte unterteilt und folgt dem in Abbildung 1 dargestellten Aufbau. Nach der Hinführung zum Thema und Darlegung der

45 Vgl. z. B. Allayannis, G./Weston, J. P. (2001), S. 248; Allayannis, G. et al. (2012), S. 67; Magee, S. (2013), S. 64 bzw. die Ausführungen in Kapitel 4.2.

46 Vgl. Hahnenstein, L./Röder, K. (2006), S. 162; Hahnenstein, L./Röder, K. (2007), S. 354. Vgl. Abschnitt 4.3.3 für detailliertere Ausführungen sowie Referenzen.

47 Vgl. Chen, W. et al. (2013), S. 77-85, 89; Lins, K. V. et al. (2011), S. 548. Die im Rahmen dieser Arbeit untersuchten börsennotierten Unternehmen sind kapitalmarktorientierte Unternehmen im Sinne des § 264d Handelsgesetzbuch (HGB) und erstellen ihren Konzernabschluss gemäß § 315a HGB nach IFRS. Daher werden im Folgenden nur die Rechnungslegungsvorschriften nach IFRS behandelt. Angesichts des Untersuchungszeitraums der empirischen Untersuchung (2005-2013) basieren im Folgenden insbesondere die Darstellung zum Hedge Accounting auf den in der EU für die zum 1. Januar 2013 beginnenden Geschäftsjahre genehmigten IFRS. Auf relevante Änderungen der Regelungen, vor allem im Untersuchungszeitraum, wird an entsprechender Stelle eingegangen.

48 Vgl. Panaretou, A. et al. (2013), S. 135 f.

Forschungsfragen in Kapitel 1 werden im zweiten Kapitel die Grundlagen zum Corporate Financial Hedging erläutert. Zunächst erfolgt eine Klärung der Begriffe Corporate Financial Hedging, Zins- und Währungsrisiko. Anschließend werden die Entwicklungen am Zins- und Devisenmarkt im Untersuchungszeitraum von 2005 bis 2013 dargestellt. Da in diesen Zeitraum die Finanz- und Wirtschaftskrise fällt, wird diese gesondert betrachtet. Durch diese Ausführungen soll ein Verständnis für die Risikolage in dieser Zeit geschaffen werden. In Kapitel 2.3 wird kurz dargestellt, welche Möglichkeiten den Unternehmen zur derivativen Absicherung zur Verfügung stehen.

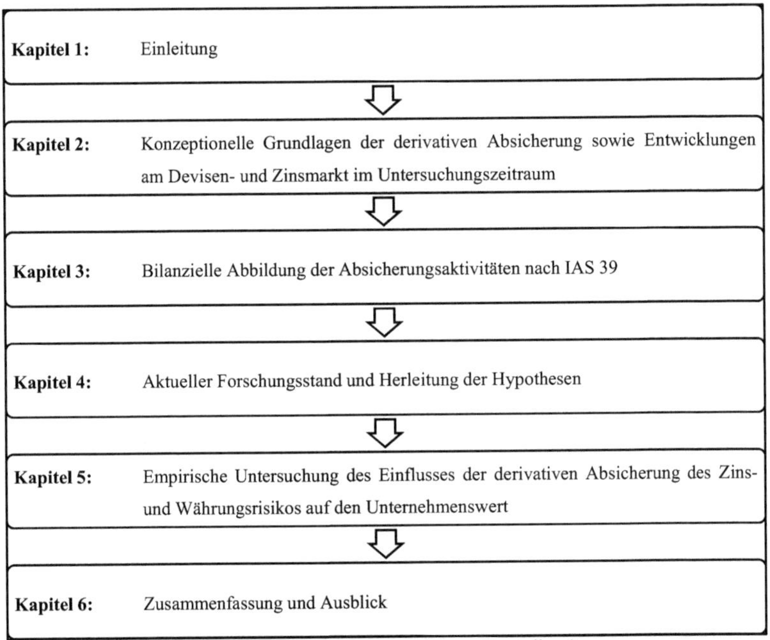

Kapitel 1: Einleitung

⇩

Kapitel 2: Konzeptionelle Grundlagen der derivativen Absicherung sowie Entwicklungen am Devisen- und Zinsmarkt im Untersuchungszeitraum

⇩

Kapitel 3: Bilanzielle Abbildung der Absicherungsaktivitäten nach IAS 39

⇩

Kapitel 4: Aktueller Forschungsstand und Herleitung der Hypothesen

⇩

Kapitel 5: Empirische Untersuchung des Einflusses der derivativen Absicherung des Zins- und Währungsrisikos auf den Unternehmenswert

⇩

Kapitel 6: Zusammenfassung und Ausblick

Abbildung 1: Überblick über den Aufbau der Arbeit (eigene Darstellung)

In Kapitel 3 wird gezeigt, wie die vorgestellten Methoden zur derivativen Absicherung bilanziell abgebildet werden können und welche Angaben hierzu im Konzernabschluss erfolgen. Dies ist insbesondere hinsichtlich der Möglichkeiten und Grenzen der empirischen Auswertung relevant.

Im vierten Kapitel wird der aktuelle Forschungsstand dargestellt, wobei zunächst die relevanten Erkenntnisse der Kapitalmarkttheorie vorgestellt werden. Anschließend wird ein Überblick über die bisherigen empirischen Untersuchungen gegeben und der Forschungsbedarf dargelegt. Auf Basis der in Kapitel 4.1 dargestellten kapitalmarkttheoretischen Argumente werden in Kapitel 4.3 die Forschungshypothesen hergeleitet.

Die empirische Überprüfung der vorgestellten Hypothesen erfolgt im fünften Kapitel. Hierzu werden zunächst die Auswahl der Datenbasis sowie die verwendeten ökonometrischen Methoden vorgestellt. Anschließend wird das Regressionsmodell inklusive der verwendeten Variablen erläutert. Nach der Vorstellung der Grundlagen der empirischen Untersuchung werden die Charakteristika der untersuchten Stichprobe beschrieben. Darauf aufbauend erfolgt eine bivariate Untersuchung des Zusammenhangs zwischen Hedging und Unternehmenswert. Zu diesem Zweck werden zum einen eine Korrelationsanalyse und zu anderem ein Mittelwert- und ein Wilcoxon-Mann-Whitney-Test durchgeführt. Anschließend werden die Ergebnisse der multivariaten Analyse vorgestellt. Zur Überprüfung der Robustheit werden weitere Tests durchgeführt. Abschließend werden die Ergebnisse der Hypothesentests zusammengefasst und die Grenzen der empirischen Untersuchung diskutiert.

In Kapitel 6 erfolgt die Zusammenfassung der Ergebnisse sowie deren Beurteilung im Hinblick auf die Implikationen für die Praxis. Die Arbeit schließt mit einem Ausblick sowie Hinweisen für weiteren Forschungsbedarf.

2 Absicherung von Währungs- und Zinsrisiken vor dem Hintergrund der Finanz- und Wirtschaftskrise

2.1 Begriffliche Abgrenzung

2.1.1 Corporate Financial Hedging

Im Zusammenhang mit dem betrieblichen Risikomanagement (Corporate Risk Management)[49] wird in der Literatur eine Vielzahl von Begriffen mit teilweise uneinheitlichen Definitionen verwendet. Vor diesem Hintergrund erfolgt zunächst eine konkrete Abgrenzung des Untersuchungsobjekts. Hierzu werden die für die Arbeit relevanten Begriffe eingeführt.

Angesichts der vielfältigen Definitionsmöglichkeiten von Risiko ist zunächst zu klären, welches Risikoverständnis der Arbeit zugrunde liegt.[50] Im finanzwirtschaftlichen Umfeld wird Risiko im weiteren Sinne als die mit einer Variablen verbundene Unsicherheit in Form der Schwankung um seinen Erwartungswert verstanden.[51] Da die Volatilität auch positive Auswirkungen implizieren kann, wird als Risiko im engeren Sinne nur die Gefahr bezeichnet, dass die Erwartungen untererfüllt werden und unerwünschte negative Folgen auftreten.[52] Im Folgenden wird der eng gefasste Risikobegriff zugrunde gelegt, da dieser das Risikoverständnis der handelnden Akteure in den Unternehmen besser abbildet.[53]

Es gibt wiederum eine Vielzahl verschiedener Arten von Risiken, mit welchen sich Unternehmen auseinandersetzen müssen.[54] Dabei kann differenziert werden zwischen reinen und spekulativen Risiken.[55] Reine Risiken umfassen die Gefahr von

49 Vgl. Dionne, G. (2013), S. 154.
50 Vgl. Doege, D. (2013), S. 9; Mikus, B. (2001), S. 5.
51 Vgl. Doege, D. (2013), S. 10 f.; Lück, W. (2001), S. 207; Miller, K. D. (1992), S. 311.
52 Vgl. Doege, D. (2013), S. 10 f.; Lück, W. (2000), S. 315; Miller, K. D. (1992), S. 311.
53 Vgl. March, J. G./Shapira, Z. (1987), S. 1407; Stulz, R. M. (1996), S. 20. Eine analoge Risikodefinition wird von Doege, Klöcker sowie Strauß vorgenommen. Vgl. Doege, D. (2013), S. 13; Klöcker, A. (2011), S. 10; Strauß, M. (2008), S. 33. Darüber hinaus entspricht dies dem Risikoverständnis des deutschen Rechnungslegungsstandard (DRS) 20 im Rahmen der Lageberichterstattung. Vgl. DRS 20.11.
54 Vgl. Klöcker, A. (2011), S. 10; Mikus, B. (2001), S. 5. Es gibt eine Vielzahl von Möglichkeiten die Arten des Risikos zu klassifizieren. Vgl. Dionne, G. (2013), S. 154 f.; Mikus, B. (2001), S. 7-9; Servaes, H. et al. (2009), S. 61 f.; Triantis, A. J. (2005), S. 592-594.
55 Vgl. Lück, W. (2000), S. 315.

Geschehnissen, die ausschließlich negative Auswirkungen haben, wie z. B. ein Schaden aus einer Naturkatastrophe.[56] Bei spekulativen Risiken handelt es sich dagegen um die Chancen und Risiken, die sich aus geschäftlichen Aktivitäten ergeben.[57] Bezüglich der spekulativen Risiken kann wiederum differenziert werden zwischen den operativen und den finanziellen Risiken.[58] Die operativen Risiken ergeben sich direkt bei den Kerngeschäftsprozessen eines Unternehmens, wie z. B. der Produktion oder dem Vertrieb eines Nicht-Finanzunternehmens.[59] Zu den finanziellen Risiken zählen demgegenüber die Marktpreis-, Kreditausfall- und Liquiditätsrisiken.[60] Im Folgenden stehen die Marktpreisrisiken im Vordergrund. Diese umfassen für Nicht-Finanzunternehmen im Wesentlichen Fremdwährungsrisiken, Zinsrisiken und Rohstoffpreisrisiken.[61] Letztere werden im Rahmen vorliegender Arbeit – wie in anderen Untersuchungen – nicht näher behandelt, weil Rohstoffpreisrisiken eine hohe Branchenspezifität aufweisen.[62]

Die Absicherung gegen diese Marktpreisrisiken im Rahmen des Corporate Risk Management wird im Schrifttum unter dem Begriff Corporate Hedging subsumiert.[63] Darunter wird im Folgenden die Reduktion der Abhängigkeit der unsicheren zukünftigen Erträge eines Unternehmens von zufälligen Marktpreisbewegungen verstan-

---

56 Vgl. Dionne, G. (2013), S. 154; Lück, W. (2000), S. 315.

57 Vgl. Lück, W. (2000), S. 315.

58 Vgl. u. a. Klöcker, A. (2011), S. 11; Wiedemann, A. (2002), S. 508. Zwischen diesen beiden Risikoarten bestehen Wechselwirkungen, so dass keine vollständig trennscharfe Differenzierung möglich ist. Vgl. Klöcker, A. (2011), S. 11. Treten z. B. Probleme in der Produktion der Güter auf, so wirkt sich dies wiederum auf die Liquidität des Unternehmens aus.

59 Vgl. u. a. Klöcker, A. (2011), S. 11; Servaes, H. et al. (2009), S. 61; Wiedemann, A. (2002), S. 508.

60 Vgl. Klöcker, A. (2011), S. 11.

61 Vgl. Bartram, S. M. (1999), S. 9; Klöcker, A. (2011), S. 11 f.

62 Vgl. Belghitar, Y. et al. (2008), S. 44; Vila Nova, M. (2015), S. 14. Die Untersuchung des Werteffekts der derivativen Absicherung von Rohstoffrisiken erfolgt üblicherweise in den Untersuchungen einzelner Branchen. Vgl. z. B. Yin, Y./Jorion, P. (2006), S. 893-919; Mackay, P./Moeller, S. B. (2007), S. 1379-1419 (alle Öl- und Gasproduzenten); Carter, D. A. et al. (2006), S. 53-86; Treanor, S. D. et al. (2013), S. 64-91; Treanor, S. D. et al. (2014), S. 200-210 (alle Luftfahrtindustrie). Aufgrund der isolierte Betrachtungsweise der Effekte der Absicherung zweier Einzelrisiken ist festzuhalten, dass die Arbeit auf dem traditionellen Verständnis des Risikomanagements basiert. Vgl. Monda, B. et al. (2013), S. 3; McShane, M. K., et. al. (2011), S. 643 f. Demgegenüber steht das umfassendere Risikomanagementverständnis des sog. Enterprise Risk Management (ERM), bei welchem die Zusammenhänge zwischen den Risiken berücksichtigt werden. Vgl. McShane, M. K., et. al. (2011), S. 643 f. Hierbei wird nur das aus dem Gesamtportfolio an Risiken verbleibende Exposure abgesichert. Vgl. McShane, M. K., et. al. (2011), S. 643 f. Bei ERM handelt es sich jedoch noch um eine relativ neue Forschungsrichtung. Vgl. Bromiley, P. et al. (2015), S. 265. Einen Überblick über den aktuellen Forschungsstand in Bezug auf ERM gibt die Arbeit von Bromiley et al. Vgl. Bromiley, P. et al. (2015), S. 265-276.

63 Vgl. Bühlmann, B. (1998), S. 29-34; Dionne, G. (2013), S. 154.

den.[64] Infolgedessen wird die Spekulation mit Finanzinstrumenten im Rahmen der Arbeit nicht berücksichtigt, da diese zu einer Erhöhung der Marktpreisrisiken und somit zu einer Steigerung der Abhängigkeit führt.[65] Daher wird in den folgenden Ausführungen von der Annahme ausgegangen, dass Unternehmen Derivate nicht mit dem Ziel der Gewinnerzielung einsetzen (Spekulation), sondern ausschließlich zur vollständigen oder partiellen Neutralisierung der unerwünschten Auswirkungen von Marktpreisentwicklungen auf die Vermögens-, Finanz- und Ertragslage eines Unternehmens.[66]

Beim Corporate Hedging kann zwischen derivativer und nicht-derivativer Absicherung unterschieden werden.[67] Vor dem Hintergrund der eingangs erwähnten verstärkten Kritik und Regulierung in Bezug auf Derivate seit der Finanzkrise soll im Folgenden der Nutzen der derivativen Absicherung (Corporate Financial Hedging)[68] untersucht werden.[69] Hedging bedeutet in diesem Kontext, dass eine offene Risikoposition (Grundgeschäft)[70] durch den Aufbau einer wertmäßig gegenläufigen Position (Sicherungsinstrument)[71] ausgeglichen wird.[72] Der Zusammenhang zwischen Grund- und Sicherungsgeschäft wird als Sicherungsbeziehung bezeichnet.[73]

64 Vgl. Hahnenstein, L./Röder, K. (2006), S. 162; Hahnenstein, L./Röder, K. (2007), S. 358; Hahnenstein, L./Röder, K. (2009), S. 58; Smith, C. W./Stulz, R. M. (1985), S. 392.

65 Vgl. Bartram, S. M. (2015), S. 1; Hahnenstein, L./Röder, K. (2006), S. 162; Hahnenstein, L./Röder, K. (2007), S. 358; Hahnenstein, L./Röder, K. (2009), S. 58.

66 Vgl. Bühlmann, B. (1998), S. 34 f. Auf Basis dieser Definition wird auch sog. selektives Hedging, welches als besondere Art der Spekulation betrachtet wird, ausgeschlossen. Vgl. Bartram, S. M. (2015), S. 7; Glaum, M. (2002), S. 109. Selektives Hedging bedeutet, dass nur Positionen abgesichert werden, die aus Sicht des Unternehmens mit hoher Wahrscheinlichkeit Verluste generieren werden, während eine Risikoposition mit Gewinnaussicht nicht abgesichert wird. Vgl. Glaum, M. (2002), S. 109. Dem Thema Spekulation und selektives Hedging widmen sich unter anderem die Untersuchungen von Adam/Fernando, Adam et al., Bartram und Rossi Júnior. Vgl. Adam, T. R./Fernando, C. S. (2006), S. 283-309; Adam, T. R. et al. (2015), S. 1-27; Bartram, S. M. (2015), S. 1-30; Brown, G. W. et al. (2006), S. 2925-2947; Glaum, M. (2002), S. 108-121; Rossi, Júnior, J. L. (2013), S. 415-433. Mehrere empirische Untersuchungen zeigen, dass Unternehmen Derivate zur Risikoreduktion und somit nicht zur Spekulation einsetzen. Vgl. u. a. Allayannis, G./Ofek, E. (2001), S. 273; Bartram, S. M. et al. (2011), S. 972; Bartram, S. M. (2015), S. 30; Belghitar, Y. et al. (2013), S. 292.

67 Vgl. Belghitar, Y. et al. (2013), S. 284.

68 Vgl. Bühlmann, B. (1998), S. 30, 40; Glaum, M./Klöcker, A. (2011), S. 462; Konoplev, I. (2010), S. 7.

69 Diese separate Betrachtung der derivativen Absicherung ist in der relevanten Literatur üblich. Vergleiche hierzu die Darstellung der bisherigen empirischen Evidenz zum Werteffekt der derivativen Absicherung in Kapitel 4.2 für weitere Nachweise.

70 Vgl. Große, J.-V. (2010), S. 192 f.; IAS 39.9; Knappstein, J./Schmidt, A. (2015), S. 578.

71 Vgl. IAS 39.9; Knappstein, J./Schmidt, A. (2015), S. 578.

72 Vgl. u. a. Bühlmann, B. (1998), S. 30; Klöcker, A. (2011), S. 27; Stapleton, R. C./Subrahmany-

In Abhängigkeit von der Definition des Umfangs des abzusichernden Grundgeschäfts wird zwischen Mikro-, Makro- und Portfolio-Hedge unterschieden.[74] Die unmittelbare Absicherung eines separaten Grundgeschäfts durch ein direkt zuordenbares Sicherungsgeschäft wird als Mikro-Hedge bezeichnet.[75] Beim Makro-Hedge werden risikokompensierende Wirkungen innerhalb von Gruppen heterogener Grundgeschäfte berücksichtigt und nur das verbleibende Risiko abgesichert.[76] Im Rahmen eines Portfolio-Hedge werden ebenfalls mehrere, jedoch homogene Grundgeschäfte durch ein oder mehrere Sicherungsinstrumente abgesichert.[77]

2.1.2 Währungsrisiko

Ein wesentliches finanzielles Risiko, welchem global agierende Unternehmen in der Regel ausgesetzt sind, stellt das Wechselkursrisiko dar.[78] Hierunter sind die möglichen direkten oder indirekten negativen Auswirkungen von nicht erwarteten Veränderungen des Wechselkurses auf den Cashflow, das bilanzielle Nettovermögen, den Nettogewinn und den Börsenwert eines Unternehmens zu verstehen.[79] Unter dem Begriff Währungsexposure werden alle Positionen – insbesondere Cashflows, Vermögenswerte und Schulden – subsumiert, die einem Währungsrisiko unterliegen.[80] Das Währungsrisiko eines Unternehmens wird somit durch den Umfang des Währungsexposure und das Ausmaß der nicht prognostizierbaren Wechselkursschwankungen bestimmt.[81] Der Anteil des durch Absicherungsmaßnahmen kompensierten Exposures wird Hedge-Ratio genannt.[82]

am, M. G. (2003), S. 5.

73 Vgl. Löw, E./Theile, C. (2012), Abschnitt XIII, S. 602 f., Tz. 3205.

74 Vgl. Klöcker, A. (2011), S. 29.

75 Vgl. Klöcker, A. (2011), S. 29.

76 Vgl. Doege, D. (2013), S. 57.

77 Vgl. Doege, D. (2013), S. 57. Angesichts der Absicherung von gleichartigen Grundgeschäften werden Portfolio-Hedge-Strukturen insbesondere aus Effizienzgesichtspunkten und weniger aus Risikoaspekten eingesetzt. Vgl. Schwarz, C. (2006), S. 36 f.

78 Vgl. Meckl, R. et al. (2010), S. 216; Stenzel, A. et al. (2015), S. 47.

79 Vgl. Papaioannou, M. (2006), S. 4.

80 Vgl. Adler, M./Dumas, B. (1984), S. 42; Soenen, L. A. (1979), S. 31. Im Folgenden werden die Begriffe Exposure und Risikoposition als Synonyme verwendet. Vgl. Mayer-Fiedrich, M. D. (2016), S. 90.

81 Vgl. Ruß, O. (2002), S. 7.

82 Vgl. Konoplev, I. (2010), S. 5.

Grundsätzlich wird zwischen den folgenden drei Arten von Währungsrisiko unterschieden: Transaktionsrisiko, Translationsrisiko und ökonomisches Risiko.[83] Das Translationsrisiko ergibt sich bei der Konzernabschlusserstellung im Rahmen der Umrechnung eines aus Konzernsicht in Fremdwährung lautenden Einzelabschlusses eines Tochterunternehmens in die Berichtswährung des Konzerns.[84] Das Translationsrisiko betrifft die Auswirkungen der Wechselkursschwankungen auf die Bewertung der Bilanz und Gewinn- und Verlustrechnung des Tochterunternehmens im Konzernabschluss.[85]

Unter dem Transaktionsrisiko werden die direkten Auswirkungen der Entwicklungen am Devisenmarkt auf fest vereinbarte, in Fremdwährung lautende Zahlungsströme in der Zukunft verstanden.[86] Das Risiko resultiert aus dem zeitlichen Abstand zwischen der Erstellung des Angebots und der Kalkulation eines Auftrags bis zur tatsächlichen Abwicklung des Vertrags und Bezahlung des Produkts in der Fremdwährung.[87] Von diesem Risiko sind insbesondere Forderungen und Verbindlichkeiten aus Außenhandelsgeschäften – Import bzw. Export – sowie erhaltene Dividenden betroffen.[88] Das Transaktionsrisiko kann sich sowohl auf Bilanzposten wie Forderungen oder Verbindlichkeiten als auch auf nicht in der Bilanz abgebildete schwebende Geschäfte beziehen.[89]

Während sich das Transaktionsrisiko auf das kurz- und mittelfristige Währungsrisiko bereits vertraglich fixierter Transaktionen bezieht, stellt das ökonomische Risiko die möglichen langfristigen Auswirkungen der Entwicklung des Wechselkurses auf die Marktposition eines Unternehmens und somit auf den Nettobarwert der unsicheren zukünftigen Cashflows dar.[90] Im Zentrum stehen die Folgen von Wechselkurs-

83 Vgl. Bodnar, G. M./Gebhardt, G. (1999), S. 167; Döhring, B. (2008), S. 2; Meckl, R. et al. (2010), S. 217. In der Literatur werden häufig die englischen Begriffe „economic exposure", „transaction exposure" und „translation exposure" als jeweilige Synonyme verwendet. Vgl. u. a. Bodnar, G. M./Gebhardt, G. (1999), S. 167; Filippis, F. d. (2011), S. 122 f.; Kartheiser, T. (2010), S. 22-26.

84 Vgl. Kartheiser, T. (2010), S. 22; Papaioannou, M. (2006), S. 4. Für die deutschen börsennotierten Unternehmen, die ihren Konzernabschluss nach IFRS erstellen, ist die Währungsumrechnung in IAS 21 geregelt.

85 Vgl. Döhring, B. (2008), S. 2.

86 Vgl. Döhring, B. (2008), S. 2.

87 Vgl. Kartheiser, T. (2010), S. 23 f.

88 Vgl. Döhring, B. (2008), S. 2; Papaioannou, M. (2006), S. 4.

89 Vgl. Bodnar, G. M./Gebhardt, G. (1999), S. 168.

90 Vgl. Döhring, B. (2008), S. 2; Kartheiser, T. (2010), S. 24-26; Papaioannou, M. (2006), S. 4.

schwankungen für den Gegenwert und das Volumen der Kosten und Erträge der heimischen Produkte.[91] Wertet z. B. der Euro gegenüber dem britischen Pfund auf, kann dies für einen in Deutschland produzierenden Automobilhersteller negative Auswirkungen auf den Umsatz haben, weil die Autos des Herstellers infolge der gestiegenen Preise in Großbritannien für die dortigen Kunden unattraktiver sind. Infolge der komplexen makroökonomischen Zusammenhänge gestaltet sich die Messung der Höhe des ökonomischen Risikos, welchem ein Unternehmen ausgesetzt ist, im Vergleich zum Translations- und Transaktionsrisiko als schwierig.[92]

Nach der Feststellung der Art des Risikos und der Messung des Exposures stellt die Ermittlung des gesamten Währungsrisikos einen wichtigen Schritt im Rahmen des Risikomanagements dar.[93] In diesem Kontext bietet sich insbesondere der Einsatz von At-Risk-Risikomodellen, wie z. B. dem Value at Risk (VaR) an.[94] Diese geben bei normalen Marktbedingungen den maximalen Verlust an, der für einen gegebenen Zeithorizont und ein Exposure unter Berücksichtigung des gewählten Konfidenzintervalls nicht überschritten wird.[95] Der Verlust wird beim Value at Risk z. B. anhand des Rückgangs des Marktwerts der Fremdwährungsposition gemessen.[96]

2.1.3 Zinsrisiko

Neben dem Währungsrisiko spielt auch das Zinsrisiko eine wichtige Rolle für ein Nicht-Finanzunternehmen.[97] Das Zinsrisiko beinhaltet die möglichen negativen Auswirkungen von Zinsänderungen auf die Zahlungsströme, die Aufwendungen und Erträge, die finanziellen Vermögenswerte und Schulden sowie den Unternehmenswert.[98] Obwohl sich die Zinsschwankungen auf alle vier genannten Ebenen auswir-

---

91 Vgl. Döhring, B. (2008), S. 2; Papaioannou, M. (2006), S. 4.
92 Vgl. Kartheiser, T. (2010), S. 24-26.
93 Vgl. Papaioannou, M. (2006), S. 5; Stulz, R. M. (2008), S. 41.
94 Vgl. Papaioannou, M. (2006), S. 5.
95 Vgl. u. a. Papaioannou, M. (2006), S. 5; Theuermann, C./Grbenic, S. (2011), S. 22. Eine umfangreiche Erläuterung zur Methodik findet sich unter anderem bei Henselmann et al. Vgl. Henselmann, K. et al. (2010), S. 459-467.
96 Vgl. Papaioannou, M. (2006), S. 5. Beim Cashflow at Risk würde der Verlust anhand des Rückgangs einer Zahlungsgröße gemessen werden. Vgl. Zunk, D. (2002), S. 93 f.
97 Vgl. Bartram, S. M. (2002), S. 103 f.; Dhanani, A. et al. (2008), S. 52 f.
98 Vgl. Bartram, S. M. (2002), S. 101 f.

ken, wird in diesem Kontext im Wesentlichen zwischen dem Barwert- und dem Cashflow- bzw. Ertragsrisiko unterschieden.[99]

Das Barwertrisiko bezieht sich auf die möglichen negativen Auswirkungen einer Zinsänderung auf den Diskontierungssatz und somit auf festverzinsliche Vermögenswerte und Schulden sowie den Unternehmenswert insgesamt.[100] Ein Rückgang der Marktzinsen führt zu einem niedrigeren Diskontierungssatz, welcher zu einem Anstieg des Barwerts führt.[101] Umgekehrt führt ein Anstieg der Zinsen zu einem Rückgang des Barwerts.[102] Direkte bilanzielle Auswirkungen ergeben sich insbesondere, wenn die Vermögenswerte und Schulden zum beizulegenden Zeitwert (fair value) angesetzt werden.[103]

Unter dem Cashflow-Risiko werden die möglichen negativen Auswirkungen von Zinsänderungen auf die Zahlungsströme verstanden.[104] Dieses Risiko besteht entweder wenn eine variable Verzinsung vereinbart wird oder bei kurzfristigen festverzinslichen Geldanlagen und Finanzierungen.[105] Dieses Risiko weist in der Regel einen ähnlichen Umfang wie das Ertragsrisiko auf, welches die Folgen der Zinsänderungen auf die Ertragslage umfasst, weil die Zinsaufwendungen und -erträge regelmäßig zahlungswirksam sind.[106] Wenn ein Unternehmen ein positives Netto-Zinsergebnis aufweist, dann hat eine Erhöhung (bzw. -Senkung) der Marktzinsen positive (bzw. negative) Folgen für den Cashflow und die Ertragslage.[107] Ist das Zinsergebnis dagegen infolge einer hohen Verschuldung negativ, wirkt sich ein Anstieg (bzw. ein Rückgang) der Marktzinsen in diesem Kontext negativ (bzw. positiv) aus.[108]

---

99 Vgl. Klöcker, A. (2011), S. 14 f.; Wesenberg, T. (2005), S. 108. Zusätzlich besteht noch das Risiko, dass durch eine suboptimale Wahl der Zinsbindung Opportunitätskosten entstehen. Vgl. Dhanani, A. et al. (2008), S. 54; Wesenberg, T. (2005), S. 119. Im Folgenden spielt diese Risikoart jedoch keine Rolle, da es sich nicht um tatsächlich anfallende Kosten handelt und diese für Absicherungsmaßnahmen nicht relevant sind. Vgl. Klöcker, A. (2011), S. 15.

100 Vgl. Wesenberg, T. (2005), S. 111 f.

101 Vgl. Klöcker, A. (2011), S. 15.

102 Vgl. Klöcker, A. (2011), S. 15.

103 Vgl. Klöcker, A. (2011), S. 15.

104 Vgl. Wesenberg, T. (2005), S. 108.

105 Vgl. Wesenberg, T. (2005), S. 108 f.

106 Vgl. Wesenberg, T. (2005), S. 111.

107 Vgl. Klöcker, A. (2011), S. 15.

108 Vgl. Klöcker, A. (2011), S. 15. Diese Szenarien in Bezug auf die Marktzinsänderungen basieren auf der Annahme, dass sich ein Anstieg bzw. der Rückgang der Marktzinsen gleichermaßen sowohl in den Soll- als auch den Habenzinsen niederschlägt.

2.2 Entwicklung am Devisen- und Zinsmarkt vor dem Hintergrund der Finanz- und Wirtschaftskrise

2.2.1 Finanz- und Wirtschaftskrise (2007-2009)

In Bezug auf die Risikosituation am Zins- und Devisenmarkt stellt sich die Frage, wie sich diese insbesondere vor dem Hintergrund der Finanz- und Wirtschaftskrise entwickelt hat. Im Folgenden wird zunächst ein kurzer Überblick über den Ablauf der Finanz- und Wirtschaftskrise gegeben.[109] Anschließend werden deren Auswirkungen auf die Entwicklung am Devisen- und Zinsmarkt aus der Sicht deutscher Nicht-Finanzunternehmen untersucht.

Den Auslöser für die weltweite Finanzkrise stellten die Probleme am US-amerikanischen Immobilienmarkt dar.[110] Wesentlicher Ausgangspunkt war der Anstieg der Popularität von strukturierten Finanzprodukten,[111] was den Banken ermöglichte, ihr Risiko bei Immobilienkrediten in Form von forderungsbesicherten Wertpapieren (asset backed securities) an andere Kapitalmarktteilnehmer weiterzureichen.[112] Dies führte dazu, dass in starkem Maße Hypothekenkredite an Kunden vergeben wurden, die infolge ihrer mangelhaften Bonität keinen konventionellen Kredit bekommen hätten (Subprime-Kredite).[113] Verstärkt wurde dieser Effekt durch ein günstiges Zinsumfeld in den USA vor der Krise.[114] Die Vergabe der Kredite erfolgte unter der Annahme, dass die Häuserpreise stetig steigen und daher eine Refinanzierung ohne weiteres möglich ist.[115] Der Rückgang der Immobilienpreise, welcher bis zum Ende des Jahres 2006 in den meisten Regionen der USA zu beobachten war, in Verbindung mit einem steigendem Zinsniveau stellte viele Hauskäufer bei der Folgefinanzierung vor große Probleme.[116]

---

109 Eine detaillierte Analyse der Finanzkrise aus US-amerikanischer Perspektive liefert der Bericht der Financial Crisis Inquiry Commission (FCIC) von 2011. Vgl. FCIC (Hrsg.) (2011), S. 1-633. Eine Übersicht über den chronologischen Ablauf findet sich bei Acharya et al. (2009). Vgl. Acharya, V. et al. (2009), S. 134-137.

110 Vgl. Brunnermeier, M. K. (2009), S. 77, 82.

111 Vgl. Brunnermeier, M. K. (2009), S. 80-82.

112 Vgl. Brunnermeier, M. K. (2009), S. 80; Lartey, R. (2012), S. 11.

113 Vgl. Brunnermeier, M. K. (2009), S. 82; Lartey, R. (2012), S. 11.

114 Vgl. Brunnermeier, M. K. (2009), S. 77, 82.

115 Vgl. Acharya, V. et al. (2009), S. 89; Brunnermeier, M. K. (2009), S. 82.

116 Vgl. Acharya, V. et al. (2009), S. 89; Goodhart, C. A. E. (2008), S. 338, 342.

Im Februar 2007 wurde erstmals ein deutlicher Anstieg der Anzahl ausgefallener Subprime-Hypothekenkredite festgestellt,[117] zu hohen Verlusten und Abschreibungen bei den Investoren und Banken, die in diesem Markt aktiv waren, führte.[118] Da die forderungsbesicherten Wertpapiere infolge guter Ratings ein scheinbar attraktives Rendite-Risiko-Verhältnis aufwiesen, wurden diese von Investoren – vor allem Banken und Versicherungen – weltweit gehalten.[119] Somit wirkte sich die Finanzkrise auch auf viele international agierende Banken außerhalb der USA aus.[120] So konnte z. B. die Zahlungsfähigkeit der IKB Deutsche Industriebank AG im August 2007 nur durch die Unterstützung der KfW-Bankengruppe sichergestellt werden.[121]

Diese Ereignisse hatten eine starke Verunsicherung der Marktteilnehmer zur Folge und führten zunächst zu einer Reduktion der Kreditvergabe unter den Banken und später auch gegenüber Unternehmen der Realwirtschaft.[122] Um der Gefahr einer Kreditklemme entgegenzuwirken, reduzierten insbesondere die europäischen und amerikanische Zentralbanken den Leitzins und stellten im Interbankenmarkt liquide Mittel zur Verfügung.[123]

Dennoch setzte sich der Anstieg der Ausfälle von Hypothekenkrediten fort,[124] sodass die staatlich geförderten Hypothekenbanken Freddie Mac und Fannie Mae, welche einen Großteil der US-amerikanischen Hypotheken verbrieft hatten und ausstehende Kredite in Höhe von ca. 1,5 Billionen US-Dollar aufwiesen, nur durch Staatsgarantien vor der Insolvenz bewahrt werden konnten.[125] Diese Garantien wurden als Teil

117 Vgl. Brunnermeier, M. K. (2009), S. 82.

118 Vgl. Acharya, V. et al. (2009), S. 89 f.; Brunnermeier, M. K. (2009), S. 86. Einen Überblick über die Auswirkungen der Finanzkrise auf die Finanzindustrie geben Hader et al. (2009). Vgl. Hader, J. et al. (2009), S. 144-161.

119 Vgl. Hader, J. et al. (2009), S. 145 f.

120 Vgl. Hader, J. et al. (2009), S. 145 f.

121 Vgl. FCIC (Hrsg.) (2011), S. 246-248.

122 Vgl. Acharya, V. et al. (2009), S. 92 f.; Chodorow-Reich, G. (2014), S. 19; Goodhart, C. A. E. (2008), S. 344.

123 Vgl. Brunnermeier, M. K. (2009), S. 85 f.; Polonis, A./Göcmen, F. (2009), S. 242-248. Einen Überblick über die Maßnahmen der Federal Reserve (FED), der Europäischen Zentralbank (EZB) und der Bank of England (BoE) während der Finanzkrise finden sich bei Polonis/Göcmen (2009). Vgl. Polonis, A./Göcmen, F. (2009), S. 242-251.

124 Vgl. Brunnermeier, M. K. (2009), S. 88 f.

125 Vgl. Brunnermeier, M. K. (2009), S. 88 f.

des Rettungsplans am 13. Juli 2008 zugesagt. Nachdem sich die Situation trotzdem weiter verschlechterte, erfolgte am 7. September 2008 die staatliche Übernahme.[126]

Mit der Insolvenz der Investmentbank Lehman Brothers am 15. September 2008 erreichte die Finanzkrise ihre kritischste Phase.[127] Dieses Ereignis führte zu einem weiteren Verlust des gegenseitigen Vertrauens der Marktteilnehmer,[128] woraus ein weiterer Rückgang der Kreditvergabe und ein Anstieg der Zinsen für Interbankkredite resultierte.[129]

Infolgedessen geriet eine Vielzahl von Banken – z. B. Merril Lynch, Hypo Real Estate, Wachovia, Washington Mutual – und Versicherungen – z. B. American International Group (AIG) – in Zahlungsschwierigkeiten.[130] Die Insolvenz dieser Unternehmen konnte nur durch private oder staatliche Übernahmen vermieden werden.[131]

Die Auswirkungen der Finanzkrise auf die Marktbewertung der Unternehmen waren weltweit sowohl direkt nach der Insolvenz von Lehman Brothers als auch im gesamten Krisenzeitraum immens. Im Zeitraum von Anfang Oktober 2007 bis Ende Februar 2009 reduzierte sich die gesamte Marktkapitalisierung aller weltweit börsennotierten Unternehmen von 51 Billionen US-Dollar um 56 % auf 22 Billionen US-Dollar.[132] Dies entspricht einem Wertverlust von ca. 50 % des im Jahr 2007 weltweit erzielten Bruttoinlandsprodukts.[133]

Die Auswirkungen der Finanzkrise beschränkten sich allerdings nicht nur auf die Finanz- und Immobilienwirtschaft, sondern betrafen auch die Realwirtschaft,[134] was aus den ungünstigeren Konditionen bei der Mittelbeschaffung, der hohen Ungewissheit, der Abwertung von Vermögensgegenständen und den negativen Auswirkungen

---

126 Vgl. Brunnermeier, M. K. (2009), S. 88.
127 Vgl. Acharya, V. et al. (2009), S. 93 f.; Brunnermeier, M. K. (2009), S. 89 f.; Chodorow-Reich, G. (2014), S. 18 f.; Lieven, P. (2009), S. 221.
128 Vgl. Brunnermeier, M. K. (2009), S. 89 f.; Chodorow-Reich, G. (2014), S. 18 f.; Lieven, P. (2009), S. 221.
129 Vgl. Brunnermeier, M. K. (2009), S. 89 f.; Chodorow-Reich, G. (2014), S. 18 f.
130 Vgl. Brunnermeier, M. K. (2009), S. 89-91.
131 Vgl. Brunnermeier, M. K. (2009), S. 89-91.
132 Vgl. Bartram, S. M./Bodnar, G. M. (2009), S. 1247.
133 Vgl. Bartram, S. M./Bodnar, G. M. (2009), S. 1247.
134 Vgl. Dill, A./Lieven, T. (2009), S. 199. Daher wird die Finanzkrise auch häufig als Finanz- und Wirtschaftskrise bezeichnet. Vgl. u. a. Elschen, R./Lieven, T. (2009), S. 141.

auf die Immobilienwirtschaft resultierte.[135] Vor diesem Hintergrund waren Länder, deren Wirtschaft in wesentlichem Maße auf den Verkauf von Gütern ins Ausland angewiesen sind – wie Deutschland und Japan – besonders stark betroffen.[136] Um den negativen Auswirkungen der Finanzkrise auf die Wirtschaft entgegenzuwirken, haben viele Staaten Programme zur Verbesserung der Konjunktur durchgeführt.[137] Eine Erholung der Konjunktur und der Marktbewertung der Unternehmen stellte sich ab März 2009 wieder ein.[138]

Die Finanz- und Wirtschaftskrise führte zu einer hohen Verunsicherung der Kapitalmarktteilnehmer. Wie dargestellt spiegelt sich dies auch in der Entwicklung der Kapitalmärkte wider. Im Folgenden werden die Auswirkungen auf die Devisen- und Zinsmärkte aus der Perspektive deutscher Nicht-Finanzinstitute dargestellt.

2.2.2 Entwicklung am Devisenmarkt

Bei der Analyse der Entwicklung der Devisenmärkte während vergangener Finanzkrisen, wie z. B. der Asien- (1997-1998) oder der Russlandkrise (1998) sind starke Schwankungen festzustellen.[139] Dies kann entweder auf eine gestiegene Risikoaversion der Marktteilnehmer oder auf eine veränderte Wahrnehmung des mit bestimmten Währungen verbundenen Risikos zurückgeführt werden.[140]

In Bezug auf die jüngste Finanzkrise (2007-2009) stellen die Abbildungen 2 bis 4 die für deutsche Nicht-Finanzunternehmen wesentlichen Wechselkursentwicklungen dar.[141] Hierbei handelt es sich um die folgende Währungspaare: US-Dollar/Euro (USD/EUR), Britische Pfund/Euro (GBP/EUR), Schweizer Franken/Euro (CHF/

135 Vgl. Dill, A./Lieven, T. (2009), S. 200-206; 216.
136 Vgl. Dill, A./Lieven, T. (2009), S. 216. Einen detaillierten Überblick über die Auswirkungen der Finanzkrise auf die deutsche Realwirtschaft findet sich bei Boland (2009). Vgl. Boland, T. (2009), S. 167-192.
137 Vgl. Lösel, T. (2009), S. 261 f.; 272-274. Bei Lösel (2009) findet sich ein Überblick über die ergriffenen Maßnahmen verschiedener Staaten. Vgl. Lösel, T. (2009), S. 262-272.
138 Vgl. Bartram, S. M./Bodnar, G. M. (2009), S. 1247; Fessler, T. (2013), S. 34.
139 Vgl. Kohler, M. (2010), S. 39.
140 Vgl. Kohler, M. (2010), S. 39.
141 Hierbei ist zu beachten, dass in den Abbildungen 2, 3 und 4 die Entwicklung der täglichen Kassakurse der angegebenen Währungspaare dargestellt werden. Die Kurse ergeben sich aus dem arithmetisches Mittel zwischen Brief- und Geldkurs. Die Abbildungen basieren auf den Zeitreihen aus Datastream mit den folgenden Kürzeln: USEURSP, UKEURSP, SWEURSP, JPEURSP und CHEURSP.

EUR) (vgl. Abbildung 2), chinesischer Renminbi/Euro (CNY/EUR) (vgl. Abbildung 3), japanischer Yen/Euro (JPY/EUR) (vgl. Abbildung 4).[142] Aus Absicherungsperspektive sind zwei Entwicklungen von Interesse:

- Zum einen ist die Volatilität der Wechselkurse bei allen Währungspaaren im Zeitraum von 2007 bis 2009 deutlich erhöht.[143] Die hohe Volatilität könnte Ausdruck der herrschenden Unsicherheit bei den Marktteilnehmern sein und zu einer stärkeren Neigung zur Absicherung führen.
- Zum anderen ist während der Finanzkrise eine deutliche Abwertung des Euros gegenüber dem US-Dollar, dem japanischen Yen, dem Schweizer Franken sowie dem chinesischen Renminbi festzustellen. Diese Abwertungsbewegung setzte im Juli 2008 nach der Ankündigung des Rettungsplans für Fannie Mae und Freddie Mac durch die US-Regierung am 13. Juli 2008 ein. Ausgehend von diesem Tag bis zur Verbesserung der realwirtschaftlichen Lage im März 2009 wertete der Euro gegenüber dem japanischen Yen bzw. dem chinesischen Renminbi um 26,6 % bzw. 20,2 % ab. Gegenüber dem Schweizer Franken und dem US-Dollar erfolgte in diesem Zeitraum eine Abwertung um 8,7 % bzw. 20,1 %.[144] Diesen Effekt erklärt Kohler in Bezug auf den JPY, CHF und USD damit, dass die Kapitalmarktteilnehmer in Zeiten hoher Unsicherheit zu Währungen tendieren, die sie als „sicheren Hafen" erachten.[145] Dieser Effekt kehrt sich allerdings um, sobald die Risikoaversion der Anleger wieder abnimmt.[146]

Die Abwertung des Euros gegenüber dem USD, CHF, JPY und CNY war positiv für Unternehmen, die überwiegend Umsatzerlöse in diesen Fremdwährungen erzielt haben und gleichzeitig ihre Kosten in Euro abrechnen konnten. Wenn z. B. ein ausschließlich in Deutschland produzierendes Maschinenbauunternehmen seine Produkte in den USA zu einem vorab vereinbarten Preis in US-Dollar absetzt, dann entste-

142 Laut der Umfrage von Stenzel et al. unter deutschen Industrieunternehmen weisen der US-Dollar, das britische Pfund Sterling, der japanische Yen sowie der chinesische Renminbi aus Sicht der Befragten die höchste Relevanz auf. Vgl. Stenzel, A. et al. (2015), S. 50. Zudem wird die Entwicklung des Schweizer Frankens berücksichtigt, da es sich hierbei ebenso um eine bedeutende Währung handelt. Vgl. Filippis, F. d. (2011), S. 39.

143 Vgl. analog Meckl, R. et al. (2010), S. 216 f.

144 In diesem Zeitraum wertete der Euro gegenüber dem britischen Pfund dagegen um 11,6 % auf.

145 Laut Kohler wertete nicht nur der Euro gegenüber US-Dollar, japanischer Yen sowie Schweizer Franken ab. Dieser Effekt war während der Finanzkrise auch bei einer Vielzahl von anderen Währungen zu beobachten. Vgl. Kohler, M. (2010), S. 41-44.

146 Vgl. Kohler, M. (2010), S. 41-44; 49.

hen bei einer Abwertung des Euros gegenüber dem US-Dollar Währungsgewinne beim Tausch der Umsatzerlöse von US-Dollar in Euro. Demgegenüber war diese Entwicklung für Unternehmen, die in diesen Währungen gehandelte Güter importiert haben, negativ, weil deren Preise aus Sicht eines deutschen Unternehmens gestiegen sind. Somit war für diese Unternehmen eine Absicherung gegen die Schwankungen von USD, CHF, JPY und CNY in dieser Zeit besonders wertvoll.

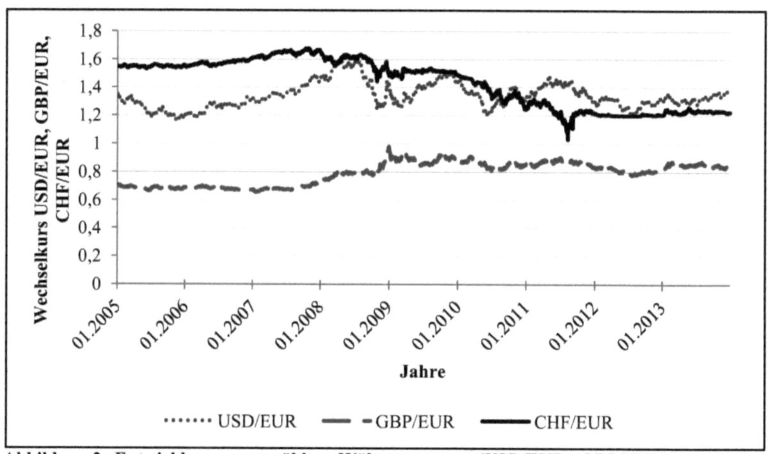

Abbildung 2: Entwicklung ausgewählter Währungspaare (USD/EUR, GBP/EUR, CHF/EUR) im Zeitraum von 2005 bis 2013 (Datenquelle: Datastream)

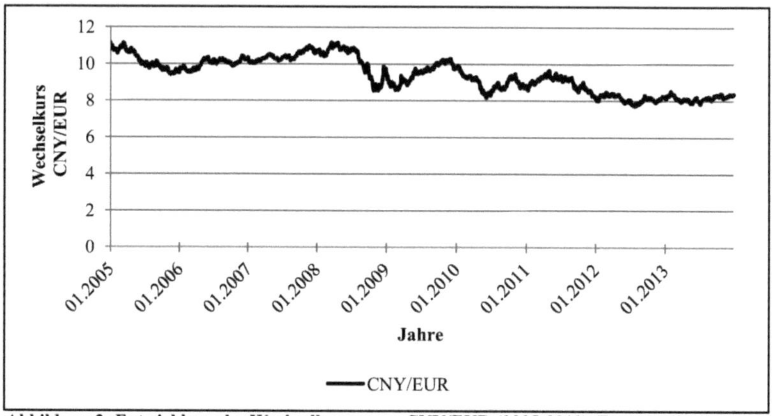

Abbildung 3: Entwicklung des Wechselkurses von CNY/EUR (2005-2013) (Datenquelle: Datastream)

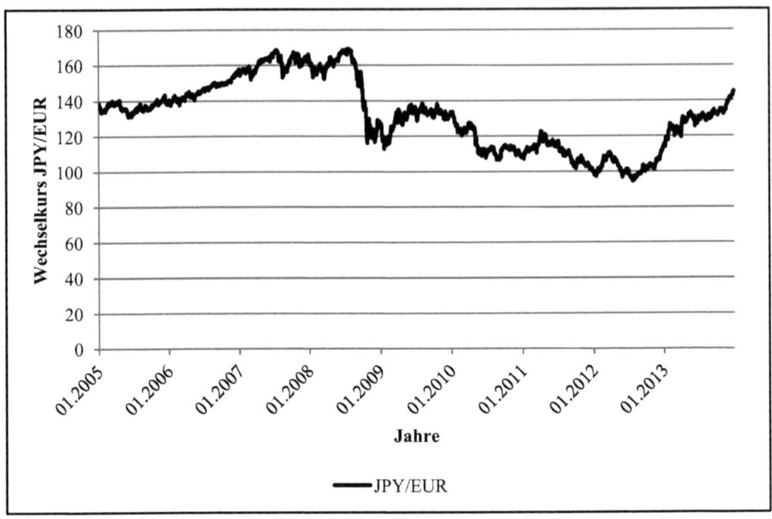

Abbildung 4: Entwicklung des Wechselkurses von JPY/EUR (2005-2013) (Datenquelle: Datastream)

2.2.3 Entwicklung am Zinsmarkt

Im Folgenden wird die Entwicklung am Zinsmarkt aus der Perspektive deutscher Unternehmen dargestellt. Dies erfolgt anhand des Euribors für 3, 6 und 12 Monate. Beim Euribor handelt es sich um den Zinssatz, zu dem sich Banken im Euroraum untereinander für bestimmte Zeiträume Kredite ohne Sicherheiten vergeben.[147] Dieser ist für deutsche Unternehmen besonders relevant, weil er innerhalb der Europäischen Union (EU) die Orientierungsgröße für die Verzinsung von kurzfristigen und variablen Kapitalanlagen und Finanzierungen darstellt.[148] Darüber hinaus hängt insbesondere bei Zinsderivaten das Auszahlungsprofil häufig vom Euribor ab.[149]

Anhand Abbildung 5 ist festzustellen, dass der Euribor seit Ende 2005 bis zum 08.10.2008 – dem Tag, an dem die durch die Federal Reserve (FED), die Europäischen Zentralbank (EZB) sowie die Bank of England (BoE) koordinierte Leitzinssenkung um 0,5 % verkündet wurde – stark angestiegen ist.[150] Der Euribor-Zinssatz

[147] Vgl. Beißer, J./Read, O. (2016), S. 219; Stapleton, R. C./Subrahmanyam, M. G. (2003), S. 3.
[148] Vgl. Beißer, J./Read, O. (2016), S. 219; Stapleton, R. C./Subrahmanyam, M. G. (2003), S. 3.
[149] Vgl. Beißer, J./Read, O. (2016), S. 219; Stapleton, R. C./Subrahmanyam, M. G. (2003), S. 3.
[150] Vgl. Acharya, V. et al. (2009), S. 137.

für drei Monate ist demnach von 2,26 % am 01.11.2005 auf 5,39 % am 08.10.2008 gestiegen. Nach diesem Zeitpunkt ist der Euribor, insbesondere durch die weiteren geldpolitischen Maßnahmen der EZB, stark zurückgegangen.[151] Der 3-Monats-Euribor ist nach einem zwischenzeitlichen Anstieg von Mitte 2010 bis Ende 2011 bis zum 31.12.2013 auf 0,29 % gesunken.[152]

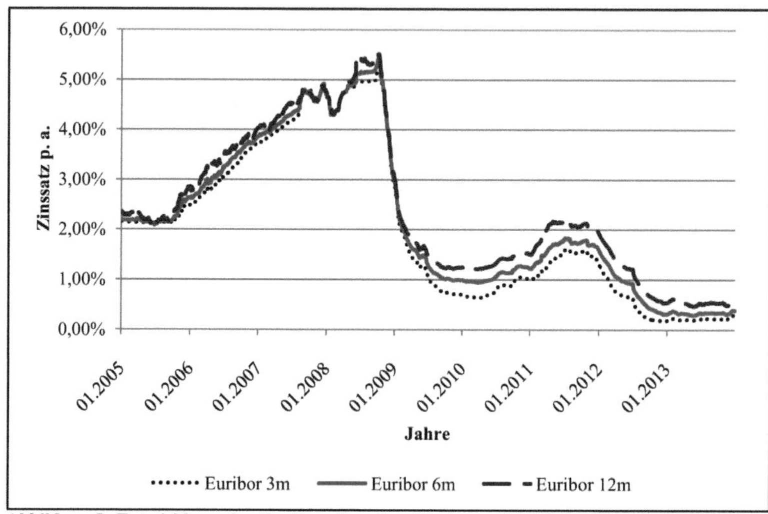

Abbildung 5: Entwicklung des Euribor (3m, 6m, 12m) von 2005-2013 (Datenquelle: European Money Market Institute (EMMI) (2016))

Die Senkung des Zinsniveaus infolge der Finanzkrise wirkt sich bei nicht abgesicherten Unternehmen mit positivem Zinsergebnis negativ aus, da dieses hierdurch reduziert wird. Demgegenüber stellt der Zinsrückgang bei Unternehmen mit einem negativen Zinsergebnis ein positives Ereignis dar, weil das Unternehmen weniger Zinsen zahlen muss. Angesichts der Zinsentwicklung zeigt sich, dass die Absicherung gegen

151 Vgl. Brunnermeier, M. K. (2009), S. 85 f.; Polonis, A./Göcmen, F. (2009), S. 242-248. Einen Überblick über die Maßnahmen der FED, der EZB und der BoE während der Finanzkrise findet sich bei Polonis/Göcmen. Vgl. Polonis, A./Göcmen, F. (2009), S. 242-251.

152 Im Anschluss an die Finanz- und Wirtschaftskrise kam es zu Problemen bei der Staatsfinanzierung einzelner Länder (insb. Griechenland, Irland, Italien, Portugal, Spanien) im Euroraum. Vgl. Hall, P. A. (2012), S. 355. Diese Entwicklungen im Zeitraum von Anfang 2010 bis Mitte 2013 werden als „Eurokrise“ oder „Staatschuldenkrise“ bezeichnet. Vgl. Neubäumer, R. (2011), S. 827; Hall, P. A. (2012), S. 355; Schimmelpfennig, F. (2014), S. 322-324. Im Folgenden liegt der Fokus jedoch auf dem wesentlichen externen Schock durch die Finanz- und Wirtschaftskrise, da in diesem Zeitraum das Ausmaß der Unsicherheit sowie die Volatilität deutlich höher als während der Eurokrise war.

steigende Zinsen für deutsche Nicht-Finanzunternehmen mit einer hohen Zinslast im Zeitraum von Ende 2005 bis Anfang Oktober 2008 besonders wichtig war, um Zahlungsschwierigkeiten zu vermeiden.[153]

Insgesamt deuten die Erkenntnisse darauf hin, dass eine Absicherung von Zins- und Währungsrisiken angesichts der starken Bewegungen am Devisen- und Zinsmarkt während der Finanzkrise für deutsche Unternehmen mit hohem Zins- und Währungsexposure wertvoll war.[154] Im Folgenden soll nun gezeigt werden, welche Möglichkeiten es zur Absicherung gegen solche Zins- und Währungsrisiken gibt.

2.3 Methoden zur Absicherung von Währungs- und Zinsrisiken

2.3.1 Hedging von Währungsrisiken

Bei der Absicherung sowohl von Zins- als auch von Währungsrisiken ist zwischen derivativer bzw. finanzwirtschaftlicher (financial hedging) und nicht-derivativer Absicherung zu unterscheiden.[155] Im Folgenden soll zunächst das Hedging von Währungsrisiken im Vordergrund stehen. Einen entsprechenden Überblick gibt Abbildung 6.

In Bezug auf die nicht-derivative Absicherung von Währungsrisiken stehen den Unternehmen im Wesentlichen die folgenden drei Möglichkeiten zur Verfügung: die Senkung des Währungsrisikos durch entsprechende Steuerung der operativen Aktivi-

[153] Diese Szenarien in Bezug auf die Marktzinsänderungen basieren auf der Annahme, dass sich ein Anstieg bzw. der Rückgang der Marktzinsen gleichermaßen sowohl in den Soll- als auch den Habenzinsen niederschlägt.

[154] In der Literatur kommen auch andere Autoren zum Schluss, dass Corporate Financial Hedging, wie das Risikomanagement im Allgemeinen, im Zuge der Finanz- und Wirtschaftskrise aufgrund der gestiegenen Unsicherheit der zukünftigen Zahlungsströme an Bedeutung gewonnen hat. Vgl. u. a. Bock, J. M./Chwolka, A. (2013), S. 490; Gamba, A./Triantis, A. J. (2014), S. 246; Servaes, H. et al. (2009), S. 60.

[155] Vgl. u. a. Belghitar, Y. et al. (2008), S. 44; Belghitar, Y. et al. (2013), S. 284; Bühlmann, B. (1998), S. 30 f. In der Literatur wird teilweise die Absicherung mit operativen Maßnahmen (sog. operational hedging) als Gegenstück zur finanzwirtschaftlichen Absicherung betrachtet. Vgl. u. a. Choi, J. J. et al. (2013), S. 245 f.; Glaum, M./Klöcker, A. (2011), S. 462. Dies stellt allerdings nur einen Teil der Alternativen zur Absicherung mit derivativen Finanzinstrumenten dar. Daher werden die Alternativen im Rahmen dieser Arbeit als nicht-derivative Absicherungsstrategien bezeichnet. Dieser Abschnitt soll nur einen Überblick über die Möglichkeiten der Absicherung geben. Detaillierte Ausführungen mit einer Vielzahl von Beispielen finden sich z. B. bei Stapleton/Subrahmanyam (2003) und Stocker (2013). Vgl. Stapleton, R. C./Subrahmanyam, M. G. (2003), S. 1-18; Stocker, K. (2013), S. 213-386.

täten (operational hedging), die (partielle) Weitergabe des Währungsrisikos an den Kunden sowie der Einsatz von Fremdwährungsdarlehen.[156] Bei Investitionen im Ausland kann die Aufnahme eines Darlehens in der entsprechenden Fremdwährung zum einen als Gegenposition zu den Vermögenswerten in Fremdwährung zur Absicherung des Translationsrisikos dienen.[157] Zum anderen können die erzielten Umsätze in Fremdwährung zur Zahlung des Kapitaldienstes verwendet werden, womit das Netto-Fremdwährungsexposure reduziert werden kann.[158]

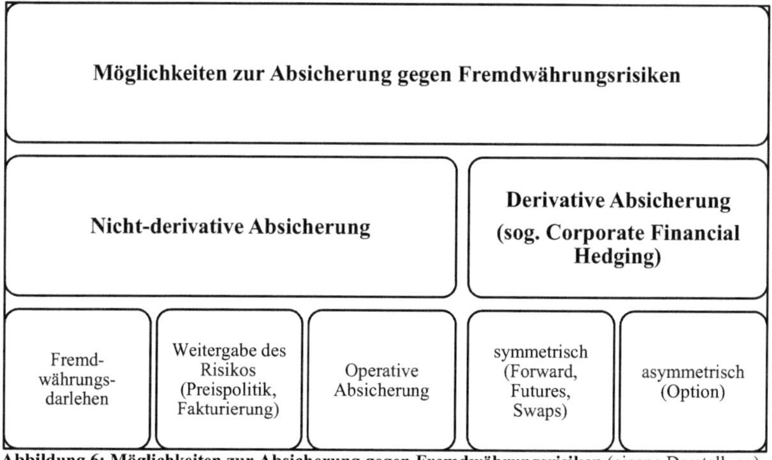

Abbildung 6: Möglichkeiten zur Absicherung gegen Fremdwährungsrisiken (eigene Darstellung)

Beim operational hedging werden die operativen Aktivitäten des Unternehmens so ausgerichtet, dass die Währungsrisiken reduziert werden.[159] Dies kann insbesondere durch die natürliche Absicherung (natural hedging) infolge geografischer Diversifikation des Unternehmens erzielt werden.[160] Hierbei soll erreicht werden, dass den in Fremdwährung lautenden Umsätzen auch entsprechende Kosten in der Fremdwährung gegenüberstehen.[161] Wenn Umsätze in Fremdwährung erzielt werden, können zu diesem Zweck die Kosten in der relevanten Fremdwährung erhöht werden, indem

156 Vgl. Bartram, S. M. et al. (2010), S. 149; Döhring, B. (2008), S. 3-5.
157 Vgl. Döhring, B. (2008), S. 6.
158 Vgl. Döhring, B. (2008), S. 6; Dufey, G./Giddy, I. H. (2003), S. 25.
159 Vgl. Amberg, N./Friberg, R. (2016), S. 86; Bühlmann, B. (1998), S. 40-42.
160 Vgl. Bartram, S. M. et al. (2010), S. 149; Bühlmann, B. (1998), S. 41; Döhring, B. (2008), S. 6. Für weitere Möglichkeiten der operativen Absicherung vgl. Bohmfalk, T.-B. (2006), S. 111-120.
161 Vgl. Döhring, B. (2008), S. 6.

z. B. Leistungen aus dem Absatzland bezogen werden oder ein Produktionsstandort dorthin verlegt wird.[162]

Ein weiterer Ansatz wäre es, die Umsätze in Fremdwährung zu reduzieren, indem in der funktionalen Währung des Konzerns fakturiert wird.[163] Auf diese Weise wird das Währungsrisiko an den Kunden weitergegeben.[164] Dies ist jedoch in der Regel nur bei entsprechender Marktmacht des Verkäufers durchsetzbar.[165]

Infolge der geringeren Flexibilität dieser operativen Absicherungsformen gegenüber der derivativen Absicherung und der damit verbundenen hohen irreversiblen Kosten (sunk costs) werden diese üblicherweise zur Absicherung gegenüber langfristigen ökonomischen Risiken verwendet.[166] Zur Absicherung von Transaktionsrisiken eignen sich dagegen besonders Derivate.[167]

Unter einem Derivat ist ein Anlageinstrument zu verstehen, dessen Wert und Auszahlungsprofil vom Wert eines anderen Anlageguts, dem Underlying, abgeleitet wird.[168] Im Fall von Zins- und Währungsderivaten stellen bestimmte Zinssätze bzw. Währungen das Underlying dar.[169]

Zum einen wird zwischen börsengehandelten und OTC-Derivaten unterschieden.[170] Während die OTC-Derivate direkt mit den Finanzinstituten vereinbart und dabei an die Kundenbedürfnisse angepasst werden, sind börsengehandelte Derivate in der Regel standardisiert und weisen regelmäßig ein geringeres Gegenparteien- und Kreditrisiko auf.[171]

Zum anderen ist zwischen Derivaten mit symmetrischen und asymmetrischen Auszahlungsprofil zu unterscheiden.[172] Während sich bei Derivaten mit symmetrischer

162 Vgl. Bartram, S. M. et al. (2010), S. 149; Döhring, B. (2008), S. 6.
163 Vgl. Bohmfalk, T.-B. (2006), S. 110 f.; Döhring, B. (2008), S. 3 f.
164 Vgl. Bohmfalk, T.-B. (2006), S. 110 f.; Döhring, B. (2008), S. 3 f.
165 Vgl. Döhring, B. (2008), S. 3 f.
166 Vgl. Bühlmann, B. (1998), S. 42; Döhring, B. (2008), S. 6.
167 Vgl. Döhring, B. (2008), S. 5.
168 Vgl. Stapleton, R. C./Subrahmanyam, M. G. (2003), S. 6; Stulz, R. M. (2004), S. 173.
169 Vgl. Stapleton, R. C./Subrahmanyam, M. G. (2003), S. 6.
170 Vgl. Döhring, B. (2008), S. 7; Stapleton, R. C./Subrahmanyam, M. G. (2003), S. 3.
171 Vgl. Döhring, B. (2008), S. 7; Stapleton, R. C./Subrahmanyam, M. G. (2003), S. 3.
172 Vgl. Belghitar, Y. et al. (2013), S. 284.

Auszahlungsstruktur sowohl Gewinne als auch Verluste in unbegrenztem Ausmaß einstellen können, sind bei einem asymmetrischen Auszahlungsprofil je nach eingenommener Position die Gewinne oder die Verluste beschränkt.[173] Zu den Derivaten mit symmetrischem Auszahlungsprofil zählen insbesondere Forwards, Futures und Swaps, während Optionen dagegen ein asymmetrisches Auszahlungsprofil aufweisen.[174] Diese Instrumente sollen im Folgenden kurz dargestellt werden.

Bei einem Devisentermingeschäft bzw. Foreign Exchange (FX) Forward ist eine Partei dazu verpflichtet, einen Währungsbetrag zu einem bestimmten Wechselkurs zu einem festgelegten Zeitpunkt in der Zukunft (Fälligkeitstermin) abzugeben, während die Gegenpartei diesen Betrag zu dem vereinbarten Kurs abnehmen muss.[175] Analog verhält es sich bei Futures, jedoch mit dem Unterschied, dass es sich hierbei um standardisierte und börsengehandelte Instrumente handelt.[176]

Bei einem Devisenswap werden über die Laufzeit des Vertrags Zahlungsströme getauscht.[177] Dieser stellt damit ein Portfolio bzw. eine Serie von Forwards über mehrere Perioden dar.[178] Der Währungsswap, welcher auch als Zins-Währungsswap bezeichnet wird, verknüpft die Eigenschaften eines Devisenswap mit einem Zinsswap.[179] Beim Währungsswap handelt es sich grundsätzlich um eine Vereinbarung zum Tausch sowohl des Nennwerts des Darlehens als auch der verbundenen Zinszahlungen in einer Währung gegen eine andere Währung über eine festgelegte Zeitspanne.[180]

Eine Devisenoption dagegen berechtigt den Halter der Option dazu, ein festgelegtes Volumen einer ausgewählten Währung zu einem fixierten Wechselkurs zu erwerben (Call-Option) oder zu veräußern (Put-Option).[181] Dies kann entweder zu jedem Zeit-

173 Vgl. Bodemer, S./Disch, R. (2014), S. 279; Dufey, G./Giddy, I. H. (2003), S. 26.
174 Vgl. Belghitar, Y. et al. (2013), S. 284.
175 Vgl. Dufey, G./Giddy, I. H. (2003), S. 24; Döhring, B. (2008), S. 7; Stapleton, R. C./ Subrahmanyam, M. G. (2003), S. 2.
176 Vgl. Dufey, G./Giddy, I. H. (2003), S. 24 f.; Döhring, B. (2008), S. 7; Stapleton, R. C./Subrahmanyam, M. G. (2003), S. 2.
177 Vgl. Bodemer, S./Disch, R. (2014), S. 288; Stapleton, R. C./Subrahmanyam, M. G. (2003), S. 2; Stulz, R. M. (2004), S. 175.
178 Vgl. Stapleton, R. C./Subrahmanyam, M. G. (2003), S. 2; Stulz, R. M. (2004), S. 175.
179 Vgl. Bodemer, S./Disch, R. (2014), S. 289.
180 Vgl. Bodemer, S./Disch, R. (2014), S. 289.
181 Vgl. Dufey, G./Giddy, I. H. (2003), S. 26; Stapleton, R. C./Subrahmanyam, M. G. (2003), S. 2.

punkt vor dem Fälligkeitstermin (amerikanische Option) oder nur zum Fälligkeitstermin (europäische Option) geschehen.[182] Entscheidend ist hierbei, dass die Option zum Kauf bzw. Verkauf des Underlying berechtigt, aber nicht verpflichtet.[183] Für dieses Recht bezahlt der Käufer der Option – anders als z. B. bei einem Forward – eine Optionsprämie an den Verkäufer.[184] Der Käufer der Option hat somit ein begrenztes Verlustrisiko in Höhe der Optionsprämie und unbegrenzte Gewinnmöglichkeiten, wohingegen sich das Auszahlungsprofil des Verkäufers genau umgekehrt darstellt.[185]

Für längere Zeiträume bieten sich Caps und Floors an.[186] Ein Cap bzw. Floor stellt für festgelegte Zeiträume eine Serie von Call- bzw. Put-Optionen auf das Underlying (hier: Fremdwährung oder Zinssätze) dar.[187] Eine Swaption gibt dem Halter das Recht, in der Zukunft die Käufer- (Payer-Swaption) bzw. Verkäuferposition (Receiver-Swaption) eines Swaps einzugehen. Dieses Instrument eignet sich zur Absicherung eines aktuellen Swaps oder um künftig einen Swap einzugehen bzw. auszugleichen.[188] Während eine Swaption eine Option auf ein Portfolio von Forward-Kontrakten darstellt, sind Caps und Floors als ein Portfolio von Optionen auf Forward-Kontrakte zu verstehen.[189]

Neben den vorgestellten Standard-Derivaten, welche auch als Plain-Vanilla-Derivate bezeichnet werden, gibt es auch „exotische“ Derivate, wie z. B. Knockout-Optionen und -Swaps, Quanto-Optionen, asiatische Optionen und Swaps, digitale Optionen, welche besondere Konstellationen und Kundenbedürfnisse abbilden können.[190] Die globale Untersuchung von Servaes et al. hat allerdings gezeigt, dass bei der Absicherung von Zins- und Währungsrisiken von Nicht-Finanzunternehmen vor allem die klassischen Plain-Vanilla-Derivate eingesetzt werden.[191]

---

182 Vgl. Dufey, G./Giddy, I. H. (2003), S. 26.
183 Vgl. Dufey, G./Giddy, I. H. (2003), S. 26; Stapleton, R. C./Subrahmanyam, M. G. (2003), S. 2.
184 Vgl. Dufey, G./Giddy, I. H. (2003), S. 26; Döhring, B. (2008), S. 7.
185 Vgl. Dufey, G./Giddy, I. H. (2003), S. 26.
186 Vgl. Stapleton, R. C./Subrahmanyam, M. G. (2003), S. 2.
187 Vgl. Stapleton, R. C./Subrahmanyam, M. G. (2003), S. 2; 15 f.
188 Vgl. Stapleton, R. C./Subrahmanyam, M. G. (2003), S. 15.
189 Vgl. Stapleton, R. C./Subrahmanyam, M. G. (2003), S. 15.
190 Vgl. Stapleton, R. C./Subrahmanyam, M. G. (2003), S. 3, 17 f. Stulz, R. M. (2004), S. 174-176.
191 Vgl. Servaes, H. et al. (2009), S. 70 f. Das Gleiche stellen Stenzel et al. bei der Untersuchung der Währungsabsicherung von deutschen Industrieunternehmen fest. Vgl. Stenzel, A. et al. (2015), S.

Die Wahl des geeigneten derivativen Absicherungsinstruments hängt davon ab, ob das abzusichernde Exposure kurz- oder langfristiger Natur ist.[192] Für die Absicherung kurzfristiger Fremdwährungsrisikopositionen bieten sich Finanzinstrumente mit üblicherweise kurzer Laufzeit wie Forwards, Futures und Optionen an.[193] Demgegenüber können Swaps, Caps und Floors zum Hedging von langfristigem Exposure eingesetzt werden.[194]

Die Auswahl der optimalen derivativen Absicherungsstrategie hängt darüber hinaus von der Art des Währungsrisikos – Transaktions-, Translationsrisiko sowie ökonomisches Risiko – ab, von dem das Unternehmen betroffen ist.[195] Wie bereits erwähnt eignen sich Derivate insbesondere für die Absicherung von Transaktionsrisiken.[196] Die Absicherung ökonomischer Risiken stellt sich dagegen mit Derivaten als eher schwierig dar, da infolge der schwer abschätzbaren zukünftigen Entwicklungen das Risiko besteht, zu viel oder zu wenig abzusichern.[197] In Bezug auf die Translationsrisiken ist festzuhalten, dass diese keine direkten Zahlungswirkungen aufweisen und daher laut herrschender Literaturmeinung in Bezug auf die Absicherungsaktivitäten zu vernachlässigen sind.[198]

2.3.2 Hedging von Zinsrisiken

Die Absicherung von Zinsrisiken kann wie beim Währungsrisiko sowohl derivativ als auch nicht-derivativ erfolgen.[199] Eine Möglichkeit zur nicht-derivativen Absicherung gegenüber kurzfristigen Zinssatzänderungen stellt der Abschluss eines langfristigen Vertrags mit fixierter Verzinsung dar.[200] Dies kann sich in der Aufnahme eines langfristigen festverzinslichen Darlehens äußern, wenn ein Unternehmen ein negatives Zinsergebnis ausweist und sich daher gegen steigende Zinsaufwendungen absi-

56.

192 Vgl. Clark, E./Judge, A. (2009), S. 609; Stapleton, R. C./Subrahmanyam, M. G. (2003), S. 2.

193 Vgl. Clark, E./Judge, A. (2009), S. 609; Stapleton, R. C./Subrahmanyam, M. G. (2003), S. 2.

194 Vgl. Clark, E./Judge, A. (2009), S. 609; Stapleton, R. C./Subrahmanyam, M. G. (2003), S. 2.

195 Vgl. Papaioannou, M. (2006), S. 4.

196 Vgl. Döhring, B. (2008), S. 5.

197 Vgl. Döhring, B. (2008), S. 5.

198 Vgl. Bodnar, G. M./Gebhardt, G. (1999), S. 167. Bei der Befragung von 22 deutschen Industrieunternehmen stellen Stenzel et al. fest, dass nur 18 % das Translationsrisiko und 27 % das ökonomische Risiko im Rahmen ihres Risikomanagements berücksichtigen, während alle Unternehmen das Transaktionsrisiko absichern. Vgl. Stenzel, A. et al. (2015), S. 52.

199 Vgl. Stapleton, R. C./Subrahmanyam, M. G. (2003), S. 6.

200 Vgl. Stapleton, R. C./Subrahmanyam, M. G. (2003), S. 6.

chern möchte.[201] Demgegenüber kann ein Unternehmen mit positivem Zinsergebnis eine Anleihe mit langer Laufzeit und festgelegtem Zinssatz erwerben, wenn es eine Absicherung gegen sinkende Zinsen anstrebt.[202]

Für die derivative Absicherung kommen grundsätzlich die gleichen Finanzinstrumente infrage wie bei der Währungsabsicherung.[203] Hierbei ändert sich nur das Underlying. Für die derivative Zinsabsicherung spielen insbesondere Zinsswaps, Forwards, Caps, Floors, Swaptions sowie Zinsoptionen eine Rolle.[204]

Abschließend ist festzuhalten, dass es verschiedene Möglichkeiten gibt, um eine bestimmte mit Währungs- oder Zinsrisiko verbundene Konstellation mit Derivaten abzusichern.[205] Die in der jeweiligen Situation verwendbaren Derivate unterscheiden sich z. B. in Bezug auf die Transaktionskosten und das Ausfallsrisiko der Gegenpartei.[206]

201 Vgl. Stapleton, R. C./Subrahmanyam, M. G. (2003), S. 6.
202 Vgl. Stapleton, R. C./Subrahmanyam, M. G. (2003), S. 6.
203 Vgl. Stapleton, R. C./Subrahmanyam, M. G. (2003), S. 2.
204 Vgl. Bodemer, S./Disch, R. (2014), S. 212; Stapleton, R. C./Subrahmanyam, M. G. (2003), S. 3. Zins-Forwards werden häufig auch als Forward-Rate-Agreement bezeichnet. Vgl. Stapleton, R. C./Subrahmanyam, M. G. (2003), S. 2.
205 Vgl. Dufey, G./Giddy, I. H. (2003), S. 24.
206 Vgl. Dufey, G./Giddy, I. H. (2003), S. 24.

3 Bilanzielle Abbildung des Corporate Financial Hedging nach IAS 39

3.1 Notwendigkeit des Hedge Accounting

Die adäquate bilanzielle Abbildung der in Kapitel 2 vorgestellten Möglichkeiten zur Absicherung stellt infolge des nach IFRS gültigen Einzelbewertungsprinzips eine große Herausforderung dar.[207] In Bezug auf die Sicherungsbeziehung impliziert dieser Grundsatz, dass die beiden Bestandteile, das Grund- und Sicherungsgeschäft, aus bilanzieller Perspektive nicht gemeinsam, sondern einzeln nach den jeweils relevanten Normen betrachtet werden.[208] Hieraus können sich in Bezug auf Ansatz und Bewertung unerwünschte Unterschiede bei der bilanziellen Behandlung der beiden Teile der Sicherungsbeziehung ergeben.[209]

Zum einen ist es möglich, dass sich die neutralisierende Wirkung der Sicherungsbeziehung aufgrund der teilweise unterschiedlichen Bewertungsmaßstäbe – fortgeführte Anschaffungskosten vs. beizulegender Zeitwert – des Grund- und Sicherungsgeschäfts in der Gesamtergebnisrechnung nicht im gleichen Geschäftsjahr niederschlägt.[210] Dies ist regelmäßig dann der Fall, wenn das Grundgeschäft zu fortgeführten Anschaffungskosten bewertet wird und die Sicherungsinstrumente, sofern es sich um Derivate handelt, zum beizulegenden Zeitwert bewertet werden.[211] Die Absicherungswirkung des Derivats spiegelt sich jedoch nur im Jahresergebnis wider, wenn auch das Grundgeschäft erfolgswirksam zum fair value bilanziert wird.[212]

Zum anderen besteht die Möglichkeit, dass dem zu bilanzierenden derivativen Sicherungsinstrument kein bilanziell abgebildetes Grundgeschäft gegenübersteht, wenn es sich um einen in der Zukunft beabsichtigten Vorgang oder eine fixe Verpflichtung handelt, welche sich beide nicht in der Bilanz niederschlagen.[213] Demnach hätten

207 Vgl. u. a. Glaum, M./Klöcker, A. (2011), S. 462 f.; Stulz, R. M. (2013), S. 28. Zur Verankerung des Einzelbewertungsprinzips in den IFRS vgl. Wawrzinek, W./Lübbig, M. (2016), § 2, S. 63 f. Tz. 108 f.

208 Vgl. Klöcker, A. (2011), S. 77.

209 Vgl. Glaum, M./Klöcker, A. (2011), S. 463.

210 Vgl. Glaum, M./Klöcker, A. (2009), S. 329; Hartenberger, H./Varain, T. (2008), IAS 39, S. 77 f. Tz. 415.

211 Vgl. Glaum, M./Klöcker, A. (2011), S. 463; Große, J.-V. (2010), S. 191; Hartenberger, H./Varain, T. (2008), IAS 39, S. 77 f. Tz. 415.

212 Vgl. Glaum, M./Klöcker, A. (2009), S. 329.

213 Vgl. Glaum, M./Klöcker, A. (2009), S. 329; Hartenberger, H./Varain, T. (2008), IAS 39, S. 78

Wertschwankungen beim Grundgeschäft zunächst keine Auswirkungen auf die Ertragslage, wohingegen sich die Veränderungen beim zur Absicherung eingesetzten Derivat im Ergebnis niederschlagen.[214]

In beiden Fällen kann es demnach trotz einer effektiven Absicherung der Risiken bilanziell zu einer erhöhten Schwankung des Jahresergebnisses kommen.[215] Dies wird als accounting mismatch bezeichnet.[216]

3.2 Die Regelungen des IAS 39

3.2.1 Überblick über das Hedge Accounting und dessen allgemeine Voraussetzungen

Die Standardsetzer haben zur Vermeidung eines accounting mismatch die Regelungen zum Hedge Accounting nach IAS 39 entwickelt.[217] Zur Behebung des accounting mismatch werden nach IAS 39 für die Transaktionen innerhalb der Sicherungsbeziehung gesonderte Rechnungslegungsregeln anerkannt, sodass sich die kompensatorische Wirkung der Absicherung auch im Jahresabschluss widerspiegelt.[218] Im Folgenden sollen die konkreten Regeln kurz vorgestellt werden. Darüber hinaus wird aufgezeigt, an welche Voraussetzungen und Angaben im Konzernabschluss dieser Ansatz geknüpft ist. Zum Abschluss des Kapitels werden die Kritikpunkte an den Regeln des Hedge Accounting nach IAS 39 dargestellt. In diesem Zusammenhang erfolgt eine kurze Zusammenfassung der empirischen Ergebnisse zu den Auswirkungen der Anwendung des Hedge Accounting auf das Absicherungsverhalten der Unternehmen.

Bei den Regelungen zum Hedge Accounting handelt es sich um ein faktisches Wahlrecht nach IAS 39.71 i. V. m. IAS 39.88.[219] Die Wahrnehmung dieser Option ist al-

Tz. 416.

214 Vgl. Klöcker, A. (2011), S. 78 f.

215 Vgl. Glaum, M./Klöcker, A. (2009), S. 330; Glaum, M./Klöcker, A. (2011), S. 463.

216 Vgl. u. a. Delitz, F. (2011), S. 15; Glaum, M./Klöcker, A. (2009), S. 330; Glaum, M./Klöcker, A. (2011), S. 463; Menk, M. T. (2009), S. 196.

217 Vgl. Glaum, M./Klöcker, A. (2011), S. 460; Große, J.-V. (2010), S. 192; Hague, I. P. N. (2004), S. 24 f.

218 Vgl. Barckow, A. (2003), IAS 39, S. 112 f. Tz. 206, S. 113 f. Tz. 208; Lüdenbach, N. et al. (2017), § 28a, S. 1875 Tz. 5, S. 1893 f. Tz. 49.

219 Vgl. Cortez, B./Schön, S. (2009), S. 414; Glaum, M./Klöcker, A. (2009), S. 329; Hartenberger,

lerdings an die vollumfängliche Erfüllung der Voraussetzungen des IAS 39.88 gebunden. Demnach muss beim Start der Absicherungsmaßnahmen der Sicherungszusammenhang bestimmt und dokumentiert werden (vgl. IAS 39.88 (a)). Zudem sind die Ziele und Strategien, die mit der Absicherung verfolgt werden, anzugeben (vgl. IAS 39.88 (a)). Diese Vorgabe impliziert, dass die nachträgliche Designation von Sicherungsbeziehungen oder die Anpassung der Absicherungsstrategie zur Steuerung der bilanziellen Auswirkungen nicht zulässig ist.[220]

Darüber hinaus dürfen die Regelungen des Hedge Accounting nur angewendet werden, wenn die Effektivität der Absicherung bewiesen wird (vgl. IAS 39.88 (b), IAS 39.88 (e)).[221] Durch die Messung der Effektivität wird festgestellt, in welchem Umfang die Änderungen des Werts oder der Zahlungsströme des Grundgeschäfts durch die des Sicherungsgeschäfts neutralisiert werden können (vgl. IAS 39.9). Der IAS 39.88 (d) erfordert in diesem Zusammenhang, dass die Effektivität zuverlässig ermittelbar ist. Zum anderen muss die Wirksamkeit der Absicherung sowohl hinsichtlich der Vergangenheit (retrospektive Effektivität)[222] als auch der Zukunft (prospektive Effektivität)[223] nachgewiesen werden (vgl. IAS 39.88 (b), IAS 39.88 (e)).[224] Eine hohe retrospektive Effektivität des Sicherungszusammenhangs wird angenommen, wenn sie in einem Korridor von 80 % bis 125 % liegt (vgl. IAS 39.AG105).[225] In Bezug auf die Wirksamkeit der Absicherung in der Zukunft (prospektive Effektivität) wird dagegen keine konkrete Bandbreite angegeben (vgl. IAS 39.AG105).[226] Laut der aktuell herrschenden Literaturmeinung gilt die Bandbreite von 80 % bis 125 % auch als Maßstab für die prospektive Effektivität.[227]

H./Varain, T. (2008), IAS 39, S. 76 Tz. 409; Knappstein, J./Schmidt, A. (2015), S. 578.

220 Vgl. Brötzmann, I. (2004), S. 204 f.; Löw, E./Theile, C. (2012), Abschnitt XIII, S. 615 Tz. 3255.

221 Vgl. Löw, E./Theile, C. (2012), Abschnitt XIII, S. 615 Tz. 3254.

222 Vgl. Friedhoff, M./Berger, M. (2011), IAS 39, S. 1127 Tz. 214; Hartenberger, H./Varain, T. (2008), IAS 39, S. 95 Tz. 505; Löw, E./Theile, C. (2012), Abschnitt XIII, S. 616 Tz. 3259.

223 Vgl. Friedhoff, M./Berger, M. (2011), IAS 39, S. 1127 Tz. 214; Hartenberger, H./Varain, T. (2008), IAS 39, S. 93 Tz. 498; Löw, E./Theile, C. (2012), Abschnitt XIII, S. 616 Tz. 3259.

224 Die Methoden zur Messung der Effektivität werden im Folgenden nicht näher behandelt, da sie keine Relevanz für die weitere Arbeit haben. Einen Überblick über die Methoden zur Messung der Effektivität sowie deren Vor- und Nachteile liefern unter anderem die Arbeiten von Cortez/Schön, Doege sowie Wiese. Vgl. Cortez, B./Schön, S. (2009), S. 417-419, Doege, D. (2013), S. 63-175; Wiese, R. (2009), S. 119-268.

225 Vgl. Friedhoff, M./Berger, M. (2011), IAS 39, S. 1128 Tz. 218.

226 Vgl. Hartenberger, H./Varain, T. (2008), IAS 39, S. 93 Tz. 498; Wiese, R. (2009), S. 106.

227 Vgl. Hartenberger, H./Varain, T. (2008), IAS 39, S. 93 Tz. 498; Lüdenbach, N. et al. (2017), § 28a, S. 1901 f. Tz. 66; Wiese, R. (2009), S. 129.

Darüber hinaus muss beim Hedging eines zukünftig erwarteten Grundgeschäfts im Rahmen der Absicherung von Zahlungsströmen die geplante Transaktion eine hohe Realisationswahrscheinlichkeit aufweisen (vgl. IAS 39.88 (c)).[228] Die konkrete Höhe der Wahrscheinlichkeit ist im Standard nicht näher bestimmt und erfordert somit je nach vorliegender Konstellation eine individuelle Einschätzung.[229]

3.2.2 Anforderungen an das Grund- und Sicherungsgeschäft

Neben den genannten allgemeinen Voraussetzungen müssen das Grund- und Sicherungsgeschäft bestimmte Eigenschaften aufweisen, damit sie Teil der Sicherungsbeziehung werden können.[230] Als Sicherungsinstrument kommen nach IAS 39.72 in erster Linie Derivate mit verlässlich ermittelbaren beizulegenden Zeitwert infrage (vgl. IAS 39.AG96).[231] Nur bei der Absicherung von Währungsrisiken können eingesetzte nicht-derivative Instrumente als Sicherungsinstrumente bestimmt werden (vgl. IAS 39.72).[232] Nach IAS 39.73 muss es sich bei den Gegenparteien der abgeschlossenen Finanzinstrumente um externe Unternehmen handeln, die nicht Teil des Konzerns sind.

Gemäß IAS 39.78 werden analog zum Sicherungsinstrument auch bestimmte Voraussetzungen an das zu sichernde Grundgeschäft gestellt. Zunächst müssen beim Grundgeschäft wie beim Sicherungsgeschäft grundsätzlich konzernfremde Dritte involviert sein (vgl. IAS 39.80).[233] Auf dieser Basis sind nach IAS 39.78 die folgenden vier Konstellationen als Grundgeschäft möglich:

- bilanziell erfasste Vermögenswerte und Schulden ohne Derivate, z. B. Fremdwährungsdarlehen (vgl. IAS 39.IG F.2.1),[234]

---

228 Vgl. Nguyen, T. (2007), S. 303.

229 Vgl. Nguyen, T. (2007), S. 303 f.

230 Vgl. Knappstein, J./Schmidt, A. (2015), S. 578.

231 Vgl. Hartenberger, H./Varain, T. (2008), IAS 39, S. 89 Tz. 474; Klöcker, A. (2011), S. 90; Löw, E./Theile, C. (2012), Abschnitt XIII, S. 613 Tz. 3246; Nguyen, T. (2007), S. 301.

232 Vgl. Hartenberger, H./Varain, T. (2008), IAS 39, S. 89 Tz. 475; Klöcker, A. (2011), S. 90; Nguyen, T. (2007), S. 301. Dies betrifft insbesondere Forderungen und Verbindlichkeiten in Fremdwährung. Vgl. Klöcker, A. (2011), S. 90.

233 Für Ausnahmen vgl. IAS 39.AG99A f.; Friedhoff, M./Berger, M. (2011), IAS 39, S. 1116 f. Tz. 189f.; Klöcker, A. (2011), S. 86.

234 Vgl. Nguyen, T. (2007), S. 301.

- verbindliche Vereinbarungen, welche sich nicht in der Bilanz niederschlagen, z. B. Vertrag über den Kauf von Rohstoffen in Fremdwährung,[235]
- hochwahrscheinliche, zukünftige Geschäfte, z. B. mit hoher Wahrscheinlichkeit eintretender Kauf von Rohstoffen in Fremdwährung,[236]
- Nettoinvestitionen in ausländische Geschäftseinheiten, z. B. Aufnahme eines Fremdwährungsdarlehens zur Finanzierung eines Tochterunternehmens in der entsprechenden Währung.[237]

Im Rahmen einer Sicherungsbeziehung kann das Grundgeschäft grundsätzlich aus einer separaten Position (Mikro-Hedge)[238] oder einer Gruppe von Einzelpositionen bestehen (vgl. IAS 39.78).[239] Letzteres ist jedoch nur unter strikten Voraussetzungen möglich.[240] Gemäß IAS 39.78 müssen die Geschäfte, die aggregiert werden sollen, eine ähnlich strukturierte Risikosituation vorweisen können. Dies impliziert zum einen, dass die einzelnen Grundgeschäfte vom gleichen Risikoparameter, z. B. Zinsrisiko, abhängen, gegen welchen sich die Unternehmen abgesichert haben (vgl. IAS 39.83). Zum anderen müssen sich die mit dem abgesicherten Risiko verbundenen Änderungen des fair value der Einzelgeschäfte im annähernd gleichen Verhältnis (approximately proportional) entwickeln wie die entsprechenden Veränderungen auf der Ebene der Gruppe (vgl. IAS 39.83).[241] Infolge der Beschränkung der Gruppenbildung auf gleichlaufende Positionen ist die Designation von Nettorisikopositionen als Grundgeschäfte grundsätzlich ausgeschlossen (vgl. IAS 39.84).[242]

---

235 Vgl. Nguyen, T. (2007), S. 301.

236 Vgl. Nguyen, T. (2007), S. 301.

237 Vgl. Nguyen, T. (2007), S. 301.

238 Vgl. Klöcker, A. (2011), S. 88; Menk, M. T. (2009), S. 90 f.

239 Bei der Absicherung einer Gruppe von einzelnen Grundgeschäften handelt es sich um die Spezialform eines Mikro-Hedge, da dieser Gruppen-Hedge dem Abschluss mehrerer Mikro-Hedges entspricht. Es handelt sich hierbei jedoch nicht um einen Makro-Hedge. Vgl. Menk, M. T. (2009), S. 91 f.

240 Vgl. Knappstein, J./Schmidt, A. (2015), S. 578.

241 Eine weitere Konkretisierung der Bezeichnung „approximately proportional“ erfolgt im Standard nicht. Vgl. Nguyen, T. (2007), S. 302; Klöcker, A. (2011), S. 88. Eine Diskussion, wie diese Bezeichnung zu verstehen ist, findet sich u. a. bei Brötzmann (2004) und Klöcker (2011).Vgl. Brötzmann, I. (2004), S. 113; Klöcker, A. (2011), S. 88.

242 Vgl. Nguyen, T. (2007), S. 302; Klöcker, A. (2011), S. 88. Eine Designation eines Portfolios von finanziellen Vermögenswerten und Schulden als Grundgeschäft ist im Rahmen einer Absicherung gegen Zinsrisiken aufgrund des IAS 39.78 i. V. m. 39.81A möglich. Diese Regelung ist jedoch auf Unternehmen der Finanzindustrie ausgerichtet. Vgl. Klöcker, A. (2011), S. 89; Knappstein, J./Schmidt, A. (2015), S. 578; Detaillierte diesbezügliche Ausführungen unterbleiben daher an dieser Stelle. Für weitere Ausführungen vgl. Gaber, C./Siwik, T. (2010), S. 223-233.

3.3 Bilanzielle Abbildung der Sicherungsbeziehung nach IAS 39

3.3.1 Cashflow-Hedge

Werden die vorgenannten Voraussetzungen erfüllt, kann das Wahlrecht zum Hedge Accounting wahrgenommen werden. Hinsichtlich der Bilanzierung wird gemäß IAS 39.86 zwischen den folgenden drei Formen der Sicherungsbeziehung unterschieden: Fair-Value-Hedge, Cashflow-Hedge und Absicherung einer Nettoinvestition in einen Geschäftsbetrieb im Ausland (hedge of a net investment in a foreign operation).

Unter einem Cashflow-Hedge wird gemäß IAS 39.86 (b) die Absicherung gegen die Volatilität der zukünftigen Cashflows verstanden.[243] Diese kann auf Risiken aus bilanziell erfassten Vermögenswerten und Schulden sowie auf hochwahrscheinliche künftige geschäftliche Vorgänge zurückzuführen sein (vgl. IAS 39.86 (b)). Die Absicherung von Fremdwährungsrisiken aus festen Verpflichtungen können nach IAS 39.87 sowohl dem Cashflow-Hedge als auch dem Fair-Value-Hedge zugeordnet werden.

Ein Cashflow-Hedge stellt z. B. die Absicherung von variabel verzinslichen Verbindlichkeiten durch einen Zinsswap dar, welcher die variablen gegen fixe Zinsen tauscht (vgl. IAS 39.AG103). Hinsichtlich der Währungsabsicherung handelt es sich z. B. um einen Cashflow-Hedge, wenn erwartete Umsätze in Fremdwährung durch ein Devisentermingeschäft abgesichert werden (vgl. IAS 39.IG F.2.4).[244]

Zur Abbildung der kompensatorischen Wirkung des Cashflow-Hedge im Jahresabschluss wird die Bilanzierung des Sicherungsinstruments – unabhängig von den ansonsten anzuwendenden Bilanzierungsregeln an die des Grundgeschäfts angepasst,[245] indem die Änderungen des beizulegenden Zeitwerts des Sicherungsinstruments zunächst ergebnisneutral über das sonstige Ergebnis in das Eigenkapital gebucht wer-

[243] Vgl. Knappstein, J./Schmidt, A. (2015), S. 578.

[244] Vgl. auch Hartenberger, H./Varain, T. (2008), IAS 39, S. 80 Tz. 426. Für weitere Beispiele vgl. Löw, E./Theile, C. (2012), Abschnitt XIII, S. 607-609 Tz. 3220-3224; Nguyen, T. (2007), S. 305.

[245] Vgl. Klöcker, A. (2011), S. 117 f.; Lüdenbach, N. et al. (2017), § 28a, S. 1893 f. Tz. 49. Zum Zwecke der folgenden empirischen Untersuchung liegt hier der Fokus auf der Darstellung des Grundprinzips der bilanziellen Abbildung. Ausführliche Beispiele zur bilanziellen Abbildung eines Cashflow-Hedge finden sich in den Arbeiten von Borchert und Delitz. Vgl. Borchert, M. (2006), S. 166-168; Delitz, F. (2011), S. 24-29.

den (vgl. IAS 39.95 (a)).[246] Diese Position wird ergebniswirksam aufgelöst, sobald die mit dem Grundgeschäft verbundenen abgesicherten Zahlungsströme erfolgswirksam werden (vgl. IAS 39.100 bzw. IAS 39.AG99B).[247] Auf diese Weise wird die ausgleichende Wirkung des Hedgegeschäfts auf Zahlungsebene auch in der Ergebnisrechnung abgebildet.[248] Der unwirksame (sog. ineffektive) Teil der Veränderung des Sicherungsinstruments muss nach IAS 39.95 (b) direkt erfolgswirksam verbucht werden.[249]

Die im IAS 39.86 als separate Form der Sicherungsbeziehung erwähnte Absicherung einer Nettoinvestition in einen ausländischen Geschäftsbetrieb (hedge of a net investment in a foreign operation) ist aus wirtschaftlicher Perspektive als Cashflow-Hedge zu betrachten.[250] Auch die bilanzielle Behandlung nach IAS 39.102 gleicht der eines Cashflow-Hedge.[251]

3.3.2 Fair-Value-Hedge

Im Rahmen eines Fair-Value-Hedge erfolgt dagegen eine Absicherung gegen Veränderungen des beizulegenden Zeitwerts (vgl. IAS 39.86 (a)). Dieses Risiko kann sich nach IAS 39.86 (a) bei bilanzierten Vermögenswerten und Verbindlichkeiten oder bei vertraglich fixierten Verpflichtungen (firm commitment bzw. schwebende Geschäfte) ergeben.[252] Ein Fair-Value-Hedge stellt zum Beispiel die Absicherung eines festverzinslichen Kredits gegenüber Schwankungen seines Zeitwerts dar, welche aus den Änderungen des Zinsniveaus resultieren (vgl. IAS 39.AG102).[253]

Zur bilanziellen Abbildung eines Fair-Value-Hedge wird nach IAS 39 die Bilanzierung des Grundgeschäfts an die des Sicherungsgeschäfts angepasst.[254] Hierzu werden

246 Vgl. Hartenberger, H./Varain, T. (2008), IAS 39, S. 80 Tz. 429; Klöcker, A. (2011), S. 117 f.; Löw, E./Theile, C. (2012), Abschnitt XIII, S. 623 Tz. 3273; Lüdenbach, N. et al. (2017), § 28a, S. 1895 Tz. 52.

247 Vgl. Hartenberger, H./Varain, T. (2008), IAS 39, S. 81 Tz. 431; Klöcker, A. (2011), S. 117 f.

248 Vgl. Hartenberger, H./Varain, T. (2008), IAS 39, S. 81 Tz. 431.

249 Vgl. Klöcker, A. (2011), S. 117 f.; Löw, E./Theile, C. (2012), Abschnitt XIII, S. 623 Tz. 3273; Lüdenbach, N. et al. (2017), § 28a, S. 1895 f. Tz. 52.

250 Vgl. Löw, E./Theile, C. (2012), Abschnitt XIII, S. 611 Tz. 3241.

251 Vgl. Klöcker, A. (2011), S. 121; Knappstein, J./Schmidt, A. (2015), S. 579.

252 Vgl. Löw, E./Theile, C. (2012), Abschnitt XIII, S. 611 Tz. 3241.

253 Für weitere Beispiele vgl. Löw, E./Theile, C. (2012), Abschnitt XIII, S. 607-609 Tz. 3220-3224; Nguyen, T. (2007), S. 304.

254 Vgl. Barckow, A. (2003), IAS 39, S. 139 Tz. 250; Klöcker, A. (2011), S. 114; Löw, E./Theile, C.

Änderungen des fair value des Grundgeschäfts, welche aus den abgesicherten Risiken resultieren, unmittelbar im Ergebnis erfasst, auch wenn dies die ansonsten geltenden Vorschriften zur Bilanzierung nicht vorsehen würden.[255] Diese Erfolgswirkung wird durch die zeitgleiche Erfassung der Änderungen beim Sicherungsinstrument mindestens zum Teil ausgeglichen.[256]

Hierbei ist allerdings zu beachten, dass die bilanzielle Abbildung eines Fair-Value-Hedge alternativ auch durch die Fair-Value-Option möglich ist.[257] Diese zielt insbesondere auf die Vermeidung der dargestellten Bewertungsanomalie sowie die Verbesserung der Aussagekraft des Jahresabschlusses ab.[258] Wenn diese beiden Ziele durch die Klassifizierung eines Finanzinstruments als erfolgswirksam zum beizulegenden Zeitwert (at fair value through profit or loss) erreicht werden können, obwohl eine derartige Einordnung grundsätzlich nach IAS 39 nicht vorgesehen gewesen wäre, dann lässt IAS 39.9 den abweichenden Ansatz zum fair value zu (Fair-Value-Option).[259]

Dieses Wahlrecht muss allerdings beim erstmaligen Ansatz des Grundgeschäfts wahrgenommen werden.[260] Eine rückwirkende Änderung ist nicht zulässig (vgl. IAS 39.9 i. V. m. IAS 39.50).[261] Dies impliziert auch, dass die Fair-Value-Option nur einen geeigneten Lösungsansatz darstellt, wenn es sich um bilanzierte Finanzinstru-

(2012), Abschnitt XIII, S. 619 Tz. 3265; Lüdenbach, N. et al. (2017), § 28a, S. 1893 f. Tz. 49; Zum Zwecke der folgenden empirischen Untersuchung liegt hier der Fokus auf der Darstellung des Grundprinzips der bilanziellen Abbildung. Ausführliche Beispiele zur bilanziellen Abbildung eines Fair Value-Hedge finden sich in den Arbeiten von Borchert und Delitz. Vgl. Borchert, M. (2006), S. 161-163; Delitz, F. (2011), S. 31-33.

255 Vgl. Barckow, A. (2003), IAS 39, S. 139 Tz. 250; Klöcker, A. (2011), S. 114 f.; Löw, E./Theile, C. (2012), Abschnitt VIII, S. 619 Tz. 3266; Lüdenbach, N. et al. (2017), § 28a, S. 1894 Tz. 50.

256 Vgl. Klöcker, A. (2011), S. 114 f.; Löw, E./Theile, C. (2012), Abschnitt VIII, S. 619 Tz. 3266; Lüdenbach, N. et al. (2017), § 28a, S. 1894 Tz. 50. Der Ausgleich der Erfolgswirkung wird auch dann erreicht, wenn das Unternehmen nicht-derivative Finanzinstrumente i. S. d. IAS 39.72 zur Absicherung von Fremdwährungsrisiken nutzt. Vgl. Klöcker, A. (2011), S. 114 f. In diesem Fall sind die wechselkursbedingten Änderungen des Sicherungsgeschäfts direkt ergebniswirksam zu buchen. Vgl. IAS 39.89 (a).

257 Vgl. Löw, E./Theile, C. (2012), Abschnitt VIII, S. 609 Tz. 3231; Lüdenbach, N. et al. (2017), § 28a, S. 1925 Tz. 110 f.

258 Vgl. Klöcker, A. (2011), S. 233.

259 Vgl. Menk, M. T. (2009), S. 195. Dies gilt jedoch nicht für Anteile am Eigenkapital von nicht börsennotierten Gesellschaften, bei welchen der fair value nicht verlässlich ermittelt werden kann. Vgl. IAS 39.46 (c); IAS 39.AG80 f.; Klöcker, A. (2011), S. 233.

260 Vgl. Löw, E./Theile, C. (2012), Abschnitt XIII, S. 610 Tz. 3234; Menk, M. T. (2009), S. 195.

261 Vgl. Menk, M. T. (2009), S. 195.

mente handelt.[262] In Situationen, in denen ein geplanter Vorgang oder eine feste Verpflichtung abgesichert wird, ist die Fair-Value-Option dagegen nicht einsetzbar.[263] Demzufolge stellt die Fair-Value-Option nur bei Fair-Value-Hedges eine Alternative zum Hedge Accounting dar.[264] Demgegenüber können durch die Fair-Value-Option auch Konstellationen bilanziell abgebildet werden, bei denen dies nach den Regeln des Hedge Accounting nicht möglich wäre.[265] Dies wäre zum Beispiel beim Zinsrisiko-Hedging durch kompensierende Kassageschäfte der Fall.[266] In dieser Konstellation kann Hedge Accounting gemäß IAS 39.72 nicht angewendet werden, da das Sicherungsinstrument kein Derivat darstellt und der Ausnahmetatbestand der Währungsrisikoabsicherung nicht vorliegt.

Im Vergleich zum Hedge Accounting sind die Voraussetzungen für die Fair-Value-Option weniger umfassend und aus Unternehmenssicht leichter umzusetzen.[267] Als Nachteil der Fair-Value-Option erweist sich zum einen der angedeutete eingeschränkte Anwendungsbereich.[268] Zum anderen sind im Vergleich zum Hedge Accounting die Anpassungsmöglichkeiten bei der Ausübung der Fair-Value-Option nach dem erstmaligen Ansatz gering.[269]

Die Untersuchung von Klöcker zeigt, dass die Fair-Value-Option für die im Rahmen seiner Untersuchung befragten deutschen und schweizerischen Unternehmen wenig relevant ist.[270] Von den Untersuchungsteilnehmern haben 84,7 % angegeben, die Fair-Value-Option nicht anzuwenden.[271] Nur 7,2 % der Befragten haben die Fair-Value-Option genutzt, um einen accounting mismatch zu reduzieren bzw. zu vermeiden.[272] Aus der weiteren Befragung geht hervor, dass sich die Bilanzersteller einer-

262 Vgl. Löw, E./Theile, C. (2012), Abschnitt XIII, S. 609 Tz. 3231.
263 Vgl. Löw, E./Theile, C. (2012), Abschnitt XIII, S. 609 Tz. 3231.
264 Vgl. Lüdenbach, N. et al. (2017), § 28a, S. 1925Tz. 111 f.
265 Vgl. Klöcker, A. (2011), S. 235 f.; Löw, E./Theile, C. (2012), Abschnitt XIII, S. 609 f. Tz. 3232; Lüdenbach, N. (2017), § 28a, S. 1925 Tz. 112.
266 Vgl. Barckow, A./Glaum, M. (2004), S. 197.
267 Vgl. Klöcker, A. (2011), S. 235; Löw, E./Theile, C. (2012), Abschnitt XIII, S. 610 Tz. 3233; Menk, M. T. (2009), S. 207.
268 Vgl. Doege, D. (2013), S. 58; Lüdenbach, N. (2017), § 28a, S. 1925 f. Tz. 111 f.; Menk, M. T. (2009), S. 207.
269 Vgl. Doege, D. (2013), S. 60 f.; Menk, M. T. (2009), S. 207 f.
270 Vgl. Klöcker, A. (2011), S. 171, 235.
271 Vgl. Klöcker, A. (2011), S. 235.
272 Vgl. Klöcker, A. (2011), S. 235.

seits teilweise noch nicht eingehend mit dieser Möglichkeit befasst haben.[273] Andererseits wird der Mehrwert im Vergleich zum Hedge Accounting nicht gesehen.[274] Vor diesem Hintergrund wird im folgenden Verlauf der Arbeit nur Hedge Accounting als der gängige Ansatz zur bilanziellen Abbildung der Absicherungsaktivitäten der Unternehmen berücksichtigt.[275]

3.4 Anhangsangaben zum Hedge Accounting nach IFRS

Im Folgenden soll gezeigt werden, welche Informationen die Unternehmen im Zusammenhang mit der Anwendung von Hedge Accounting veröffentlichen müssen. Dies ist insbesondere für die Auswertungsmöglichkeiten im Rahmen der empirischen Untersuchung von Bedeutung.

Hinsichtlich der erforderlichen Angaben zum Hedge Accounting war für Nicht-Finanzunternehmen in den Jahren 2005 und 2006 der IAS 32 (rev. 2003) relevant.[276] Diese Vorschriften wurden mit dem spezifischen Standard für Finanzinstitute IAS 30 zum branchenunabhängigen Standard IFRS 7 zusammengefasst und erweitert,[277] der für die nach dem 01.01.2007 beginnenden Geschäftsjahre gilt (vgl. IFRS 7.43).

Die nach IFRS 7 erforderlichen Angaben können in zwei Gruppen unterteilt werden.[278] Zum einen gibt der Standard vor, welche Erläuterungen erforderlich sind, um die Relevanz der eingesetzten Finanzinstrumente für die Bilanz und Gesamtergebnisrechnung im Jahresabschluss ausreichend darzustellen (vgl. IFRS 7.7-7.30).[279] Zum

273 Vgl. Klöcker, A. (2011), S. 237-239.
274 Vgl. Klöcker, A. (2011), S. 237-239.
275 Die Möglichkeit der bilanziellen Abbildung einer Sicherungsbeziehung durch die Fair-Value-Option wird auch in der relevanten empirischen Literatur nicht berücksichtigt. Vgl. Glaum, M./Klöcker, A. (2011), S. 459-489; Panaretou, A. et al. (2013), S. 116-139.
276 Für Finanzunternehmen galt bezüglich der erforderlichen Angaben für Finanzinstrumente in diesem Zeitraum der IAS 30. Vgl. Scharpf, P. (2006), S. 4.
277 Vgl. Prokop, J. (2008), S. 465. Während die Wirksamkeit des IAS 30 durch die Einführung des IFRS 7 vollumfänglich erlosch, wurde der IAS 32 umbenannt und gilt weiterhin in Bezug auf die Ausweisregelungen. Vgl. IFRS 7.45, IFRS 7.C2, Scharpf, P. (2006), S. 4. Für einen ausführlichen Vergleich des IFRS 7 und des IAS 32 in der bis zur Einführung des IFRS 7 gültigen Form vgl. Brücks, M. et al. (2006a), S. 363-378; Brücks, M. et al. (2006b), S. 424-444; Löw, E. (2005), S. 2182-2184. Im Folgenden werden die Angaben nach IFRS 7 nur kurz dargestellt. Für detaillierte Ausführungen vgl. u. a. Löw, E. (2005), S. 2175-2184; Scharpf, P. (2006), S. 3-54; Schön, S. (2012), S. 62-479.
278 Vgl. Lüdenbach, N. et al. (2017) § 28, S. 1837 Tz. 499.
279 Vgl. Lüdenbach, N. et al. (2017) § 28, S. 1837 Tz. 499.

anderen regelt IFRS 7 die Angaben zu den mit den verwendeten Finanzinstrumenten verbundenen Risiken (vgl. IFRS 7.31-7.44).[280]

Zur ersten Gruppe zählen die unter IFRS 7.22-24 geregelten Angaben zum Hedge Accounting. Gemäß IFRS 7.22 muss ein Unternehmen, welches Hedge Accounting anwendet, darlegen, welche Formen der Sicherungszusammenhänge bestehen. Zudem bedarf es laut IFRS 7.22 einer Beschreibung der als Sicherungsinstrumente eingesetzten Finanzinstrumente inklusive der Angabe ihrer beizulegenden Zeitwerte zum Bilanzstichtag. Darüber hinaus muss angegeben werden, welche Risiken abgesichert werden (vgl. IFRS 7.22).

Erweiterte und detailliertere Angaben sind für die Abbildung von Cashflow-Hedges nach IFRS 7.23 erforderlich.[281] Darüber hinaus fordert der IFRS 7.24 Angaben zur Wirksamkeit der Hedge-Zusammenhänge und deren Auswirkungen auf die Ergebnisrechnung.[282]

Die zweite Gruppe der erforderlichen Angaben nach IFRS 7 betreffen weitere Ausführungen quantitativer und beschreibender Natur zu den mit den Finanzinstrumenten verbundenen Risiken (vgl. IFRS 7.31-7.44).[283] Die nach IFRS 7.33 erforderlichen qualitativen Angaben umfassen zum einen die separate Beschreibung der Gründe für das Auftreten des jeweiligen Risikos sowie dessen Ausmaß. Zum anderen muss dargestellt werden, auf Basis welcher Vorgehensweise und Ziele mit dem Risiken umgegangen wird und wie die einzelnen Risiken gemessen werden (vgl. IFRS 7.33 (b)).

Bezüglich der erforderlichen Erläuterungen zum Risikomanagement aus quantitativer Perspektive liegt grundsätzlich der Management Approach zugrunde.[284] Dies erfordert, dass die veröffentlichten quantitativen Informationen auf den Daten basieren, welche auch intern vom leitenden Führungspersonal des Unternehmens genutzt werden (vgl. IFRS 7.34 (a)).[285] Dieser Ansatz wird allerdings durch die in IFRS 7.36-

280 Vgl. Lüdenbach, N. et al. (2017) § 28, S. 1837 Tz. 499.
281 Vgl. Klöcker, A. (2011), S. 123; Lüdenbach, N. et al. (2017), § 28a, S. 1936 f. Tz. 150.
282 Vgl. Klöcker, A. (2011), S. 124; Lüdenbach, N. et al. (2017), § 28a, S. 1937 Tz. 151.
283 Vgl. Klöcker, A. (2011), S. 124; Lüdenbach, N. et al. (2017), § 28, S. 1844 f. Tz. 523.
284 Vgl. Klöcker, A. (2011), S. 125; Hartenberger, H. (2016), § 3, S. 233 Tz. 313; Henselmann, K. et al. (2010), S. 458; Lüdenbach, N. et al. (2017), § 28, S. 1844 Tz. 523; Prokop, J. (2008), S. 466.
285 Vgl. Klöcker, A. (2011), S. 125; Henselmann, K. et al. (2010), S. 458; Lüdenbach, N. et al.

7.42 geforderten Mindestangaben eingeschränkt (vgl. IFRS 7.34 (b)).[286] Demnach müssen zwingend bestimmte Informationen zu Markt-, Liquiditäts- und Kreditausfallrisiken veröffentlicht werden, sofern diese Risiken vorliegen.[287] Infolge der Konzentration auf Marktpreisrisiken beschränken sich die folgenden Ausführungen auf diese.[288] Weist ein Unternehmen ein Marktpreisrisiko auf, so ist nach IFRS 7.40f. eine Sensitivitätsanalyse erforderlich. Laut IFRS 7.40 (a) soll in dieser gezeigt werden, welche Folgen eine zum Abschlussstichtag für realistisch erachtete Änderung des Risikofaktors auf das Periodenergebnis und Eigenkapital gehabt hätte. Diese Sensitivitätsanalyse kann einerseits im Einklang mit IFRS 7.40 (a) für jeden Marktrisikofaktor separat durchgeführt werden. Andererseits ist alternativ nach IFRS 7.41 eine gleichzeitig mehrere Faktoren umfassende Analyse, wie z. B. durch eine Value-at-Risk-Ermittlung, ebenso zulässig.[289] Zur Nachvollziehbarkeit der Analysen sind nähere Angaben zu den Prämissen und der Vorgehensweise sowie den diesbezüglichen Änderungen im Vergleich zum Vorjahr erforderlich (vgl. 7.40 (b) und (c)).[290] Trotz dieser Mindestangaben impliziert die Orientierung an den vom Management zur Entscheidungsfindung verwendeten Informationen, dass die im Anhang angegebenen Kennzahlen im Rahmen der Risikoberichterstattung häufig nicht mit denen anderer Unternehmen vergleichbar sind.[291]

Mit den Regelungen des IFRS 7 konnten im Vergleich zu den bis zum 01.01.2007 geltenden Offenlegungsvorschriften des IAS 32 (rev. 2003) laut den in der einschlägigen Literatur geäußerten Auffassungen eine Weiterentwicklung erreicht werden.[292] In Bezug auf die Angaben zum Hedge Accounting waren die Veränderungen im Vergleich zum IAS 32 (rev. 2003) gering.[293] Die nach IFRS 7.22 und 7.23 beschriebenen Angaben wurden im Wesentlichen von IAS 32.58 (rev. 2003) und IAS 32.59 (rev. 2003) übernommen.[294] Lediglich die Vorschriften zum IFRS 7.24 mit der An-

(2017), § 28, S. 1844 Tz. 523; Prokop, J. (2008), S. 466.

286 Vgl. Hartenberger, H. (2016), § 3, S. 233 Tz. 313; Lüdenbach, N. et al. (2017), § 28, S. 1844 f. Tz. 523.

287 Vgl. Lüdenbach, N. et al. (2017), § 28, S. 1844 Tz. 523.

288 Detaillierte Ausführungen zu den erforderlichen Angaben im Zusammenhang mit Ausfall- und Liquiditätsrisiken finden sich z. B. bei Schön. Vgl. Schön, S. G. (2012), S. 253-368.

289 Vgl. Klöcker, A. (2011), S. 126.

290 Vgl. Klöcker, A. (2011), S. 125 f.

291 Vgl. Henselmann, K. et al. (2010), S. 458.

292 Vgl. Brücks, M. et al. (2006b), S. 443; Löw, E. (2005), S. 2181.

293 Vgl. Brücks, M. et al. (2006a), S. 374.

294 Vgl. Brücks, M. et al. (2006a), S. 373.

gabe zur Wirksamkeit der Absicherung sind neu.[295] Demgegenüber wurden die Angaben zur Risikoberichterstattung umfangreicheren Veränderungen unterzogen.[296] In Bezug auf die im vorliegenden Zusammenhang relevanten Marktpreisrisiken – Währungs- und Zinsrisiken – besteht die wesentliche Neuerung im Vergleich zum IAS 32 (rev. 2003) in der Einführung einer verpflichtend durchzuführenden Sensitivitätsanalyse nach IFRS 7 (vgl. IFRS 7.40-42).[297] Ansonsten waren bereits nach IAS 32.52 (rev. 2003) in Verbindung mit IAS 32.52 (a) (rev. 2003) qualitative Angaben zum Zins- und Währungsrisikomanagement erforderlich.[298] In Bezug auf die quantitativen Angaben zum Risikomanagement lag der Schwerpunkt auf dem Zinsrisikomanagement (vgl. IAS 32.67-75 (rev. 2003)).[299]

Angesichts dieser Veränderungen der Rechnungslegungsvorschriften im Untersuchungszeitraum ist wichtig festzuhalten, dass es bezüglich der für die folgende Untersuchung relevanten Angaben keine wesentlichen Anpassungen gab. Für die Untersuchung des Werteffekts von Hedging sind im Folgenden insbesondere die Angaben zum Hedge Accounting relevant, welche sich kaum verändert haben.[300] Die zusätzliche Angabe in Bezug auf die Effektivität nach IFRS 7.24 ist im Folgenden nicht relevant. In Bezug auf die Risikoberichterstattung ist von Bedeutung, dass die Differenzierung der abgesicherten Marktrisiken nach Zins- und Währungsrisiken nicht verändert wurde (vgl. IAS 32.52 (a) (rev. 2003); IFRS 7 Appendix A). Eine andere Aggregation der Marktrisiken hätte zu einem Strukturbruch und einer Einschränkung der Vergleichbarkeit der Angaben zu den Untersuchungsjahren geführt.

3.5 Kritische Würdigung des Hedge Accounting nach IAS 39

Die gemäß IAS 39 vorgestellten Regelungen zum Hedge Accounting werden seit ihrer Veröffentlichung als Standardentwurf im Dezember 1998 intensiv diskutiert

295 Vgl. Brücks, M. et al. (2006a), S. 373.
296 Vgl. Brücks, M. et al. (2006b), S. 444; Scharpf, P. (2006), S. 35.
297 Vgl. Brücks, M. et al. (2006a), S. 376; Löw, E. (2005), S. 2183.
298 Vgl. Brücks, M. et al. (2006a), S. 376.
299 Vgl. Brücks, M. et al. (2006a), S. 376; Löw, E. (2005), S. 2183.
300 Vgl. Brücks, M. et al. (2006a), S. 374.

und bemängelt.[301] Die hierbei geäußerte Kritik kann im Wesentlichen zwei Kernproblemen zugeordnet werden, welche im Folgenden dargestellt werden.[302]

Zum einen wird von unterschiedlichen Seiten – bspw. Wirtschaftsprüfer, Bilanzersteller sowie Wissenschaftler – kritisch angemerkt, dass die Regelungen zu komplex und umfangreich sind, wodurch die praktische Umsetzung erschwert wird.[303] Dies resultiert einerseits aus den hohen Anforderungen hinsichtlich der Dokumentation.[304] Andererseits liegt dies jedoch auch an der Schwierigkeit und dem Aufwand der durchzuführenden Effektivitätstests.[305]

Zum anderen wird vielfach kritisiert, dass die Vorschriften des IAS 39 sehr restriktiv sind und sich moderne Risikomanagementmethoden nur unzureichend bilanziell abbilden lassen.[306] Dies hängt damit zusammen, dass sich nach IAS 39 vorwiegend Mikro-Hedge-Beziehungen abbilden lassen.[307] Die alternativen Makro- und Portfolio-Hedge-Ansätze können dagegen nicht adäquat abgebildet werden, da Nettorisikopositionen nicht als Grundgeschäft designiert werden können (vgl. IAS 39.84).[308] In der Praxis fassen jedoch viele Unternehmen ihre Risikoposition zentral im Konzern zusammen und sichern nur die Netto-Position ab.[309] Eine Anwendung von Hedge Accounting ist in diesem Fall jedoch nicht möglich.[310] Ein weiterer Kritikpunkt in diesem Zusammenhang resultiert daraus, dass nach IAS 39 vor allem Derivate als Sicherungsinstrumente designiert werden können.[311] Auf diese Weise wird der in der

301 Vgl. Barckow, A. (2003), IAS 39, S. 1; Glaum, M./Klöcker, A. (2011), S. 459; Wulf, I./Pollmann, R. (2015), S. 121.
302 Vgl. Große, J. V. (2010), S. 194.
303 Vgl. Bernhardt, T. et al. (2014), S. 53 f.; Glaum, M./Klöcker, A. (2011), S. 460, 484; Große, J. V. (2010), S. 194.
304 Vgl. Große, J. V. (2010), S. 194; Klöcker, A. (2011), S. 136.
305 Vgl. Barckow, A. (2003), IAS 39, S. 134 f. Tz. 242; Bernhardt, T. et al. (2014), S. 54 f; Große, J. V. (2010), S. 194; Wulf, I./Pollmann, R. (2015), S. 122.
306 Vgl. Bernhardt, T. et al. (2014), S. 54-56; Friedhoff, M./Berger, M. (2011), IAS 39, S. 1111 Tz. 176; Große, J. V. (2010), S. 194 f.; Löw, E. (2004), S. 139; Walterscheidt, S./Klöcker, A. (2009), S. 324.
307 Vgl. Glaum, M./Klöcker, A. (2011), S. 464; Klöcker, A. (2011), S. 88, 129; Löw, E. (2004), S. 37, 39; Menk, M. T. (2009), S. 90 f.
308 Vgl. Glaum, M./Klöcker, A. (2011), S. 463 f.; Löw, E. (2004), S. 37, 39 f.
309 Vgl. Glaum, M./Klöcker, A. (2011), S. 464; Löw, E. (2004), S. 39.
310 Vgl. Glaum, M./Klöcker, A. (2011), S. 464; Löw, E. (2004), S. 39.
311 Vgl. Bernhardt, T. et al. (2014), S. 56; Große, J.-V. (2010), S. 194.

Praxis ebenso auftretenden nicht-derivativen Absicherung nicht Rechnung getragen.[312]

Insbesondere die unterstellte geringe Nähe des IAS 39 zur Praxis des Risikomanagement stellt die Unternehmen vor ein Trade-off-Problem.[313] Eine Option des Unternehmens ist es sein Risikomanagement so auszurichten, dass es den Regelungen des Hedge Accounting nach IAS 39 gerecht wird.[314] Auf diese Weise kann die Sicherungsbeziehung zum einen adäquat ohne Ergebnisschwankungen abgebildet werden.[315] Zum anderen kann dies jedoch dazu führen, dass Unternehmen suboptimale Absicherungsstrategien durchführen.[316]

Demgegenüber kann ein Unternehmen sein Risikomanagement ungeachtet der Hedge-Accounting-Regulierung optimieren.[317] Auf diese Weise kann zwar möglicherweise eine optimale Absicherung erreicht werden, wobei die erreichte kompensatorische Wirkung jedoch nicht vollumfänglich im Jahresabschluss abgebildet werden kann.[318]

Als Reaktion auf die andauernde Kritik an den Regelungen des IAS 39 im Allgemeinen, aber auch in Bezug auf das Hedge Accounting und vor dem Hintergrund der Finanzkrise startete das International Accounting Standards Board (IASB) im November 2008 ein Projekt mit dem Ziel, den IAS 39 durch den neuen Standard zu substituieren (IAS 39-Replacement-Projekt).[319] Der neue Standard IFRS 9 wurde im Juli

312 Vgl. Bernhardt, T. et al. (2014), S. 56; Große, J.-V. (2010), S. 194.

313 Vgl. Bernhardt, T. et al. (2014), S. 53; Glaum, M./Klöcker, A. (2011), S. 460; Panaretou, A. et al. (2013), S. 116 f.

314 Vgl. Bernhardt, T. et al. (2014), S. 53; Glaum, M./Klöcker, A. (2011), S. 460; Panaretou, A. et al. (2013), S. 116 f.

315 Vgl. Bernhardt, T. et al. (2014), S. 53; Glaum, M./Klöcker, A. (2011), S. 460; Panaretou, A. et al. (2013), S. 116 f.

316 Vgl. Bernhardt, T. et al. (2014), S. 53; Glaum, M./Klöcker, A. (2011), S. 460.

317 Vgl. Bernhardt, T. et al. (2014), S. 53; Glaum, M./Klöcker, A. (2011), S. 460; Panaretou, A. et al. (2013), S. 116 f.

318 Vgl. Bernhardt, T. et al. (2014), S. 53; Glaum, M./Klöcker, A. (2011), S. 460; Panaretou, A. et al. (2013), S. 116 f.

319 Vgl. Wulf, I./Pollmann, R. (2015), S. 122; Glaum, M./Klöcker, A. (2009), S. 329; Große, J.-V. (2010), S. 191. Dieses Projekt wurde in drei Phasen (classification and measurement (Phase1), impairment (Phase 2), Hedge Accounting (Phase 3)) realisiert, wobei die Regelungen zum Hedge Accounting in Phase drei überarbeitet wurden. Vgl. Große, J.-V. (2010), S. 191; Wulf, I./Pollmann, R. (2015), S. 123. Hierbei ist zu beachten, dass die bilanzielle Behandlung von Makro-Hedges seit 2012 in einem separaten Projekt („Accounting for Dynamic Risk Management") des IASB diskutiert wird, welches zum aktuellen Stand der Arbeit noch nicht abgeschlossen ist. Vgl. Bauer, M. et al. (2013), S. 333; IASB (2017), S. 1; Wulf, I./Pollmann, R. (2015), S.

2014 in der endgültigen Version veröffentlicht[320] und muss für die nach dem 01.01.2018 startenden Geschäftsjahre anstatt der Regelungen des IAS 39 zur Anwendung kommen.[321] Die rechtliche Anerkennung des IFRS 9 innerhalb der EU (Endorsement) erfolgte am 22.11.2016 durch die Europäische Kommission.[322] Mit der Einführung des IFRS 9 wird vor allem das Ziel verfolgt, die Praxis des Risikomanagement besser im Jahresabschluss abzubilden.[323]

Infolge der Kritik am IAS 39 gab es bereits seit der Einführung des Standards im Jahr 1998 regelmäßige Anpassungen.[324] Diese betreffen die Regelungen des Hedge Accounting jedoch nur partiell.[325] Allerdings ist für den Untersuchungszeitraum – 2005 bis 2013 – dieser Arbeit festzustellen, dass die Änderungen im Bereich Hedge Accounting vor allem Spezialfälle und Klarstellungen betreffen.[326] So wurde z. B. im April 2009 vom International Financial Reporting Interpretations Committee (IFRIC) die Interpretation 16 eingeführt, um die Regelungen zur Bilanzierung der Absicherung von Nettoinvestitionen in Geschäftseinheiten im Ausland zu konkretisieren (vgl. IFRIC 16.18).[327] Die großen konzeptionellen Veränderungen wurden im Rahmen der Einführung des IFRS 9 angestrebt und umgesetzt.[328] Hinsichtlich des Untersuchungszeitraums dieser Arbeit (2005-2013) sind demnach in Bezug auf den IAS 39 keine Veränderungen festzustellen, welche die Vergleichbarkeit der Geschäftsberichte der einzelnen Jahre wesentlich einschränken würden.

123.

320 Vgl. Wulf, I./Pollmann, R. (2015), S. 123.

321 Vgl. Wulf, I./Pollmann, R. (2015), S. 123; Hartenberger, H. (2016), § 3, S. 295 Tz. 558; Zeller, M./Ruprecht, R. (2014), S. 1119.

322 Vgl. EU-Verordnung 2016/2067, S. 1.

323 Vgl. Hartenberger, H. (2016), § 3, S. 282 Tz. 523; Zeller, M./Ruprecht, R. (2014), S. 1119. Ein Überblick über die neuen Regelungen des IFRS 9 in Bezug auf das Hedge Accounting findet sich bei Echterling et al. (2014), Hartenberger (2016), Thomas (2015) sowie Zeller/Ruprecht (2014). Vgl. Echterling, F. et al. (2014), S. 5-17; Hartenberger, H. (2016), § 3, S. 282-295 Tz. 523-558; Thomas, M. (2015), S. 291-300; Zeller, M./Ruprecht, R. (2014), S. 1119-1125.

324 Einen Überblick über die Änderungen des IAS 39 liefern Jerzembek/Große (für die Jahre 1998-2005), Große (für 2005-2010), Friedhoff/Berger (für 2005-2011) sowie Lüdenbach (für 2009-2013). Vgl. Friedhoff, M./Berger, M. (2011), IAS 39, S. 1142 Tz. 249; Große, J.-V. (2010), S. 191 f.; Jerzembek, L./Große, J.-V. (2005), S. 222; Lüdenbach, N. (2013), § 28, S. 1800-1802 Tz. 324-333.

325 Vgl. Friedhoff, M./Berger, M. (2011), IAS 39, S. 1142 Tz. 249; Große, J.-V. (2010), S. 191 f.; Jerzembek, L./Große, J.-V. (2005), S. 222; Lüdenbach, N. (2013), § 28, S. 1800-1802 Tz. 324-333.

326 Vgl. Große, J.-V. (2010), S. 191 f.; Lüdenbach, N. (2013), § 28, S. 1800-1802 Tz. 324-333.

327 Vgl. Große, J.-V. (2010), S. 191 f.

328 Vgl. Große, J.-V. (2010), S. 191.

Zusammenfassend lässt sich somit festhalten, dass sowohl beim IAS 39 als auch bei den Regelungen zu den Anhangsangaben (IFRS 7) im Untersuchungszeitraum Veränderungen gab. Diese stellen jedoch für die Zwecke dieser Arbeit keine wesentlichen Strukturbrüche dar, sodass sie einer Untersuchung des Werteffekts von Hedging im Zeitraum von 2005 bis 2013 nicht entgegenstehen.

3.6 Empirische Evidenz zur Wertrelevanz des Hedge Accounting

Mehrere empirische Untersuchungen deuten darauf hin, dass die vorgestellte Tradeoff-Problematik für viele Nicht-Finanzunternehmen tatsächlich besteht und von Bedeutung ist. Dies äußert sich darin, dass sich in den Untersuchungen die Regelungen zum Hedge Accounting auf das Absicherungsverhalten auswirken. So gaben im Rahmen einer Umfrage von Glaum/Klöcker mehr die Hälfte, nämlich 54,0 % der befragten Unternehmen aus der Schweiz und Deutschland an, dass die Regelungen des IAS 39 zur Sicherungsbilanzierung einen Einfluss auf ihr Hedging-Verhalten haben.[329] Bei der von Lins et al. durchgeführten Befragung von 229 Finanzvorständen aus 36 Ländern, haben 42 % angegeben, dass ihre Risikomanagement-Aktivitäten durch die Hedge-Accounting-Regeln beeinflusst werden.[330] Die Autoren kommen zu dem Schluss, dass die Regeln zur bilanziellen Abbildung des Hedging die Absicherungsaktivitäten wesentlich beeinflussen, wobei sowohl Spekulationen als auch sinnvolle Absicherungsstrategien eingeschränkt werden.[331]

Chen et al. untersuchen den Effekt von Hedge Accounting auf das Absicherungsverhalten im Rahmen eines Experiments.[332] Hierzu haben die Autoren erfahrene Buch-

[329] Vgl. Glaum, M./Klöcker, A. (2011), S. 460 f., 479. Zu einem ähnlichen Ergebnis kommen auch Eichhorn/Heil in ihrer Umfrage. Vgl. Eichhorn, F.-J./Heil, Y. (2007), S. 80-82. Diese Umfrage basiert jedoch nur auf einem Sample von 10 deutschen Unternehmen und ist daher im Vergleich zur Untersuchung von Glaum/Klöcker mit Antworten von 117 Unternehmen weniger aussagekräftig. Vgl. Eichhorn, F.-J./Heil, Y. (2007), S. 82; Glaum, M./Klöcker, A. (2011), S. 468.

[330] Vgl. Lins, K. V. et al. (2011), S. 533.

[331] Vgl. Lins, K. V. et al. (2011), S. 548. Die empirische Untersuchung von Zhang kommt in Bezug auf die USA ebenso zum Schluss, dass sich die Hedge Accounting Regeln auf das Absicherungsverhalten auswirken. Vgl. Zhang, H. (2009), S. 246, 263. Der Autor stellt insbesondere fest, dass die untersuchten amerikanischen Unternehmen nach der Einführung des Statements of Financial Accounting Standard SFAS 133 ein vorsichtigeres Risikomanagement aufweisen, und das expost die Wirkung des neuen Standards auf die Ergebnisvolatilität eingeschränkt ist. Vgl. Zhang, H. (2009), S. 246, 263. Für die Zwecke dieser Untersuchungen werden die Regelungen zum Hedge Accounting des IAS 39 und des SFAS 133 als vergleichbar erachtet. Vgl. Beisland, L. A./Frestad, D. (2013), S. 194.

[332] Vgl. Chen, W. et al. (2013), S. 89.

halter befragt, wie ihre Absicherungsentscheidung unter bestimmten Bedingungen aussehen würde.[333] Auf diese Weise haben sie festgestellt, dass sich die befragten Personen nicht mehr für die optimale Absicherungspolitik entscheiden, wenn sie von den bilanziellen Konsequenzen im Rahmen des Hedge Accounting erfahren.[334] Diese Abweichung von der optimalen Strategie könnte sich negativ auf die Bewertung am Kapitalmarkt auswirken.[335]

Demgegenüber untersuchen Dadalt et al. die Auswirkungen von Hedging auf die Informationsasymmetrie zwischen Management und Aktionäre empirisch.[336] Als Indikator für die Informationsasymmetrie wird die Differenz zwischen dem prognostizierten und dem tatsächlichen Gewinn je Aktie sowie die Standardabweichung dieses Prognosefehlers verwendet.[337] Die Autoren stellen in diesem Kontext fest, dass sowohl die Entscheidung für den Einsatz von Derivaten als auch ein höherer Umfang der eingesetzten Derivaten zu einer niedrigeren Ausprägung der Informationsasymmetrie zwischen dem Management und den Anteilseignern führt.[338]

Panaretou et al. haben anhand der Nicht-Finanzunternehmen des Financial Times Stock Exchange FTSE 350 für die Jahre 2003 bis 2008 untersucht, wie sich die Anwendung von Hedge Accounting auf die asymmetrische Verteilung der Informationen zwischen Anteilseigner und Management auswirkt.[339] Sie stellen dabei fest, dass Unternehmen durch die Anwendung von Hedge Accounting eine bessere Prognostizierbarkeit der Gewinne und somit eine geringe Informationsasymmetrie erreichen können.[340] Auf diese Weise können die Kosten, die mit Informationsasymmetrien verbunden sind,[341] gesenkt und der Wert des Unternehmens erhöht werden.[342]

---

333 Vgl. Chen, W. et al. (2013), S. 77-85, 89.
334 Vgl. Chen, W. et al. (2013), S. 77-85, 89.
335 Vgl. Kiy, F. (2015), S. 7. Hierbei ist allerdings zu beachten, dass die Entscheidungen im Rahmen eines Experiments infolge der besonderen Bedingungen deutlich von denen in der Praxis abweichen können. Vgl. Kiy, F. (2015), S. 7.
336 Vgl. DaDalt, P. et al. (2002), S. 241, 264.
337 Vgl. DaDalt, P. et al. (2002), S. 248-251.
338 Vgl. DaDalt, P. et al. (2002), S. 264.
339 Vgl. Panaretou, A. et al. (2013), S. 117, 121 f.
340 Vgl. Panaretou, A. et al. (2013), S. 135 f. Zu einem ähnlichen Ergebnis kommt die Untersuchung von Reynolds-Moehrle. Vgl. Reynolds-Moehrle, J. (2007), S. 120. Diese stellt ebenso fest, dass die Informationen zu den Hedging-Aktivitäten die Prognostizierbarkeit der Ergebnisentwicklung verbessert. Vgl. Reynolds-Moehrle, J. (2007), S. 120. Hierbei ist allerdings einschränkend zu beachten, dass die Untersuchung auf einer Auswertung von insgesamt 171 Abschlüssen von ameri-

Angesichts dieser empirischen Ergebnisse lässt sich schlussfolgern, dass sich Hedge Accounting einerseits positiv auf die Bewertung eines Unternehmens am Kapitalmarkt auswirken kann, wenn hierdurch die Informationsasymmetrien reduziert werden können. Andererseits können die Auswirkungen auch negativ sein, wenn Hedge Accounting das Absicherungsverhalten negativ beeinflusst.

Anders als die bisherigen Studien untersucht Kiy erstmals den direkten Zusammenhang zwischen Hedge Accounting und dem Marktbewertung der Unternehmen.[343] Dies geschieht anhand eines Samples von US-amerikanischen Nicht-Finanzunternehmen für den Zeitraum von 2007 bis 2014.[344] Der Autor stellt einen signifikant negativen Zusammenhang zwischen der Anwendung von Hedge Accounting und dem Marktwert des Unternehmens fest.[345] Dieser negative Effekt lässt sich ihm zufolge möglicherweise durch die Abweichung von der optimalen Hedging-Strategie erklären, welche erforderlich ist, um die Vorgaben des Statements of Financial Accounting Standard SFAS 133 zu erfüllen.[346] Darüber hinaus zeigt sich, dass dieser Effekt bei größeren Unternehmen in einem geringeren Umfang zu beobachten ist.[347] Einschränkend ist jedoch zu beachten, dass in der Untersuchung von Kiy ausschließlich die Anwendung von Hedge Accounting von Interesse ist, während das Ausmaß der Absicherungsaktivitäten nicht berücksichtigt wird.[348] Dies ist allerdings problematisch, weil sich die Wahrnehmung von Hedge Accounting am Kapitalmarkt je nach Intensität der Absicherung unterscheiden dürfte. Während Hedge Accounting für Unternehmen, die in geringem Umfang absichern, nur eingeschränkt relevant ist, ist es für Unternehmen mit großem Absicherungsvolumen eine bedeutende Rechnungslegungsnorm. Dies könnte auch erklären, warum der von Kiy festgestellte negative Werteffekt bei großen Unternehmen geringer ist.[349] Im Folgenden soll daher bei der Untersuchung des Werteffekts des Absicherungsverhaltens sowohl das Aus-

kanischen Nicht-Finanzunternehmen im Zeitraum von 1989 bis 1991 beruht und der Datensatz somit deutlich älter und weniger umfangreich ist. Vgl. Reynolds-Moehrle, J. (2007), S. 111 f.

341 Vgl. Armstrong, C. S. et al. (2011), S. 37.

342 Vgl. Kiy, F. (2015), S. 6.

343 Vgl. Kiy, F. (2015), S. 30 f.

344 Vgl. Kiy, F. (2015), S. 16 f.

345 Vgl. Kiy, F. (2015), S. 23 f., 30 f.

346 Vgl. Kiy, F. (2015), S. 23 f., 30 f.

347 Vgl. Kiy, F. (2015), S. 24 f.

348 Vgl. zur empirischen Vorgehensweise Kiy, F. (2015), S. 11-16.

349 Vgl. Kiy, F. (2015), S. 23 f., 30 f.

maß der Absicherungsaktivitäten als auch die Anwendung von Hedge Accounting berücksichtigt werden.

4 Aktueller Forschungsstand und Ableitung der Hypothesen

4.1 Herleitung von Absicherungsmotiven auf Basis der Kapitalmarkttheorie

4.1.1 Wertrelevanz von Hedging bei vollkommenen Kapitalmärkten

Zunächst sollen die Möglichkeiten der Wertgenerierung durch Corporate Financial Hedging anhand der Kapitalmarkttheorie diskutiert werden. In der Literatur stellt der neoklassische Ansatz von Modigliani/Miller den Ausgangspunkt für die Diskussion des Werteffekts von Hedging dar.[350] Die Autoren legen hierbei sowohl implizit als auch explizit folgende Annahmen zugrunde:[351]

- Es gibt keine Steuern, Insolvenzkosten, Agency-Kosten und Transaktionskosten.
- Alle Marktteilnehmer verfügen über homogene Erwartungen und über die gleichen kostenlos verfügbaren Informationen.
- Der Sollzins entspricht dem Habenzins.
- Die Fremdkapitalkosten der Anleger entsprechen denen des Unternehmens.
- Es gibt keine Arbitrage-Möglichkeiten.
- Der Zugang zum Finanzmarkt ist nicht beschränkt. Die Privatanleger verfügen über die gleichen Zugangsmöglichkeiten wie die Unternehmen.
- Beschränkungen in Bezug auf die finanzielle Unternehmenspolitik bestehen nicht.

Auf Basis dieser Annahmen zeigen Modigliani/Miller, dass sich die Kapitalstrukturentscheidung eines Unternehmens nicht auf seinen Wert auswirkt, weil die Anleger diese auf vollkommenen Kapitalmärkten ohne zusätzliche Kosten selbst nachbilden können.[352] Demnach ist nur durch die Durchführung von Projekten mit positivem

[350] Die Fragestellung wird auch anhand weiterer ökonomischen Theorien (z. B. Capital Asset Pricing Model (CAPM)) diskutiert. Vgl. Dufey, G./Srinivasalu, S. L. (1983), S. 54-61. Im diesbezüglichen wissenschaftlichen Diskurs stellt jedoch das Irrelelevanztheorem von Modigliani/Miller die Basis der Diskussion dar. Vgl. u. a. Aretz, K./Bartram, S. M. (2010), S. 319; DeMarzo, P. M./Duffie, D. (1991), S. 262; Fite, D./Pfleiderer, P. (1995), S. 143 f.; Froot, K. A. et al. (1994), S. 24 f.; Mian, S. L. (1996), S. 421; Modigliani, F./Miller, M. H. (1958), S. 268-271; Smith, C. W./Stulz, R. M. (1985), S. 392.

[351] Vgl. Bartram, S. M. (2000), S. 294; Fama, E. F. (1978), S. 272-274; Modigliani, F./Miller, M. H. (1958), S. 265-268; Monda, B. et al. (2013), S. 3.

[352] Vgl. Modigliani, F./Miller, M. H. (1958), S. 268. Das grundlegende Modell von Modigliani/Miller aus der Arbeit von 1958 wurde in ihren folgenden Arbeiten ergänzt um die Berücksich-

Nettobarwert eine Erhöhung des Unternehmenswerts möglich.[353] Die Art und Weise der Finanzierung – Eigen- oder Fremdfinanzierung – der Investitionsprojekte hat keinen Einfluss auf die Bewertung des Unternehmens.[354]

Diese Argumentation lässt sich im Folgenden auch auf das Risikomanagement übertragen. Wird Corporate Hedging als finanzwirtschaftliche Entscheidung im Sinne des Irrelevanztheorems von Modigliani/Miller betrachtet, führt dies ebenso wenig zu einer Steigerung des Unternehmenswerts.[355] Demnach stiftet die Durchführung der Absicherungsaktivitäten auf Unternehmensebene keinen Mehrwert für die Eigentümer, da diese in einem vollkommenen Kapitalmarkt die optimale Absicherungspolitik selbst nachbilden können.[356]

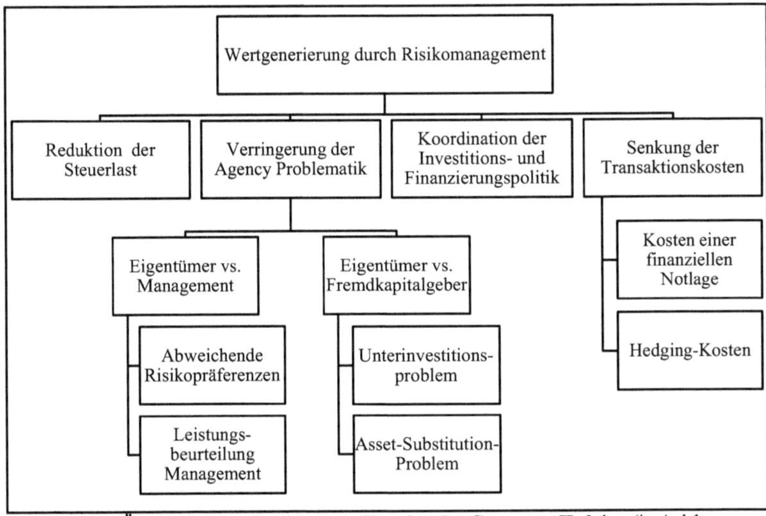

Abbildung 7: Überblick über die positiven Theorien des Corporate Hedging (in Anlehnung an: Monda, B. et al. (2013), S. 6)

tigung der Dividendenpolitik (1959) sowie des Steuervorteils der Fremdfinanzierung (1963). Vgl. Modigliani, F./Miller, M. H. (1959), S. 662-668; Modigliani, F./Miller, M. H. (1963), S. 434-440. Einen Überblick über weitere Arbeiten in diesem Kontext findet sich bei Miller. Vgl. Miller, M. H. (1988), S. 99-120.

353 Vgl. Bartram, S. M. (2000), S. 294.

354 Vgl. Modigliani, F./Miller, M. H. (1958), S. 268-271.

355 Vgl. MacMinn, R. D. (1987b), S. 1169-1173, 1184.

356 Vgl. MacMinn, R. D. (1987b), S. 1169-1173, 1184.

Die Durchführung des Hedgings durch das Unternehmen ist demnach nur dann vorzuziehen und unter Umständen wertgenerierend, wenn einzelne Voraussetzungen für das Vorliegen eines perfekten Kapitalmarkts nicht erfüllt sind.[357] Ausgehend von der Arbeit von Smith/Stulz wurde in einer Vielzahl von Studien unter Berücksichtigung einzelner Marktfriktionen die Herleitung der Motive für die Risikoabsicherung angestrebt.[358] Diese werden auch als positive Theorien des Corporate Hedging bzw. des Corporate Risk Management bezeichnet,[359] die in Abbildung 7 überblicksartig zusammengestellt sind.

4.1.2 Absicherungsmotive unter Berücksichtigung von Marktfriktionen

4.1.2.1 Steuern

Zunächst soll betrachtet werden, inwiefern sich das Risikomanagement positiv auf den Unternehmenswert auswirken kann, wenn die Annahmen des vollkommenen Kapitalmarkts aufgehoben werden und ceteris paribus von der Existenz von Steuern ausgegangen wird. Die Besteuerung spielt in diesem Zusammenhang insbesondere eine Rolle, wenn diese einer konvexen Funktion folgt.[360] Dies ist der Fall, wenn die Steuerlast mit dem zu versteuernden Einkommen überproportional steigt,[361] was entweder direkt aus dem Vorliegen von progressiven Steuersätzen oder indirekt aus begrenzt nutzbaren Steuervorteilen, wie z. B. Verlustvorträge oder steuerliche Sonderabschreibungen, resultieren kann.[362] Es zeigt sich, dass von Unternehmen, die der gleichen konvexen Besteuerungsfunktion unterliegen und den gleichen Gesamtgewinn über den gesamten Betrachtungszeitraum aufweisen, diejenigen mit der höheren Volatilität des Vorsteuerergebnisses einer insgesamt betrachtet höheren Steuerbelastung ausgesetzt sind.[363] Dies lässt sich anhand des folgenden stark vereinfachten Beispiels illustrieren: Ausgegangen wird von einem Unternehmen, welches mit gleicher Wahrscheinlichkeit (je 50 %) einen Gewinn oder einen Verlust von 100.000

[357] Vgl. Fite, D./Pfleiderer, P. (1995), S. 140; Smith, C. W./Stulz, R. M. (1985), S. 392; Smith, C. W. (1995), S. 24.
[358] Vgl. Spanò, M. (2013), S. 90.
[359] Vgl. Bartram, S. M. (2000), S. 293; Smith, C. W./Stulz, R. M. (1985), S. 391.
[360] Vgl. Graham, J. R./Smith, C. W. (1999), S. 2243; Smith, C. W./Stulz, R. M. (1985), S. 394 f.
[361] Vgl. Aretz, K./Bartram, S. M. (2010), S. 355; Smith, C. W./Stulz, R. M. (1985), S. 395.
[362] Vgl. Aretz, K./Bartram, S. M. (2010), S. 356; Graham, J. R./Smith, C. W. (1999), S. 2242; Smith, C. W. (1995), S. 26.
[363] Vgl. Bartram, S. M. (2000), S. 311; Smith, C. W./Stulz, R. M. (1985), S. 392 f.

EUR generiert und bei welchem im Gewinnfall 40 % Steuern anfallen.[364] Tritt der Gewinnfall ein, fallen 40.000 EUR Steuern an, wohingegen im Verlustfall keine Steuern zu zahlen sind.[365] Der Erwartungswert der Steuerlast beträgt somit 20.000 EUR.[366] Ein Unternehmen, welches demgegenüber mit 100 % Wahrscheinlichkeit ein stabiles Ergebnis von 0 EUR erwartet, weist dagegen bei gleichem Erwartungswert des Gesamtergebnisses eine deutlich niedrigere Steuerlast von 0 EUR auf.[367]

Wenn davon ausgegangen wird, dass das Risikomanagement zu einer Reduktion der Volatilität des Vorsteuergewinns führt, dann kann auf diese Weise die Steuerlast gesenkt werden.[368] Dies wiederum wirkt sich positiv auf den Wert des Unternehmens aus.[369] Die Wirkung des Risikomanagements ist umso positiver, je höher die Volatilität des zu versteuernden Einkommens, die Konvexität der Besteuerung sowie der Anteil des von der Konvexität der Steuerfunktion betroffenen Einkommens ist.[370]

4.1.2.2 Agency-Kosten des Fremdkapitals

Ein weiterer Ansatzpunkt, um die Motivation für Corporate Hedging zu diskutieren, ist die Prinzipal-Agent-Theorie bzw. auch Agency-Theorie genannt. Eine Prinzipal-Agenten-Beziehung liegt vor, wenn eine Person – Auftraggeber bzw. Prinzipal – auf die Aktion eines anderen Individuums – Auftragnehmer bzw. Agent – angewiesen ist.[371] Im Rahmen der Agency-Theorie wird davon ausgegangen, dass die Agenten gegenüber dem Prinzipal einen Informationsvorteil sowie abweichende Zielfunktionen und Interessen aufweisen.[372] Aus diesem Zusammenhang resultieren Agency-Kosten.[373] Diese umfassen laut Jensen/Meckling die Kosten für die Kontrolle des Agenten durch den Prinzipal (monitoring costs) sowie den vom Agenten betriebenen

364 Die Möglichkeiten zur Verrechnung von Verlustvorträgen werden hier aus Vereinfachungszwecken, ähnlich wie bei Graham/Rogers (2002), nicht berücksichtigt. Vgl. Graham, J. R./Rogers, D. A. (2002), S. 818.

365 Vgl. Graham, J. R./Rogers, D. A. (2002), S. 818.

366 Vgl. Graham, J. R./Rogers, D. A. (2002), S. 818.

367 Vgl. Graham, J. R./Rogers, D. A. (2002), S. 818.

368 Dieser Zusammenhang wurde erstmals von Smith/Stulz (1985) analytisch nachgewiesen. Vgl. Bartram, S. M. (2000), S. 311; Smith, C. W./Stulz, R. M. (1985), S. 392-395. Ein rechnerisches Beispiel findet sich u. a. bei Smith et al. (1990). Vgl. Smith, C. W. et al. (1990) S. 129-132.

369 Vgl. Bartram, S. M. (2000), S. 314; Smith, C. W./Stulz, R. M. (1985), S. 394.

370 Vgl. Graham, J. R./Smith, C. W. (1999), S. 2243-2249; Smith, C. W./Stulz, R. M. (1985), S. 395; Smith, C. W. (1995), S. 26 f.

371 Vgl. Pratt, J. W./Zeckhauser R. J. (1991), S. 2.

372 Vgl. Jensen, M. C./Meckling, W. H. (1976), S. 308; Pratt, J. W./Zeckhauser R. J. (1991), S. 2 f.

373 Vgl. Jensen, M. C./Meckling, W. H. (1976), S. 308.

Aufwand, um dem Prinzipal nachzuweisen, dass beide die gleichen Ziele verfolgen (bonding costs), besteht.[374] Auch bei optimaler Ausgestaltung dieser Maßnahmen verbleiben laut Jensen/Meckling in der Regel Wohlfahrtsverluste im Vergleich zur Durchführung der Aktionen durch den Prinzipal selbst, weil der Agent zumindest zu einem bestimmten – wenn auch kleinen – Teil seinen eigenen Nutzen maximiert und nicht den des Prinzipals.[375] Diese Kosten werden als Residualverluste (residual loss) bezeichnet.[376]

Im Rahmen dieser Untersuchung von börsennotierten Unternehmen spielen insbesondere die Prinzipal-Agenten-Beziehungen zwischen Eigen- und Fremdkapitalgeber sowie zwischen den Eigentümern und dem Management und die damit verbundenen Agency-Kosten eine Rolle. Im Folgenden wird anhand des aktuellen Stands der Literatur dargestellt, inwiefern Hedging zu einer Reduktion der Agency-Kosten führen kann.

Zunächst werden die aus der Eigentümer-Gläubiger-Beziehung resultierenden Agency-Probleme betrachtet. Diese werden vor allem dadurch verursacht, dass Fremdkapitalgeber ein vertraglich fixiertes Einkommen beziehen, wohingegen die Eigentümer über nachrangige Ansprüche auf den Residualbetrag, d. h. den Gewinn oder Verlust am Ende des Geschäftsjahres verfügen.[377] Hieraus ergeben sich das Unterinvestitionsproblem sowie das Asset-Substitution-Problem.[378]

Als *Unterinvestitionsproblem*[379] wird der Sachverhalt bezeichnet, wenn hochverschuldete Unternehmen mit einem am Shareholder-Value orientierten Management Investitionsprojekte mit positivem Nettobarwert nicht durchführen, weil aufgrund der hohen Zinslast nur bzw. überwiegend die Fremdkapitalgeber von der Realisierung des Projekts profitieren würden.[380] Auf diese Weise wird nicht das optimale Investitionsprogramm durchgeführt. Dieses Problem besteht dann, wenn der Wert eines Unternehmens niedrig ist und seine Cashflows stark schwanken, da auf diese Weise

374 Vgl. Jensen, M. C./Meckling, W. H. (1976), S. 308.
375 Vgl. Jensen, M. C./Meckling, W. H. (1976), S. 308.
376 Vgl. Jensen, M. C./Meckling, W. H. (1976), S. 308.
377 Vgl. Monda, B. et al. (2013), S. 7.
378 Vgl. Aretz, K./Bartram, S. M. (2010), S. 328 f.; Monda, B. et al. (2013), S. 7-13.
379 Vgl. MacMinn, R. D. (1987a), S. 670 f.; Myers, S. C. (1977), S. 149-155.
380 Vgl. Jensen, M. C./Smith, C. W. (1985), S. 111; MacMinn, R. D. (1987a), S. 670 f.; Myers, S. C. (1977), S. 149-155.

nach Abzug der Investitions- und Finanzierungskosten häufiger kein Residualgewinn für die Eigenkapitalgeber erzielt wird.[381] Ein möglicher Ansatz zur Problembehebung wäre die Reduktion der Verschuldung.[382] Das gleiche Ziel kann aber auch erreicht werden, indem die Volatilität der Cashflows durch ein geeignetes Risikomanagement reduziert wird, sodass durch höhere Chancen der Eigenkapitalgeber auf ein Residualeinkommen das Unterinvestitionsproblem seltener ausgelöst wird.[383] Dies senkt die Agency-Kosten und wirkt sich positiv auf den Unternehmenswert aus.[384] Darüber hinaus hat diese Vorgehensweise gegenüber der Reduktion der Verschuldung den Vorteil, dass die Steuervorteile des Fremdkapitals (Tax Shield) weiter genutzt werden können.[385]

Das *Asset-Substitution-Problem*[386] wurde erstmals von Jensen/Meckling aufgegriffen.[387] Mit diesem Begriff wird die Problematik beschrieben, dass im Sinne des Shareholder-Value agierende Manager eines Unternehmens mit hoher Verschuldung und geringem Wert einen Anreiz haben, Projekte mit hohem statt niedrigem Risiko durchzuführen.[388] Die Inkaufnahme hoher Risiken bei der Auswahl der Projekte ermöglicht den Eigenkapitalgebern sehr hohe Erträge, auch wenn diese Vorhaben aus Unternehmenssicht keinen positiven Nettobarwert aufweisen.[389] Diese Projekte können jedoch aus Eigentümersicht attraktiv sein, weil diese überproportional von einem möglichen Erfolg des Vorhabens profitieren, wohingegen ihre Haftung bei einem Misserfolg beschränkt ist und ein Großteil der Kosten von den Fremdkapitalgebern mitgetragen wird.[390] Dieser Sachverhalt lässt sich erklären, wenn, wie von Mason/Merton vorgeschlagen, das Eigenkapital eines Unternehmens als Call-Option auf die Vermögenswerte eines Unternehmen mit dem Nennwert des Fremdkapitals als

381 Vgl. Bartram, S. M. (2000), S. 298; Bessembinder, H. (1991), S. 520.
382 Vgl. Mayers, D./Smith, C. W. (1987), S. 52; Myers, S. C. (1977), S. 155; Smith, C. W. (1995), S. 25.
383 Vgl. Bessembinder, H. (1991), S. 531, Mayers, D./Smith, C. W. (1987), S. 51 f.; Smith, C. W. et al. (1990), S. 135; Smith, C. W. (1995), S. 25.
384 Vgl. Bessembinder, H. (1991), S. 531.
385 Vgl. Smith, C. W. et al. (1990), S. 135.
386 Vgl. Jensen, M. C./Meckling, W. H. (1976), S. 334-337; MacMinn, R. D. (1987a), S. 672-675.
387 Vgl. Jensen, M. C./Meckling, W. H. (1976), S. 334-337.
388 Vgl. Jensen, M. C./Meckling, W. H. (1976), S. 334-337; Jensen, M. C./Smith, C. W. (1985), S. 111; MacMinn, R. D. (1987a), S. 672-675.
389 Vgl. Jensen, M. C./Meckling, W. H. (1976), S. 334 f.; Monda, B. et al. (2013), S. 8.
390 Vgl. Fite, D./Pfleiderer, P. (1995), S. 156 f.; Jensen, M. C./Meckling, W. H. (1976), S. 334-337.

Ausübungspreis betrachtet wird.[391] Der Wert einer Call-Option steigt mit zunehmender Volatilität des Werts des der Option zugrundeliegenden Vermögenswertes.[392] Der Unternehmenswert schwankt stärker, wenn mehr Projekte mit höherer Variation des Ergebnisses durchgeführt werden.[393] Daher haben die Eigentümer einen stärkeren Anreiz zur Durchführung riskanter Projekte.[394] Rationale Gläubiger antizipieren das Risiko eines solchen Verhaltens und können als Gegenmaßnahme entweder höhere Zinsen für das eingesetzte Kapital einfordern oder restriktive Darlehensbedingungen einführen.[395] Diese Aktionen können allerdings bei der Umsetzung zu zusätzlichen Agency-Kosten führen, welche den Unternehmenswert wiederum vermindern.[396] Die Anreize zur Durchführung riskanter Projekte können durch Hedging vermindert werden, weil die Reduktion der Cashflow-Volatilität zu einer Stabilisierung des Unternehmenswerts führt.[397]

Vom Unterinvestitionsproblem und dem Asset-Substitution-Problem sind hauptsächlich Unternehmen mit hohen Wachstumschancen betroffen, da bei diesen die Opportunitätskosten für entgangene Projekte am höchsten sind.[398] Darüber hinaus treten beide Probleme überwiegend bei Unternehmen mit einer hohen Verschuldung auf.[399] Demnach sollte Hedging bei Unternehmen mit hohen Wachstumsmöglichkeiten und hoher Verschuldung vorteilhaft sein.[400]

4.1.2.3 Agency-Kosten des Eigenkapitals

Wie bereits eingangs erwähnt, resultieren Agency-Kosten nicht nur aus der Beziehung zwischen Eigen- und Fremdkapital, sondern auch aus dem Verhältnis zwischen

391 Vgl. Aretz, K./Bartram, S. M. (2010), S. 329; Bartram, S. M. (2000), S. 299; Mason, S. P./Merton, R. C. (1985), S. 18.
392 Vgl. Bartram, S. M. (2000), S. 299; Smith, C. W. et al. (1990), S. 136.
393 Vgl. Aretz, K./Bartram, S. M. (2010), S. 329; Bartram, S. M. (2000), S. 299.
394 Vgl. Aretz, K./Bartram, S. M. (2010), S. 329; Bartram, S. M. (2000), S. 299.
395 Vgl. Fite, D./Pfleiderer, P. (1995), S. 157; Mayers, D./Smith, C. W. (1987), S. 46; Smith, C. W./Warner, J. B. (1979), S. 119, 121.
396 Vgl. Monda, B. et al. (2013), S. 10; Smith, C. W./Warner, J. B. (1979), S. 152 f.
397 Vgl. Bessembinder, H. (1991), S. 523, 531; Campbell, T. S./Kracaw, W. A. (1990), S. 1673, 1684 f.; Smith, C. W. (1995), S. 25 f.
398 Vgl. Aretz, K./Bartram, S. M. (2010), S. 330; Bartram, S. M. (2000), S. 298; Monda, B. et al. (2013), S. 11.
399 Vgl. Aretz, K./Bartram, S. M. (2010), S. 330; Bartram, S. M. (2000), S. 298; Monda, B. et al. (2013), S. 11.
400 Vgl. Aretz, K./Bartram, S. M. (2010), S. 330; Bartram, S. M. (2000), S. 299; Monda, B. et al. (2013), S. 11; Smith, C. W. et al. (1990), S. 136 f.

Eigenkapitalgeber und Management.[401] Im Folgenden werden zwei Agency-Probleme dargestellt, welche durch Hedging unter Umständen reduziert werden können. Diese Prinzipal-Agenten-Problematiken ergeben sich zum einen aus unterschiedlichen Risikopräferenzen und zum anderen bei der Beurteilung der Leistung des Managements.[402]

Ein möglicher Prinzipal-Agent-Konflikt zwischen Management und Eigentümer ergibt sich aus dem Sachverhalt, dass das jeweilige Vermögen der beiden Parteien unterschiedlichen Risiken ausgesetzt ist, woraus unterschiedliche Risikopräferenzen (*Risikopräferenzproblem*) bei Management und Eigentümer resultieren.[403] Während der Aktionär das unternehmensspezifische bzw. unsystematische Risiko durch Diversifikation eliminieren kann und somit nur ein systematisches Risiko aufweist, hat das Management diese Möglichkeit in der Regel nicht und ist daher dem Gesamtrisiko des Unternehmens ausgesetzt.[404] Der Grund hierfür ist, dass das Management durch den Beschäftigungsvertrag sein Humankapital stark an das Unternehmen bindet und dies nicht diversifiziert werden kann.[405] Demnach ist das Management nicht als diversifizierter Investor zu betrachten,[406] was dazu führen kann, dass die Geschäftsführer eine stärker ausgeprägte Risikoaversion und damit andere Risikopräferenzen aufweisen als die Anteilseigner.[407] Dieser Umstand kann sich auch im Risikomanagement des Unternehmens niederschlagen.[408]

Eine höhere Risikoaversion des Managements kann sich zum einen positiv auf den Unternehmenswert auswirken, wenn das Management eine sinnvolle Absicherungsstrategie auswählt, um das Insolvenzrisiko zu minimieren.[409] Zum anderen können die unterschiedlichen Risikopräferenzen allerdings Aktivitäten des Managements zur Folge haben, die den Wert des Unternehmens aus Eigentümersicht nicht optimieren,

401 Vgl. Monda, B. et al. (2013), S. 13.
402 Vgl. Monda, B. et al. (2013), S. 12 f.; Pritsch, G./Hommel, U. (1997), S. 676 f., 680.
403 Vgl. Bartram, S. M. (2000), S. 300 f.; Monda, B. et al. (2013), S. 13.
404 Vgl. Amihud, Y./Lev, B. (1981), S. 606-609; Smith, C. W./Stulz, R. M. (1985), S. 399; Smith, C. W. (1995), S. 25.
405 Vgl. Amihud, Y./Lev, B. (1981), S. 606. Unter dem Humankapital eines Managers ist der Barwert seiner künftigen monetären Vergütung sowie der Ertrag aus seiner nicht handelbaren Investition in Form seiner Reputation zu verstehen. Vgl. Smith, C. W./Stulz, R. M. (1985), S. 399 f.
406 Vgl. Monda, B. et al. (2013), S. 14.
407 Vgl. May, D. O. (1995), S. 1307.
408 Vgl. May, D. O. (1995), S. 1307.
409 Vgl. Bartram, S. M. (2000), S. 301.

wie z. B. eine übermäßige Diversifikation des Unternehmens außerhalb der Kernkompetenzen (sog. Konglomeratsbildung) oder die Durchführung risikoarmer Projekte mit negativem Nettobarwert.[410] Anleger antizipieren dieses Verhalten und kontrollieren das Unternehmen diesbezüglich.[411] Der damit verbundene Aufwand wird den Agency-Kosten zugerechnet.[412] Das Risikomanagement auf Unternehmensebene kann diese Kosten senken, da es das Risiko von Wachstums- und Investitionsmöglichkeiten reduziert und folglich auch die Schwankungsbreite des Unternehmenswerts.[413] Somit verringert sich das Risiko des undiversifizierten Managers und folglich auch sein Anreiz, nicht wertschaffende Aktivitäten zur Absicherung seiner eigenen Vermögenssituation durchzuführen.[414]

Eine weitere Möglichkeit der Angleichung der Risikopräferenzen des Managements an die der Anteilseigner besteht in der Ausrichtung des Vergütungs- und Anreizsystems auf den Börsenwert des Unternehmens,[415] was durch die Ausgabe von Aktien oder Aktienoptionen erfolgen kann.[416] Die Auswahl der Vergütungsart kann sich wiederum auf die Risikopräferenzen und das Absicherungsverhalten des Unternehmens auswirken.[417] Wenn das Management eine hohe Zahl an Aktienoptionen besitzt, dann nimmt die Attraktivität von Hedging ab, weil der Wert der Optionen mit der Zunahme der Volatilität des Unternehmenswerts steigt.[418] Demgegenüber führt eine Bonuszahlung in Form von Aktien zu einer besseren Angleichung der Ziele zwischen Anteilseigner und Management und somit zu einem höheren Interesse an Corporate Hedging.[419]

In diesem Zusammenhang spielt darüber hinaus eine Rolle, dass Manager und weitere Stakeholdergruppen, wie z. B. Investoren, Kunden, Lieferanten oder Mitarbeiter, die ihr unternehmensspezifisches Risikos nur gering oder nicht diversifizieren kön-

410 Vgl. Amihud, Y./Lev, B. (1981), S. 606, Levi, M. D./Sercu, P. (1991), S. 32.
411 Vgl. Pritsch, G./Hommel, U. (1997), S. 676.
412 Vgl. Pritsch, G./Hommel, U. (1997), S. 676.
413 Vgl. Pritsch, G./Hommel, U. (1997), S. 676 f.
414 Vgl. Pritsch, G./Hommel, U. (1997), S. 676 f.
415 Vgl. Aretz, K. et al. (2007), S. 438.
416 Vgl. Aretz, K. et al. (2007), S. 438.
417 Vgl. Smith, C. W./Stulz, R. M. (1985), S. 399-403.
418 Vgl. Monda, B. et al. (2013), S. 15; Smith, C. W./Stulz, R. M. (1985), S. 403; Pritsch, G./Hommel, U. (1997), S. 677.
419 Vgl. Monda, B. et al. (2013), S. 15; Smith, C. W./Stulz, R. M. (1985), S. 403; Pritsch, G./Hommel, U. (1997), S. 677.

nen oder wollen, eine Risikoprämie einfordern.[420] Diese kann durch die Reduktion des unsystematischen Risikos reduziert bzw. eliminiert werden.[421] Somit kann konstatiert werden, dass Hedging in diesem Kontext wertgenerierend wirken kann, sofern es gelingt, die aus dem Risikopräferenzproblem resultierenden Agency-Kosten und die Vergütung des Managements zu reduzieren.

Die asymmetrische Verteilung von Informationen auf Anteilseigner und Management führt dazu, dass es für die Eigentümer schwierig ist, eine Beurteilung der Leistung des Managements (*Leistungsbeurteilungsproblem*) vorzunehmen. Hedging kann sich in diesem Zusammenhang sowohl positiv als auch negativ auswirken.

Zum einen kann für die Anteilseigner die Entscheidung für Hedging unmittelbar ein positives Signal hinsichtlich der Qualität des Managements darstellen.[422] So haben Manager mit überdurchschnittlichen Fähigkeiten ein Interesse daran, die Informationsasymmetrien zu reduzieren und Effekte, welche sie nicht beeinflussen können, wie z. B. Schwankungen am Devisen- und Zinsmarkt, zu beseitigen.[423] Weniger qualifizierte Manager haben dagegen grundsätzlich einen geringeren Anreiz, die Transparenz zu erhöhen und den Markt über ihre Fähigkeiten zu informieren.[424]

Gemäß DeMarzo/Duffie kann Hedging zum anderen die Informationsasymmetrie auch indirekt reduzieren.[425] Diese Untersuchung basiert auf der Annahme, dass die Anleger die Qualität des Managements und der Investitionsprojekte anhand der Entwicklung des Jahresergebnisses einschätzen.[426] DeMarzo/Duffie stellen auf dieser Basis anhand einer theoretischen Modellierung fest, dass Hedging nicht beeinflussbare Effekte – noise – eliminiert, sodass die Entwicklung des Jahresergebnisses eines Unternehmens einen besseren Indikator für die Qualität des Managements und der

420 Vgl. Fite, D./Pfleiderer (1995), S. 146 f.; Mayers, D./Smith, C. W. (1982), S. 283; Smith, C. W./Stulz, R. M. (1985), S. 399; Smith, C. W. (1995), S. 25.
421 Vgl. Monda, B. et al. (2013), S. 15; Smith, C. W./Stulz, R. M. (1985), S. 399; Pritsch, G./Hommel, U. (1997), S. 677.
422 Vgl. Hommel, U. (2005), S. 462.
423 Vgl. Breeden, D. T./Viswanathan, S. (2016), S. 7 f., 13; Hommel, U. (2005), S. 462; Reynolds-Moehrle, J. (2007), S. 108.
424 Vgl. Breeden, D. T./Viswanathan, S. (2016), S. 7 f.; Hommel, U. (2005), S. 462.
425 Vgl. DeMarzo, P. M./Duffie, D. (1995), S. 743-745.
426 Vgl. DeMarzo, P. M./Duffie, D. (1995), S. 745.

Investitionsprojekte darstellt.[427] Auf diese Weise kann sich Hedging positiv auf die Bewertung eines Unternehmens am Kapitalmarkt auswirken.

In diesem Zusammenhang ist die Veröffentlichung der Informationen zu den Hedging-Aktivitäten und damit auch das Hedge Accounting von Bedeutung. In der modellbasierten Theorie wird diesbezüglich geschlussfolgert, dass Hedge Accounting nicht nur der bilanziellen Abbildung der Absicherungsaktivitäten dient, sondern sich auch auf die Absicherungsaktivitäten auswirkt.[428]

Auch in diesem Kontext liefert die Untersuchung von DeMarzo/Duffie relevante Erkenntnisse.[429] Die Autoren stellen anhand ihres theoretischen Modells fest, dass sich zusätzliche Informationen zum Hedging grundsätzlich positiv auf den Unternehmenswert auswirken.[430] Die Autoren zeigen jedoch auch anhand der Diskussion der Extrempositionen – kein Hedge Accounting vs. vollständige Offenlegung –, dass Manager, welche keine Informationen zur Absicherung offenlegen, mehr absichern und eine stärkere Reduktion des Risikos anstreben als solche, die diesbezügliche Informationen im vollen Umfang veröffentlichen.[431] Dies erklären die Autoren damit, dass in diesem Kontext der Effekt durch die höhere Aussagekraft des Jahresergebnisses in Bezug auf die Managementqualität den Nutzen durch die zusätzlichen Informationen durch das Hedge Accounting überwiegt.[432] In diesem Fall wäre für die Anleger der Mittelweg einer aggregierten Berichterstattung über die Absicherungsaktivitäten optimal.[433] Darüber hinaus zeigen sie, dass die Anwendung von Hedge Accounting die zukünftigen Investitionsentscheidungen verbessern kann.[434]

Melumad et al. zeigen, dass die Absicherungsentscheidungen ohne Hedge Accounting von der optimalen Absicherung, welche das Unternehmen bei einer sym-

427 Vgl. Breeden, D. T./Viswanathan, S. (2016), S. 7, 11-13; DeMarzo, P. M./Duffie, D. (1995), S. 743-745; Reynolds-Moehrle, J. (2007), S. 108.

428 Vgl. DeMarzo, P. M./Duffie, D. (1995), S. 767 f.; Melumad, N. D. et al. (1999), S. 266. Hierbei ist zu beachten, dass sich die Untersuchungen an den US-GAAP Regelungen des SFAS No. 133 orientieren. Vgl. DeMarzo, P. M./Duffie, D. (1995), S. 747 f.; Melumad, N. D. et al. (1999), S. 265. Anders als in Abschnitt 3.6 handelt es sich im Folgenden nicht um die Ergebnisse von empirischen Studien, sondern um aus theoretischen Modellen hergeleitete Schlussfolgerungen.

429 Vgl. DeMarzo, P. M./Duffie, D. (1995), S. 744 f.

430 Vgl. DeMarzo, P. M./Duffie, D. (1995), S. 744, 755-764.

431 Vgl. DeMarzo, P. M./Duffie, D. (1995), S. 746, 755-764.

432 Vgl. DeMarzo, P. M./Duffie, D. (1995), S. 755-764, 767.

433 Vgl. DeMarzo, P. M./Duffie, D. (1995), S. 743 f.

434 Vgl. DeMarzo, P. M./Duffie, D. (1995), S. 766 f.

metrischen Verteilung der Informationen vornehmen würde, abweichen.[435] Ihrem Modell zufolge ist Hedge Accounting für eine optimale Hedge-Entscheidung erforderlich und wird daher insbesondere von langfristigen und künftigen Investoren gegenüber dem Fall ohne Hedge Accounting bevorzugt.[436] Somit kommen die beiden vorgestellten Theorien – ähnlich wie die in Kapitel 3.6 vorgestellten empirischen Untersuchungen – zu dem Ergebnis, dass sich Hedge Accounting auf das Absicherungsverhalten auswirkt. Uneinigkeit herrscht darüber, ob der Effekt positiv oder negativ ist.

4.1.2.4 Transaktionskosten

Wird von einem unvollkommenen Kapitalmarkt ausgegangen, welcher Transaktionskosten aufweist, werden in der Literatur zwei Möglichkeiten diskutiert, wie sich für Unternehmen die Durchführung des Risikomanagements wertgenerierend auswirken kann.[437] Hierbei stehen die Hedging-Kosten und die Insolvenzkosten im Fokus der Diskussion.[438]

Für die Aktionäre ist das Risikomanagement auf Unternehmensebene nur gerechtfertigt, wenn die damit verbundenen *Hedging-Kosten* geringer sind als bei einer Durchführung der Absicherungsaktivitäten durch die Eigentümer selbst.[439] Bei unvollkommenen Kapitalmärkten ist insbesondere zu vergleichen, ob eine Absicherung durch das Unternehmen in Bezug auf Agency-Kosten, Transaktionskosten und Skaleneffekte im Vergleich zum Hedging auf der privaten Ebene vorteilhaft ist.[440]

In einem unvollkommenen Kapitalmarkt hat das Unternehmen einen Informationsvorsprung gegenüber dem privaten Anleger.[441] Während dem Unternehmen alle für eine erfolgreiche Absicherung erforderlichen Informationen zur Verfügung stehen,

---

435 Vgl. Melumad, N. D. et al. (1999), S. 266, 272-274.

436 Vgl. Melumad, N. D. et al. (1999), S. 266, 277-280. Bei kurzfristigen Investoren hängt die Präferenz vom Grad der Unsicherheit sowie von den individuellen Risikopräferenzen ab. Vgl. Melumad, N. D. et al. (1999), S. 266, 277-280.

437 Vgl. Bartram, S. M. (2000), S. 303-308; Monda, B. et al. (2013), S. 17.

438 Vgl. Bartram, S. M. (2000), S. 303-308; Monda, B. et al. (2013), S. 17.

439 Vgl. Fite, D./Pfleiderer, P. (1995), S. 144.

440 Vgl. Niebergall, J. (2008), S. 19.

441 Vgl. Bartram, S. M. (2000), S. 308; Monda, B. et al. (2013), S. 23.

entstehen dem privaten Investor hohe Kosten bei ihrer Einholung.[442] Diese Kosten sind umso höher, je geringer der Anteil am Unternehmen ist.[443] Darüber hinaus sind die erhaltenen Informationen in der Regel nicht vollständig, weshalb die Möglichkeiten des Risikomanagements der Anteilseigner eingeschränkt sind.[444]

Bei der Frage, ob die Hedging-Kosten auf Unternehmensebene geringer sind als auf privater Ebene, sind besonders Skaleneffekte von Relevanz.[445] Diesbezüglich unterstellen Géczy et al., dass die effektiven Hedging-Kosten je Einheit des Exposures sinken, wenn sich das abgesicherte Exposurevolumen erhöht.[446] Die Hedging-Kosten können in Einzel- und Gemeinkosten differenziert werden. Die Einzelkosten betreffen die der Absicherung direkt zurechenbaren Kosten für die erforderlichen Transaktionen, bei denen es sich z. B. um die Gebühren handelt, die beim Kauf von Derivaten anfallen.[447] Unternehmen haben diesbezüglich üblicherweise einen Vorteil, weil die Kosten mit der Höhe des Transaktionsvolumens sinken.[448] Bei den Gemeinkosten handelt es sich um die Kosten für die Erlangung der Fähigkeiten und der relevanten Informationen, um die Absicherungen effektiv vornehmen zu können.[449]

Darüber hinaus ist zu beachten, dass Unternehmen Zugang zu Absicherungsmöglichkeiten haben, welchen dem einzelnen Investor nicht zur Verfügung stehen.[450] Zum einen können bestimmte Derivate üblicherweise nicht von Privatanleger erworben werden, weil die Volumina zu gering wären.[451] Zum anderen haben Unternehmen die Möglichkeit, ihr Risiko durch operative Strategien natürlich abzusichern.[452] Daher kann z. B. ein Unternehmen mit hohen Umsätzen in den USA Teile seiner Produktion in die USA verlagern, damit den US-Dollar-Umsätzen korrespondierende Kosten in US-Dollar gegenüberstehen.

---

442 Vgl. Bartram, S. M. (2000), S. 308; Monda, B. et al. (2013), S. 23.
443 Vgl. Niebergall, J. (2008), S. 19.
444 Vgl. Monda, B. et al. (2013), S. 22.
445 Vgl. Monda, B. et al. (2013), S. 22.
446 Vgl. Géczy, C. et al. (1997), S. 1332.
447 Vgl. Géczy, C. et al. (1997), S. 1331 f.; Monda, B. et al. (2013), S. 22.
448 Vgl. Monda, B. et al. (2013), S. 22. Zu den Gemeinkosten können auch die Kosten für die Anwendung von Hedge Accounting zählen, sofern das Wahlrecht wahrgenommen wird.
449 Vgl. Géczy, C. et al. (1997), S. 1332; Haushalter, G. D. (2000), S. 144.
450 Vgl. Niebergall, J. (2008), S. 20 f.
451 Vgl. Niebergall, J. (2008), S. 20.
452 Vgl. Niebergall, J. (2008), S. 20 f.

Es lässt sich somit konstatieren, dass bei Vorliegen eines unvollkommenen Kapitalmarkts eine Absicherung auf Unternehmensebene insbesondere aufgrund von Skaleneffekten, Informationsvorteilen sowie Zugang zu den erforderlichen Finanzprodukten kostengünstiger und effizienter ist.[453]

Neben den bisher berücksichtigten Marktfriktionen sind in einem unvollkommenen Markt auch Kosten einer finanziellen Notlage (financial distress), welche auch als *Insolvenzkosten* bezeichnet werden, zu beachten.[454] Gerät ein Unternehmen in finanzielle Schwierigkeiten und kann seine Zahlungsverpflichtungen nicht erfüllen, entstehen sowohl in direkter als auch in indirekter Weise Kosten.[455] Bei den Kosten, die direkt aus der Insolvenz resultieren, handelt es sich z. B. um Kosten für Anwälte, Berater oder Insolvenzverwalter.[456] Dem stehen die indirekten Kosten gegenüber, die sich aus dem negativen Einfluss der Zahlungsschwierigkeiten auf die Beziehungen zu den Stakeholdern ergeben.[457] So könnten die Umsätze zurückgehen, da z. B. Kunden Bestellungen stornieren, um Probleme mit den Garantieleistungen bei einer Insolvenz zu umgehen.[458] Die erwarteten Kosten einer finanziellen Notlage ergeben sich, indem die direkten und indirekten Kosten einer Insolvenz mit der Wahrscheinlichkeit einer Insolvenz multipliziert werden.[459]

Die Höhe der direkten und indirekten Insolvenzkosten kann nicht unmittelbar durch Risikomanagement beeinflusst werden.[460] Demgegenüber lässt sich aber die Eintrittswahrscheinlichkeit einer finanziellen Notlage oder Insolvenz senken, indem die Unternehmen durch Absicherungsaktivitäten die Volatilität der Cashflows reduzieren.[461] Die Senkung der erwarteten Insolvenzkosten wirkt sich wiederum positiv auf den Unternehmenswert aus.[462]

---

453 Vgl. Monda, B. et al. (2013), S. 23; Niebergall, J. (2008), S. 21.
454 Vgl. Hahnenstein, L.(2001), S. 29; Monda, B. et al. (2013), S. 16.
455 Vgl. Altman, E. I. (1984), S. 1071.
456 Vgl. Altman, E. I. (1984), S. 1068; Nance, D. R. et al. (1993), S. 269.
457 Vgl. Altman, E. I. (1984), S. 1070-1072.
458 Vgl. Altman, E. I. (1984), S. 1070-1072.
459 Vgl. Smith, C. W. et al. (1990), S. 132.
460 Vgl. Bartram, S. M. (2000), S. 304.
461 Vgl. Bartram, S. M. (2000), S. 304.
462 Vgl. Bartram, S. M. (2000), S. 304.

In diesem Zusammenhang ergibt sich noch eine zweite mögliche positive Wirkung des Risikomanagements auf den Unternehmenswert. Die Reduktion des Risikos von Zahlungsschwierigkeiten verbessert die Finanzierungsbedingungen und ermöglicht eine höhere Verschuldung.[463] Wird diese gestiegene Verschuldungskapazität genutzt, kann ein höherer Steuervorteil generiert werden.[464] Dies wiederum wirkt sich positiv auf den Unternehmenswert aus,[465] sofern der Nutzen aus dem Steuervorteil den Erwartungswert der zusätzlichen Insolvenzkosten übersteigt.[466] Deshalb kann das Unternehmen mithilfe von Risikomanagement sowohl durch die Reduktion des Erwartungswertes der Insolvenzkosten als auch durch die Optimierung der Steuervorteile den Unternehmenswert für die Eigentümer erhöhen.

4.1.2.5 Kosten der externen Finanzierung

Einen zusätzlichen Erklärungsansatz des Beitrags des Risikomanagements zur Wertgenerierung bietet die in der finanzwirtschaftlichen Literatur viel beachtete Arbeit von Froot et al.[467] Diese gehen unter der Annahme eines unvollkommenen Kapitalmarkts davon aus, dass die Cashflows eines nicht abgesicherten Unternehmens Schwankungen unterliegen, welche zu einer hohen Volatilität bei der Höhe der Außenfinanzierung oder des Investitionsniveaus führt.[468] Nun ist einerseits eine Reduktion des Investitionsprogramms unerwünscht, da zur Optimierung des Unternehmenswerts alle Projekte mit positivem Barwert durchgeführt werden sollen.[469] Andererseits ist bei einer Anpassung der Außenfinanzierung zu beachten, dass in einem unvollkommenen Kapitalmarkt die marginalen Kosten der externen Finanzierung zunehmen.[470] Dies geht insbesondere auf die bereits dargestellten Agency- und Transaktionskosten des Eigen- und Fremdkapitals zurück.[471] Dieser Anstieg der Grenzkosten der Außenfinanzierung führt dazu, dass Unternehmen die Innenfinanzierung der Finanzierung von außen vorziehen.[472] Vor diesem Hintergrund können

463 Vgl. Leland, H. E. (1998), S. 1234, 1237; Ross, M. P. (1996), S. 3; Stulz, R. M. (1996), S. 16.
464 Vgl. Leland, H. E. (1998), S. 1234, 1237; Ross, M. P. (1996), S. 3; Stulz, R. M. (1996), S. 16.
465 Vgl. Graham, J. R./Rogers, D. A. (2002), S. 819.
466 Vgl. Myers, S. C. (1984), S. 577-581.
467 Vgl. Froot, K. A. et al. (1993), S. 1629-1655.
468 Vgl. Froot, K. A. et al. (1993), S. 1630.
469 Vgl. Froot, K. A. et al. (1993), S. 1630.
470 Vgl. Froot, K. A. et al. (1993), S. 1630.
471 Vgl. Bartram, S. M. (2000), S. 309.
472 Vgl. Fazzari, S. M. et al. (1988), S. 148-157; Myers, S. C. (1984), S. 581-585; Myers, S.

schwankende Cashflows dazu führen, dass ein Unternehmen ein Projekt mit positivem Barwert nicht zu jedem Zeitpunkt durch eigens generierte Mittel finanzieren kann und somit entweder Opportunitätskosten beim Verzicht auf Investitionen oder steigende Kapitalkosten der Außenfinanzierung entstehen.[473] Froot et al. stellen anhand des von Ihnen entwickelten Modells fest, dass ein effektives Risikomanagement den Unternehmen ermöglicht, die Volatilität der Cashflows zu reduzieren und dadurch den Bedarf an finanziellen Mitteln für Investitionen besser mit den Innenfinanzierungsmöglichkeiten abzustimmen.[474] Auf diese Weise kann sich Hedging positiv auf den Unternehmenswert auswirken.[475]

Zur Gültigkeit dieser Argumentation muss allerdings noch berücksichtigt werden, wie die Investitionsmöglichkeiten und die Entwicklung der Cashflows von den Risikofaktoren – Fremdwährungs-, Zins- und Rohstoffpreisrisiko – abhängen.[476] Wenn beide einen ähnlichen Zusammenhang mit dem Risikofaktor aufweisen, dann wirkt sich Hedging negativ auf den Unternehmenswert aus, weil es Kosten verursacht und angesichts des schon vorliegenden natural hedge nicht erforderlich ist.[477] Als Beispiel ist die Ölindustrie zu nennen,[478] in der sowohl die Entwicklung der Cashflows als auch der Barwert der möglichen Investitionsprojekte vom Ölpreis abhängt.[479] Demnach führt eine negative Entwicklung des Ölpreises zu niedrigeren Zuflüssen von Zahlungsmitteln sowie einer Reduktion der Projekte mit positiven Barwert.[480] Eine Stabilisierung der Cashflows durch Hedging würde in Bezug auf die Investitionsvorhaben dazu führen, dass die liquiden Mittel zwar höher wären, die durchführbaren Projekte allerdings fehlen würden.[481]

Anders ist der Fall gelagert, wenn die Entwicklung der Cashflows eine hohe Sensitivität gegenüber Änderungen bei den Risikofaktoren aufweist, während dies den Investitionsbedarf nicht betrifft. Hier wirken sich Absicherungsaktivitäten positiv auf

C./Majluf, N. S. (1984), S. 207-209.

473 Vgl. Froot, K. A. et al. (1993), S. 1630 f.

474 Vgl. Froot, K. A. et al. (1993), S. 1630 f. Eine ähnliche Argumentation findet sich bereits bei Lessard. Vgl. Lessard, D. R. (1991), S. 66.

475 Vgl. Froot, K. A. et al. (1993), S. 1630 f.

476 Vgl. Froot, K. A. et al. (1994), S. 29.

477 Vgl. Froot, K. A. et al. (1994), S. 25-29; Niebergall, J. (2008), S. 15.

478 Froot et al. (1994) enthält hierzu ein Zahlenbeispiel. Vgl. Froot, K. A. et al. (1994), S. 27-29.

479 Vgl. Froot, K. A. et al. (1994), S. 27-29.

480 Vgl. Froot, K. A. et al. (1994), S. 27-29.

481 Vgl. Froot, K. A. et al. (1994), S. 27-29.

den Unternehmenswert aus, weil in diesem Fall eine bessere Koordination von Finanzierungs- und Investitionspolitik ermöglicht wird.[482] Diese Konstellation betrifft international tätige Pharmaunternehmen,[483] deren Zahlungsmittelzuflüsse in der Regel von Wechselkursentwicklungen abhängen, während die Attraktivität der Investitionsprojekte davon weitgehend unabhängig ist.[484] In diesem Fall kann die Reduktion der Volatilität der Cashflows durch die Absicherung des Fremdwährungsrisikos auch bei ungünstigen Entwicklungen des relevanten Wechselkurses die Investitionen in Forschung- und Entwicklungsprojekte mit positivem Barwert durch eigene Mittel ermöglichen.[485] In diesem Kontext wirkt Hedging wertgenerierend.

4.1.2.6 Empirische Evidenz zur Validität der Ansätze

Die in Kapitel 4.1.2.1 bis 4.1.2.5 dargestellten theoretischen Ansätzen stellen den Ausgangspunkt für eine Vielzahl von empirischen Untersuchungen dar,[486] in denen die Theorien mithilfe von approximierenden Variablen in einem Regressionsmodell abgebildet werden und untersucht wird, ob die theoretisch hergeleiteten Zusammenhänge tatsächlich bestehen.[487] Ihre Betrachtung zeigt allerdings, dass sie sich hauptsächlich mit der Frage beschäftigen, welche Unternehmen aus welchen Gründen zur Absicherung ihrer Risiken neigen.[488] Ihr Ziel ist daher in der Regel, die Determinanten für den Einsatz von Derivaten zum Hedging festzustellen.[489] Im Regressionsmodell ist daher vorrangig der Zusammenhang zwischen der Hedge-Aktivität und den einzelnen aus der Theorie abgeleiteten Erklärungsfaktoren von Interesse.[490] Demzu-

482 Vgl. Froot, K. A. et al. (1994), S. 25-29; Niebergall, J. (2008), S. 15.

483 Froot et al. enthält hierzu ein Zahlenbeispiel. Vgl. Froot, K. A. et al. (1994), S. 25-27.

484 Vgl. Froot, K. A. et al. (1994), S. 25-27.

485 Vgl. Froot, K. A. et al. (1994), S. 25-27.

486 Einen Überblick über den Stand der empirischen Forschung in diesem Zusammenhang findet sich bei Aretz et al., Aretz/Bartram, Arnold et al., Bartram, Geyer-Klingeberg et al., Niebergall, Monda et al. sowie Triki. Vgl. Aretz, K. et al. (2007), S. 443-445; Aretz, K./Bartram, S. M. (2010), S. 319-366; Arnold, M. M. et al. (2014), S. 444 f., Bartram, S. M. (2000), S. 298-313; Geyer-Klingeberg, J. et al. (2015), S. 7-14; Monda, B. et al. (2013), S. 6-30; Niebergall, J. (2008), S. 29-37; Triki, T. (2005), S. 12-35.

487 Die Untersuchung von Aretz/Bartram enthält eine Übersicht der verwendeten Variablen. Vgl. Aretz, K./Bartram, S. M. (2010), S. 320-327.

488 Vgl. u. a. Aretz, K. et al. (2007), S. 443; Aretz, K./Bartram, S. M. (2010), S. 318; Bartram, S. M. (2000), S. 280; Ruß, O./Gebhardt, G. (2005), S. 589 f.; Triki, T. (2005), S. 2.

489 Vgl. u. a. Aretz, K./Bartram, S. M. (2010), S. 318; Geyer-Klingeberg, J. et al. (2015), S. 7.

490 Vgl. u. a. Aretz, K./Bartram, S. M. (2010), S. 320; Bartram, S. M. et al. (2009), S. 196; Niebergall, J. (2008), S. 29 f.

folge lassen diese Untersuchungen keine direkten Schlüsse bezüglich der Möglichkeiten der Wertgenerierung durch Corporate Hedging zu.[491]

Darüber hinaus stellen Aretz/Bartram bei ihrem qualitativen Literaturüberblick über 31 Untersuchungen fest, dass die empirischen Ergebnisse sehr gemischt sind.[492] Daher deuten die bisherigen empirischen Ergebnisse darauf hin, dass Hedging eingesetzt wird, um eine bessere Koordination von Mittelherkunft und Mittelverwendung zu erreichen.[493] Zudem unterstützen die empirischen Ergebnisse die These, dass die Existenz von Insolvenzkosten die Hedging-Aktivität beeinflusst.[494] Die Ergebnisse in Bezug auf die Möglichkeit, durch Hedging die Agency-Kosten des Eigen- und Fremdkapitals zu reduzieren, sind nicht eindeutig.[495] Für den Einsatz von Derivaten zur Reduktion der Steuerlast finden sich nur schwache empirische Hinweise.[496]

Die empirischen Ergebnisse zu den Hedging-Kosten werden von Aretz/Bartram nicht berücksichtigt.[497] Diesbezüglich deuten laut Monda et al. und Niebergall die bisherigen empirischen Untersuchungen darauf hin, dass infolge der Möglichkeit der Nutzung von Skaleneffekten insbesondere große Unternehmen zum Hedging neigen.[498]

Um die Ergebnisse der zahlreichen bisherigen Untersuchungen besser und objektiver erfassen zu können als bei einer qualitativen Analyse, führen Arnold et al. und Geyer-Klingeberg et al. im Rahmen ihres Literaturüberblicks eine quantitative Meta-Analyse durch.[499] Dazu wenden Arnold et al. ein univariates Verfahren an, bei welchem durch die statistische Ermittlung einer aggregierten und standardisierten Effektgröße über die ausgewählten 37 Untersuchungen sowohl die Richtung – positiv, neutral, negativ – als auch die Intensität des Effekts der ausgewählten Proxy-Variable über alle Untersuchungen gemessen wird.[500] Die Autoren stellen auf diese Weise fest, dass bei einer aggregierten Betrachtung der bisherigen Untersuchungen

491 Vgl. Niebergall, J. (2008), S. 30.
492 Vgl. Aretz, K./Bartram, S. M. (2010), S. 318.
493 Vgl. Aretz, K./Bartram, S. M. (2010), S. 347 f., 365.
494 Vgl. Aretz, K./Bartram, S. M. (2010), S. 349-355, 365.
495 Vgl. Aretz, K./Bartram, S. M. (2010), S. 330-340, 342-347, 365.
496 Vgl. Aretz, K./Bartram, S. M. (2010), S. 356-361, 365.
497 Vgl. Aretz, K./Bartram, S. M. (2010), S. 317-371.
498 Vgl. Monda, B. et al. (2013), S. 22; Niebergall, J. (2008), S. 35 f.
499 Vgl. Arnold, M. M. et al. (2014), S. 444; Geyer-Klingeberg, J. et al. (2015), S. 4 f.
500 Vgl. Arnold, M. M. et al. (2014), S. 445-447.

die Möglichkeit der Reduktion der Insolvenzkosten ein statistisch signifikantes Motiv für die Durchführung von Absicherungsaktivitäten darstellt.[501] Schwache Hinweise finden sie für die Relevanz des Unterinvestitionsproblems und der externen Finanzierungskosten für das Absicherungsverhalten.[502] Steuern und Agency-Kosten haben ihrer Untersuchung zufolge keinen Erklärungsgehalt.[503]

Im Rahmen der univariaten Meta-Analyse von Arnold et al. werden allerdings keine Interaktionen zwischen den untersuchten Proxy-Variablen berücksichtigt.[504] Um Verzerrungen der Ergebnisse durch diese Vorgehensweise zu vermeiden, führen Geyer-Klingeberg et al. eine multivariate Meta-Analyse mit 132 Untersuchungen durch, welche diese Wechselwirkungen berücksichtigt.[505] Auf Basis dieser Vorgehensweise finden die Autoren starke Hinweise für den Einfluss von Insolvenzkosten auf das Hedging-Verhalten.[506] Für die Relevanz der Steuern, externen Finanzierungskosten sowie Agency-Kosten des Fremdkapitals ist die empirische Evidenz bei Geyer-Klingeberg et al. dagegen schwach.[507] Die Agency-Kosten des Eigenkapitals können laut ihrer Untersuchung das Absicherungsverhalten nicht erklären.[508]

4.1.3 Zwischenfazit

Im vorangegangenen Kapitel wurde mithilfe kapitalmarkttheoretischer Überlegungen untersucht, inwiefern sich Corporate Financial Hedging positiv auf den Unternehmenswert auswirken kann. Wird die Argumentation von Modigliani/Miller zugrunde gelegt, wirkt sich die Absicherungspolitik eines Unternehmens nicht auf seinen Wert aus, weil die Anteilseigner auf perfekten Kapitalmärkten die Absicherungsstrategie des Unternehmens ohne zusätzliche Kosten selbst nachbilden können.[509] Die Durchführung der Absicherungsaktivitäten durch das Unternehmen ist daher nur dann zu präferieren und wertgenerierend, wenn einzelne Voraussetzungen für das Bestehen

501 Vgl. Arnold, M. M. et al. (2014), S. 451f., 455.
502 Vgl. Arnold, M. M. et al. (2014), S. 452-455.
503 Vgl. Arnold, M. M. et al. (2014), S. 449-451, 455.
504 Vgl. Geyer-Klingeberg, J. et al. (2015), S. 5.
505 Vgl. Geyer-Klingeberg, J. et al. (2015), S. 5.
506 Vgl. Geyer-Klingeberg, J. et al. (2015), S. 2, 6.
507 Vgl. Geyer-Klingeberg, J. et al. (2015), S. 2, 6.
508 Vgl. Geyer-Klingeberg, J. et al. (2015), S. 2, 6.
509 Vgl. MacMinn, R. D. (1987b), S. 1169-1173, 1184; Modigliani, F./Miller, M. H. (1958), S. 268.

eines vollkommenen Kapitalmarkts nicht gegeben sind.[510] Vor diesem Hintergrund wurde in einer Vielzahl von Untersuchungen versucht, unter Berücksichtigung einzelner Marktfriktionen die Gründe für Hedging herzuleiten.[511] Diese Untersuchungen zeigen, dass Hedging insbesondere bei der Existenz von Transaktions-, Insolvenz- und Agency-Kosten, Steuern sowie hohen Kosten für die externe Finanzierung werterhöhend wirken kann.[512] Grund dafür ist die Senkung der Volatilität des Ergebnisses und der Cashflows.[513]

Die Ausführungen in Kapitel 4.1.2.6 haben gezeigt, dass es bislang nur bedingt gelungen ist, die vorgestellten Theorien durch empirische Untersuchungen zu belegen. Dies ist nicht zwingend als ein Hinweis auf die Schwäche des Erklärungsgehalts der Theorien zu werten. Wie Aretz/Bartram feststellen, sind mit der Abbildung der theoretischen Modelle in einer empirischen Untersuchung vielfältige methodische Probleme verbunden.[514] Demnach gestaltet es sich als besonders schwierig, geeignete Proxy-Variablen für die Erklärungsfaktoren der theoretischen Modelle zu finden, die keine Interdependenzen mit anderen relevanten Variablen aufweisen.[515] Darüber hinaus stellt Triki fest, dass bei diesen Untersuchungen der Corporate-Hedging-Theorien die benötigten Daten häufig nicht in der erforderlichen Qualität zur Verfügung standen.[516]

Darüber hinaus ist zu beachten, dass diese empirischen Untersuchungen in erster Linie darauf abzielen, die Motive für Corporate Hedging zu verstehen, und somit nicht direkt der Frage nachgehen, ob die Absicherungsaktivitäten von Unternehmen am Kapitalmarkt positiv bewertet werden. Insgesamt ist daher zu konstatieren, dass der Versuch, die Möglichkeiten der Wertgenerierung durch Corporate Hedging indirekt über die empirische Untersuchung der Determinanten der Absicherung herzuleiten, als nicht zielführend erscheint. Vor diesem Hintergrund haben jüngere Untersuchungen den Zusammenhang zwischen Hedging und der Bewertung am Kapital-

510 Vgl. Fite, D./Pfleiderer, P. (1995), S. 140; Smith, C. W./Stulz, R. M. (1985), S. 392; Smith, C. W. (1995), S. 24.
511 Vgl. Spanò, M. (2013), S. 90.
512 Vgl. Aretz, K./Bartram, S. M. (2010), S. 365; Monda, B. et al. (2013), S. 4 f.
513 Vgl. Monda, B. et al. (2013), S. 4 f.
514 Vgl. Aretz, K./Bartram, S. M. (2010), S. 363-366.
515 Vgl. Aretz, K./Bartram, S. M. (2010), S. 363 f.
516 Vgl. Triki, T. (2005), S. 2.

markt direkt untersucht. Der aktuelle Stand der Forschung wird im Folgenden vorgestellt.

4.2 Empirische Studien zum Wertbeitrag von Corporate Financial Hedging

4.2.1 Werteffekt der derivativen Währungsrisikoabsicherung

Den Ausgangspunkt für die direkte Untersuchung des Einflusses von Corporate Financial Hedging auf den Unternehmenswert stellt die Arbeit von Allayannis/Weston dar.[517] Sie untersuchen anhand von 720 großen US-Unternehmen (Anzahl der Beobachtungen N = 4.320), welche außerhalb der Finanz- und Energieversorgungsbranche tätig sind, inwiefern die Nutzung von Fremdwährungsderivaten im Zeitraum von 1990 bis 1995 zu einer Steigerung des Unternehmenswert führt.[518] Die Hedge-Aktivität wird dabei durch eine Hedge-Dummy-Variable modelliert, die 1 annimmt, wenn das Fremdwährungsrisiko abgesichert wird, und 0, falls dies nicht zutrifft.[519] Der Unternehmenswert wird mit Tobins Q approximiert.[520] Um für den Einfluss weiterer Größen auf den Unternehmenswert zu kontrollieren, werden mehrere Kontrollvariablen verwendet.[521] Hinsichtlich der ökonometrischen Methodik führen die Autoren sowohl Pooled-Ordinary-Least-Squares (POLS)- als auch Fixed-Effects (FE)-

517 Vgl. u. a. Kapitsinas, S. (2008), S. 4; Vila Nova, M. et al. (2015), S. 8; Vivel Búa, M. et al. (2015), S. 914. Abgesehen vom Ausgangswerk von Allayannis/Weston konzentriert sich der folgende Literaturüberblick auf die für diese Arbeit relevanten Untersuchungen, welche im Wesentlichen nach 2007 veröffentlicht wurden. Vgl. Allayannis, G./Weston, J. P. (2001), S. 243-276. Die Arbeit von Niebergall gibt einen Überblick über die Arbeiten vor diesem Zeitraum. Vgl. Niebergall, J. (2008), S. 38-50. Der Schwerpunkt der dort beschriebenen Arbeiten liegt auf der Untersuchung des Werteffekts bei speziellen Branchen und ist daher für die vorliegende Untersuchung von untergeordnetem Interesse. Zudem ist zu berücksichtigen, dass zur besseren Vergleichbarkeit der Ergebnisse im Folgenden nur die Untersuchungen zu entwickelten Märkten (sog. Developed Markets) dargestellt werden. Es existieren jedoch darüber hinaus mehrere Untersuchungen zu Länder der sog. Emerging Markets, wie z. B. Brasilien (Rossi Júnior/Laham, Berrospide et al.) Kolumbien (Gómez-González et al.), Pakistan (Afza/Alam, Chaudhry et al.) oder Türkei (Ayturk et al.). Vgl. Afza, T./Alam, A. (2016), S.1-14; Ayturk, Y. et al. (2016), S. 108-120; Berrospide, J. M. et al. (2008), S. 1-42, Chaudhry, N. I. et al. (2014), S. 122-140; Gómez-González, J. E. et al. (2012), S. 50-66; Rossi Júnior, J. L./Laham, J. (2008), S. 76-91.

518 Vgl. Allayannis, G./Weston, J. P. (2001), S. 248.

519 Vgl. Allayannis, G./Weston, J. P. (2001), S. 249.

520 Vgl. Allayannis, G./Weston, J. P. (2001), S. 249.

521 Vgl. Allayannis, G./Weston, J. P. (2001), S. 251-254.

Regressionen durch und verwenden somit ausschließlich lineare Paneldatenmodelle (LPM).[522]

Im Rahmen ihrer Untersuchung stellen Allayannis/Weston fest, dass Unternehmen, die einem Währungsrisiko ausgesetzt sind und dieses mit Derivaten absichern, im Durchschnitt einen um 4,9 % höheren Unternehmenswert aufweisen als Unternehmen, die dies nicht tun.[523] Unternehmen ohne Auslandsumsätze, die jedoch im Rahmen des Wettbewerbs beispielsweise in Bezug auf den Import von Gütern indirekt vom Währungsrisiko (ökonomisches Risiko) betroffen sind, weisen keine signifikante Wertprämie auf, wenn sie FX-Derivate einsetzen.[524]

Die meisten nach 2001 veröffentlichten Untersuchungen zu dieser Thematik orientieren sich an der Methodik von Allayannis/Weston.[525] Daher werden im Folgenden vor allem die methodischen Unterschiede hervorgehoben. So haben Clark/Judge auf der Basis der Vorgehensweise von Allayannis/Weston anhand einer Stichprobe von 412 nicht-finanzwirtschaftlichen Unternehmen aus dem Vereinigten Königreich (UK) für das Jahr 1995[526] den Werteffekt von Corporate Hedging in Abhängigkeit vom abgesicherten – kurz- oder langfristigen – Exposure und vom eingesetzten Finanzinstrument – Forwards, Optionen, Swaps sowie Fremdwährungsdarlehen – untersucht.[527] Sie fanden heraus, dass Unternehmen, die ihr Fremdwährungsexposure mit Derivaten absichern, eine Wertprämie von ca. 14 % gegenüber Unternehmen aufweisen, die dies nicht tun.[528] Bei der Differenzierung nach der Art des Derivats stellen die Autoren für Swaps eine höhere Wertprämie fest.[529] Zur Aussagekraft der Untersuchung muss allerdings berücksichtigt werden, dass die gefundenen Wertaufschläge in einer Bandbreite von 11 % bis 34 % liegen und damit im Vergleich zu ähnlichen Untersu-

522 Vgl. Allayannis, G./Weston, J. P. (2001), S. 260. Auf die bei den Untersuchungen verwendeten ökonometrischen Methoden wird im folgenden Abschnitt nur insoweit eingegangen, dass eine erste methodische Einordnung der Arbeiten ermöglicht wird. Eine umfangreiche Auseinandersetzung mit der Methodik erfolgt in Abschnitt 5.2.

523 Vgl. Allayannis, G./Weston, J. P. (2001), S. 273.

524 Vgl. Allayannis, G./Weston, J. P. (2001), S. 262 f., 273 f.

525 Vgl. Allayannis, G./Weston, J. P. (2001), S. 248-254.

526 Vgl. Clark, E./Judge, A. (2009), S. 611.

527 Vgl. Clark, E./Judge, A. (2009), S. 610.

528 Vgl. Clark, E./Judge, A. (2009), S. 610, 631.

529 Vgl. Clark, E./Judge, A. (2009), S. 610, 631.

chungen sehr hoch sind und sich daher möglicherweise nicht allein durch Hedging erklären lassen.[530]

Die Untersuchung von Clark/Mefteh konzentriert sich dagegen auf die Frage, welchen Einfluss die Firmengröße eines Unternehmens und sein Exposure-Profil – Art und Höhe des Exposures – auf den Zusammenhang zwischen Einsatz von Derivaten und den Marktbewertung eines Unternehmens hat.[531] Um diesem Aspekt nachzugehen, untersuchen die Autoren ein Sample von 176 der größten nicht-finanzwirtschaftlichen börsennotierten Unternehmen Frankreichs für das Jahr 2004.[532] Zur Abbildung des Absicherungsverhaltens verwenden sie neben einer Hedge-Dummy-Variable die Hedge-Intensität.[533] Damit wird das Verhältnis von Nominalvolumen der Derivate zur Bilanzsumme bezeichnet.[534] Im Rahmen ihrer Untersuchung stellen sie fest, dass der Einsatz von Derivaten ein signifikant positiver Bestimmungsfaktor des Wertes von Firmen in Frankreich ist.[535] Die Differenzierung nach Unternehmensgröße zeigt, dass sich der Effekt auf große Unternehmen konzentriert,[536] da sich nur für diese ein signifikanter Werteffekt ergibt.[537] Clark/Mefteh nehmen an, dass größere Unternehmen Skaleneffekte hinsichtlich der Transaktionskosten nutzen können.[538] Hinsichtlich des Risikoprofils zeigt die Studie, dass die ermittelte Wertprämie für Unternehmen mit einem höheren Exposure-Level signifikant um das 1,5-Fache höher ist als für Unternehmen mit einer niedrigeren Risikoposition.[539] Die Wertprämie ist für Unternehmen, die dem Risiko einer Abwertung des Euros ausgesetzt sind, um den Faktor 5,5 höher als bei Unternehmen mit gegenteiligem Risikoprofil.[540]

Die Untersuchung von Allayannis et al. betrachtet den Einfluss von Hedging auf den Unternehmenswert vor dem Hintergrund der zugrundeliegenden landes- und firmen-

530 Vgl. Clark, E./Judge, A. (2009), S. 638.
531 Vgl. Clark, E./Mefteh, S. (2010), S. 184.
532 Vgl. Clark, E./Mefteh, S. (2010), S. 184, 186.
533 Vgl. Clark, E./Mefteh, S. (2010), S. 189.
534 Vgl. Clark, E./Mefteh, S. (2010), S. 189.
535 Vgl. Clark, E./Mefteh, S. (2010), S. 190.
536 Nach dem Verständnis von Clark/Mefteh (2010) werden Unternehmen als groß klassifiziert, wenn ihre Bilanzsumme den Median der Bilanzsumme des Samples übersteigt. Vgl. Clark, E./Mefteh, S. (2010), S. 191.
537 Vgl. Clark, E./Mefteh, S. (2010), S. 191.
538 Vgl. Clark, E./Mefteh, S. (2010), S. 191.
539 Vgl. Clark, E./Mefteh, S. (2010), S. 191, 193.
540 Vgl. Clark, E./Mefteh, S. (2010), S. 191.

spezifischen Corporate Governance.[541] Dies erfolgt anhand einer internationalen Stichprobe von 372 im Zeitraum von 1990 bis 1999 in den USA gelisteten ausländischen Unternehmen – American Depository Receipts (ADR) – außerhalb der Finanzbranche.[542] Somit ergibt sich ein unbalancierter Paneldatensatz mit 1.546 Beobachtungen aus insgesamt 39 Ländern.[543] Zur Abbildung der Hedging-Aktivität wird, wie bei Allayannis/Weston, eine Hedge-Dummy-Variable eingesetzt.[544] Die Qualität der Corporate Governance wird sowohl auf Firmen- als auch auf Länderebene anhand selbst ermittelter Corporate-Governance-Indizes beurteilt.[545] Die Studie kommt zu dem Ergebnis, dass Unternehmen, die ein vorhandenes Fremdwährungsrisiko mit Derivaten absichern, bei Vorliegen einer starken Corporate Governance auf Firmen- oder Länderebene eine signifikante Wertprämie aufweisen.[546] Dieses Ergebnis entspricht der Erwartung der Autoren, dass der Werteffekt des Einsatzes von Fremdwährungsderivaten umso stärker ausgeprägt ist, je besser die Corporate Governance einzuschätzen ist.[547] Dies basiert auf der Annahme, dass die Investoren die Motive des Einsatzes von Derivaten umso besser einschätzen können,[548] je stärker auch die Corporate Governance ist.[549] Liegt dagegen eine schwache Corporate Governance vor, lässt sich kein signifikanter Werteffekt feststellen.[550] Ohne Berücksichtigung des Corporate-Governance-Aspekts stellt die Untersuchung fest, dass die Absicherung des Fremdwährungsrisikos mit Derivaten mit einer Wertprämie von 10,7 % verbunden ist.[551]

Hinsichtlich der bestehenden empirischen Untersuchungen kritisiert Magee die üblicherweise implizite Annahme der strikten Exogenität des Absicherungsverhaltens.[552] Dies bedeutet, dass nur die Auswirkungen von Hedging auf den Unternehmenswert betrachtet werden, nicht aber mögliche umgekehrte Einflüsse von vergangenen

---

541 Vgl. Allayannis, G. et al. (2012), S. 65.
542 Vgl. Allayannis, G. et al. (2012), S. 67.
543 Vgl. Allayannis, G. et al. (2012), S. 67.
544 Vgl. Allayannis, G./Weston, J. P. (2001), S. 249; Allayannis, G. et al. (2012), S. 66.
545 Vgl. Allayannis, G. et al. (2012), S. 68.
546 Vgl. Allayannis, G. et al. (2012), S. 71-75.
547 Vgl. Allayannis, G. et al. (2012), S. 66.
548 Allayannis et al. gehen hierbei davon aus, dass Derivate für spekulative Zwecke, zur Absicherung gegen Risiken sowie zur Verfolgung der Ziele der Manager eingesetzt werden können. Vgl. Allayannis, G. et al. (2012), S. 65.
549 Vgl. Allayannis, G. et al. (2012), S. 65.
550 Vgl. Allayannis, G. et al. (2012), S. 71-75.
551 Vgl. Allayannis, G. et al. (2012), S. 71.
552 Vgl. Magee, S. (2013), S. 60.

Marktbewertungen auf das Absicherungsverhalten.[553] Bestehen derartige Feedback-Effekte und werden diese nicht im Regressionsmodell berücksichtigt, führt dies zu Endogenität,[554] was bedeutet, dass eine Korrelation zwischen Fehlerterm und den erklärenden Variablen besteht.[555] Ohne Anpassung der ökonometrischen Methodik hat dies inkonsistente und verzerrte Regressionsergebnisse zur Folge.[556] Um dieses Problem zu vermeiden, setzt Magee mit einem Generalized-Method-of-Moments (GMM)-Verfahren dynamische Paneldatenmodelle ein.[557] Magee untersucht den Werteffekt der Währungsabsicherung mit Derivaten anhand eines unbalancierten Panels von 408 großen US-amerikanischen nicht-finanzwirtschaftlichen Unternehmen mit Auslandsumsätzen im Zeitraum von 1996 bis 2000 (N = 1.893).[558] Zwecks Vergleichbarkeit der Ergebnisse mit den bisherigen Untersuchungen wird im ersten Schritt die strikte Exogenität des Ausmaßes der Absicherung von Fremdwährungsrisiken angenommen.[559] Unter diesen Bedingungen stellt der Autor eine positive langfristige Wertprämie von 6,3 % von Unternehmen mit einer durchschnittlichen Hedge-Intensität gegenüber denen fest, die nicht absichern.[560] Darauf aufbauend wird gezeigt, dass das Absicherungsverhalten nicht strikt exogen ist.[561] Um diesem Umstand Rechnung zu tragen, wird im Rahmen der Untersuchung mithilfe des Einsatzes von dynamischen Paneldatenmethoden die Abhängigkeit der Hedging-Aktivität von vorausgegangenen Unternehmenswerten berücksichtigt, also eine sequenzielle Exogenität angenommen.[562] Hierbei ist jedoch kein statistisch signifikanter Werteffekt zu beobachten.[563] Dies gilt auch für Unternehmen mit größerem Fremdwährungsexposure, obwohl diese Unternehmen besonders von der Absicherung pro-

553 Vgl. Magee, S. (2013), S. 60.
554 Vgl. Roberts, M. R./Whited, T. M. (2013), S. 499 f.
555 Vgl. Greene, W. H. (2012), S. 259; Roberts, M. R./Whited, T. M. (2013), S. 494 f.
556 Vgl. Greene, W. H. (2012), S. 259; Roberts, M. R./Whited, T. M. (2013), S. 494 f.
557 Vgl. Magee, S. (2013), S. 71. In Kapitel 5.2 werden dynamische Paneldatenmodelle ausführlicher erläutert.
558 Unternehmen mit einem Umsatz von über 500 Mio. US-Dollar werden hierbei als groß definiert. Vgl. Magee, S. (2013), S. 64.
559 Vgl. Magee, S. (2013), S. 60, 69.
560 Vgl. Magee, S. (2013), S. 69.
561 Vgl. Magee, S. (2013), S. 71.
562 Vgl. Magee, S. (2013), S. 71.
563 Vgl. Magee, S. (2013), S. 71.

fitieren würden.[564] Der Autor empfiehlt vor diesem Hintergrund den Einsatz eines dynamisches Paneldatenmodells.[565]

Die Untersuchung von Parajuli et al. untersucht die Auswirkungen der Währungsabsicherung auf den Unternehmenswert während und nach der Finanzkrise.[566] Sie untersuchten 30 zufällig ausgewählte US-amerikanische Nicht-Finanzunternehmen im Zeitraum von 2008 bis 2012.[567] Um herauszufinden, ob sich zeitlich bedingte Unterschiede ergeben, werden zwei Zeiträume betrachtet: 2008/2009 während der Krise und 2011/2012 nach der Krise.[568] Die Autoren führen jeweils sowohl eine Regression mit als auch eine ohne Hedge-Dummy durch, um herauszufinden, ob die Absicherung in den jeweiligen Zeiträumen positive oder negative Auswirkungen auf den Unternehmenswert hat.[569] Aus der multivariaten Analyse kann in keinem der ausgewählten Zeitabschnitte ein signifikanter Einfluss der Fremdwährungsabsicherung auf den Unternehmenswert festgestellt werden.[570] Die Aussagekraft der Untersuchung ist allerdings angesichts des geringen Stichprobenumfangs als relativ gering einzustufen.

Eine weitere Untersuchung zur Möglichkeit der Shareholder-Value-Generierung durch die Fremdwährungsabsicherung mithilfe von Derivaten stammt von Belghitar et al.[571] Um festzustellen, ob Unternehmen auf diese Weise tatsächlich einen Mehrwert für die Aktionäre schaffen, werden 211 französische börsennotierte Nicht-Finanzunternehmen für die Jahre 2002 bis 2005 (N = 844) untersucht.[572] Zum einen zeigt die Untersuchung, dass es den Unternehmen durch den Einsatz von Derivaten gelingt, ihr Fremdwährungsexposure zu reduzieren.[573] Dies deutet darauf hin, dass Derivate zur Risikoabsicherung eingesetzt werden.[574] Zum anderen kann für die untersuchte Stichprobe französischer Unternehmen kein signifikanter Einfluss des Ein-

564 Vgl. Magee, S. (2013), S. 74.
565 Vgl. Magee, S. (2013), S. 76 f.
566 Vgl. Parajuli, B. et al. (2013), S. 6.
567 Vgl. Parajuli, B. et al. (2013), S. 6 f.
568 Vgl. Parajuli, B. et al. (2013), S. 8.
569 Vgl. Parajuli, B. et al. (2013), S. 8.
570 Vgl. Parajuli, B. et al. (2013), S. 12-14.
571 Vgl. Belghitar, Y. et al. (2013), S. 290-292.
572 Vgl. Belghitar,Y. et al. (2013), S. 285.
573 Vgl. Belghitar,Y. et al. (2013), S. 292.
574 Vgl. Belghitar,Y. et al. (2013), S. 292.

satzes von Fremdwährungsderivaten auf den Unternehmenswert nachgewiesen werden.[575]

Vivel Búa et al. untersuchen dagegen den Werteffekt der Fremdwährungsabsicherung für den spanischen Markt.[576] Dabei konzentrieren sie sich auf die Absicherung mit Fremdwährungsdarlehen und Derivaten.[577] Die Untersuchung umfasst einen balancierten Paneldatensatz von 100 spanischen börsennotierten Nichtbanken im Zeitraum von 2004 bis 2007 (N = 400).[578] Ähnlich wie Magee wenden auch Vivel Búa et al. neben den linearen auch dynamische Paneldatenmethoden an.[579] Sie stellen eine Wertprämie von 1,5 % für die derivative Währungsabsicherung, 7,5 % für den Einsatz von Fremdwährungsdarlehen sowie keinen Werteffekt für die operative Absicherung fest.[580] Darüber hinaus zeigt sich, dass der Werteffekt je nach Ausmaß der Absicherung mit Derivaten relativ stark schwankt.[581] Dies impliziert, dass die Verwendung von Dummy-Variablen zur Abbildung der Hedging-Aktivität zu einer Verzerrung der geschätzten Wertprämien führen kann, weil diese Variablen das Hedging-Volumen nicht berücksichtigen.[582]

4.2.2 Wertbeitrag der Absicherung des Währungs- und Zinsrisikos

Neben der reinen Betrachtung der Wertrelevanz der Absicherung des Währungsrisikos haben mehrere Untersuchungen mit dem Zins- und Rohstoffpreisrisiko weitere Marktpreisrisiken berücksichtigt. Im Folgenden werden daher diejenigen Arbeiten betrachtet, welche neben dem Wertbeitrag der Währungsrisikoabsicherung auch den der derivativen Zinsabsicherung untersuchen.

Eine derartige Untersuchung des Werteffekts dieser beiden Marktpreisrisiken nimmt Belghitar et al. vor.[583] In der Studie werden – im Gegensatz zu vielen früheren Untersuchungen – sowohl die derivativen als auch die nicht-derivativen Absicherungs-

575 Vgl. Belghitar, Y. et al. (2013), S. 290-292.
576 Vgl. Vivel Búa, M. et al. (2013), S. 912.
577 Vgl. Vivel Búa, M. et al. (2013), S. 913.
578 Vgl. Vivel Búa, M. et al. (2013), S. 922.
579 Vgl. Magee, S. (2013), S. 71; Vivel Búa, M. et al. (2013), S. 927 f., 932. Eine detaillierte Erläuterung der Methodik findet sich in Kapitel 5.2.
580 Vgl. Vivel Búa, M. et al. (2013), S. 931, 941.
581 Vgl. Vivel Búa, M. et al. (2013), S. 931, 941.
582 Vgl. Vivel Búa, M. et al. (2013), S. 941.
583 Vgl. Belghitar, Y. et al. (2008), S. 44, 53.

aktivitäten im Modell berücksichtigt.[584] Beide Arten werden jeweils mithilfe einer Dummy-Variablen modelliert.[585] Zu diesem Zweck liegt eine Datenbasis von 412 der gemessen am Marktwert größten nicht-finanzwirtschaftlichen Unternehmen aus dem Vereinigten Königreich zum Ende des Jahres 1995 zugrunde.[586] Im Rahmen der Untersuchung wird ein signifikant positiver Zusammenhang zwischen dem Unternehmenswert und der derivativen wie auch nicht-derivativen Absicherung gegenüber Zins- und Währungsrisiken festgestellt.[587] Darüber hinaus kommen sie zu dem Ergebnis, dass der Werteffekt der rein derivativen Absicherung sowohl von Zins- als auch von Währungsrisiken höher ist als der bei nicht-derivativem Hedging.[588] Ein möglicher Grund könnte den Autoren zufolge die höhere Flexibilität der derivativen Absicherungsstrategien sein.[589] Als weiteren möglichen Treiber des höheren Werteffekts erachten sie die stärkere Transparenz in Bezug auf die derivativen Absicherungsaktivitäten infolge der Regelungen zum Hedge Accounting.[590]

Kapitsinas hat in Anlehnung an Allayannis/Weston eine ähnliche Untersuchung für Griechenland durchgeführt.[591] Anhand einer Stichprobe von 81 börsennotierten nicht-finanzwirtschaftlichen Unternehmen wird für den Zeitraum von 2004 bis 2006 (N = 243) der Frage nachgegangen,[592] ob die Absicherung mit Derivaten zu einer Wertsteigerung führt.[593] Die Studie kommt zu dem Schluss, dass die allgemeine Absicherung mit Derivaten für diese Stichprobe zu einem hochsignifikanten positiven Werteffekt in Höhe von durchschnittlich 4,6 % führt.[594] Kapitsinas differenziert anschließend hinsichtlich des Einsatzes von Fremdwährungs- und Zinsderivaten und stellt für den Einsatz von Fremdwährungsderivaten bei Unternehmen mit Währungsrisiko eine durchschnittliche Wertprämie von 9,6 % fest.[595] Aus dem Einsatz von

584 Vgl. Belghitar, Y. et al. (2008), S. 44.
585 Vgl. Belghitar, Y. et al. (2008), S. 44, 50.
586 Vgl. Belghitar, Y. et al. (2008), S. 47.
587 Vgl. Belghitar, Y. et al. (2008), S. 46, 57.
588 Vgl. Belghitar, Y. et al. (2008), S. 47, 50 f., 57.
589 Vgl. Belghitar, Y. et al. (2008), S. 52.
590 Vgl. Belghitar, Y. et al. (2008), S. 52.
591 Vgl. Allayannis, G./Weston, J. P. (2001), S. 243-276; Kapitsinas, S. (2008), S. 3, 14.
592 Vgl. Kapitsinas, S. (2008), S. 8.
593 Vgl. Kapitsinas, S. (2008), S. 4.
594 Vgl. Kapitsinas, S. (2008), S. 22.
595 Vgl. Kapitsinas, S. (2008), S. 22.

Zinsderivaten bei Unternehmen mit Zinsrisiko resultiert eine Wertprämie in Höhe von 6,5 %.[596]

Ebenfalls in Anlehnung an die Studie von Allayannis/Weston untersucht Ben Khediri, ob der Einsatz von derivativen Finanzinstrumenten zu einer Erhöhung der Marktbewertung von französischen Nicht-Banken führt.[597] Dazu wird eine Stichprobe aller börsennotierten Unternehmen außerhalb der Finanzbranche mit einer Marktkapitalisierung von über 30 Mio. Euro im Zeitraum von 2000 bis 2002 ausgewählt.[598] Dies betrifft 250 Unternehmen, weshalb das Sample 750 Beobachtungen umfasst.[599] Im Rahmen der Untersuchung wird danach differenziert, ob die Entscheidung für den Einsatz von Derivaten (Hedge-Dummy) oder der Umfang der derivativen Finanzinstrumente (Hedge-Intensität) einen Einfluss auf den Unternehmenswert hat.[600] Außerdem wird zwischen dem allgemeinen Einsatz von Derivaten sowie der Verwendung von Fremdwährungs- und Zinsderivaten unterschieden.[601] Hinsichtlich der Entscheidung für den Einsatz von Derivaten stellt der Autor in keiner der drei Konstellationen einen signifikanten Zusammenhang mit dem durch Tobins Q approximierten Unternehmenswert fest.[602] Hinsichtlich des Ausmaßes des Einsatzes von Derivaten finden sich bezüglich der Zinsabsicherung keine Hinweise auf einen Werteffekt.[603] In Bezug auf die Währungsabsicherung und den allgemeinen Einsatz von Derivaten stellt Ben Khediri einen schwach signifikant negativen Einfluss auf Tobins Q fest.[604] Diese Ergebnisse widersprechen denen US-amerikanischer Studien, die überwiegend eine signifikante Wertprämie feststellen.[605] Diese großen Unterschiede sind dem Autor zufolge ein Hinweis für eine abweichende Marktbewertung und unterschiedliche Eigenschaften von französischen und US-amerikanischen Unternehmen.[606] Der Autor argumentiert, dass die Corporate Governance unter Umständen die Bewertung des Einsatzes von Derivaten indirekt beeinflusst.[607] Gemäß Ben Khediri bewerten

596 Vgl. Kapitsinas, S. (2008), S. 22.
597 Vgl. Allayannis, G./Weston, J. P. (2001), S. 243-276; Ben Khediri, K. (2010), S. 63.
598 Vgl. Ben Khediri, K. (2010), S. 66.
599 Vgl. Ben Khediri, K. (2010), S. 66.
600 Vgl. Ben Khediri, K. (2010), S. 63.
601 Vgl. Ben Khediri, K. (2010), S. 63.
602 Vgl. Ben Khediri, K. (2010), S. 68.
603 Vgl. Ben Khediri, K. (2010), S. 68.
604 Vgl. Ben Khediri, K. (2010), S. 68.
605 Vgl. Ben Khediri, K. (2010), S. 68.
606 Vgl. Ben Khediri, K. (2010), S. 68.
607 Vgl. Ben Khediri, K. (2010), S. 72.

Investoren französische Unternehmen, die Derivate verwenden, niedriger, weil sie als Minderheitsaktionäre angesichts einer hohen Eigentümerkonzentration[608] und eines schwachen Investorenschutzes[609] befürchten, dass die kontrollierenden Aktionäre die Absicherungsaktivitäten ausschließlich im Sinne der Maximierung ihres eigenen Nutzens ausgestalten.[610]

Die Untersuchung von Nguyen/Faff beschäftigt sich mit der Frage, ob die Art des eingesetzten Derivats (Swaps, Futures, Forwards und Optionen) bei der Untersuchung des Werteffekts von Derivaten von Bedeutung ist.[611] Sie analysieren eine Stichprobe von 428 Beobachtungen von nicht-finanzwirtschaftlichen Unternehmen mit Börsennotierung in Australien in den Geschäftsjahren 1999 und 2000.[612] Die Autoren stellen nur beim Einsatz von Swaps einen signifikanten Zusammenhang zum Unternehmenswert fest, welcher eine negative Ausprägung aufweist.[613] Eine Differenzierung nach abgesicherten Risikoarten (Währungs-, Zins-, Rohstoffrisiko) durch die Bildung entsprechender Hedge-Dummys führt zu dem Ergebnis, dass sich bei der Zinsabsicherung mit Swaps ein signifikant negativer Werteffekt einstellt.[614] Wird der Umfang des Einsatzes von Swaps berücksichtigt, indem die Nominalvolumen mithilfe der Bilanzsumme normalisiert werden, ist ein signifikant negativer Effekt des Einsatzes von Swaps unabhängig von der abgesicherten Risikoart festzustellen.[615] Die Autoren argumentieren, dass der Einsatz von Derivaten grundsätzlich Informationsasymmetrien zur Folge hat, die sich negativ auf den Unternehmenswert auswirken können. Die negative Bewertung des Einsatzes von Swaps erklären die Autoren durch das höhere Ausfallrisiko bei Swaps, weil es sich hierbei um OTC-gehandelte Finanzinstrumente handelt. Im Gegensatz zu börsengehandelten Finanzinstrumenten haben OTC-gehandelte Instrumente den Nachteil eines aus Sicht der Autoren weniger systematischen Ansatzes für den Umgang mit dem Ausfallrisiko.[616]

---

608 Vgl. Faccio, M./Lang, L. H. P. (2002), S. 379 f., 382, 392 f.
609 Vgl. La Porta, R. et al. (2002), S. 1160 f., 1168 f.
610 Vgl. Ben Khediri, K. (2010), S. 69-71.
611 Vgl. Nguyen, H./Faff, R. (2010), S. 681.
612 Vgl. Nguyen, H./Faff, R. (2010), S. 681.
613 Vgl. Nguyen, H./Faff, R. (2010), S. 683.
614 Vgl. Nguyen, H./Faff, R. (2010), S. 682 f.
615 Vgl. Nguyen, H./Faff, R. (2010), S. 683.
616 Vgl. Nguyen, H./Faff, R. (2010), S. 683.

Nelson/Beierlein wenden die Methodik von Allayannis/Weston auf einen umfassenderen Datensatz an und betrachten neben der Währungsabsicherung auch die Zins- und Rohstoffpreisabsicherung.[617] Die Datenbasis umfasst hierbei 9.635 Unternehmensjahre von US-amerikanischen Nicht-Banken für den Zeitraum von Dezember 1995 bis Dezember 1999.[618] Die Autoren betrachten zunächst die Absicherung mit Derivaten unabhängig von der Art des Risikos, wobei sie keinen Werteffekt feststellen.[619] Durch die Differenzierung nach der Art des abgesicherten Risikos ergibt sich bezüglich der Währungsabsicherung ein signifikant positiver, hinsichtlich der Zinsabsicherung ein signifikant negativer Werteffekt.[620]

Choi et al. untersuchen, ob und wie Informationsasymmetrien den Werteffekt von Corporate Hedging beeinflussen.[621] Zu diesem Zweck wird das Absicherungsverhalten von 74 US-amerikanische Unternehmen der Pharma- und Biotechnologie-Branche im Zeitraum von 2001 bis 2006 (N = 443) betrachtet.[622] Die beiden ausgewählten Branchen zeichnen sich durch eine hohe Informationsasymmetrie zwischen den Anteilseignern und dem Management aus, da das Management die möglichen Ergebnisse der hohen und langfristigen Investitionen in die Forschungs- und Entwicklungsarbeit besser abschätzen kann als die Aktionäre.[623] Die Untersuchung kommt zu dem Ergebnis, dass derivativ absichernde Unternehmen dieser Branche eine vergleichsweise hohe Wertprämie von ca. 13,8 % aufweisen.[624] Dies ist laut den Autoren ein Hinweis dafür, dass Unternehmen mit einer hohen Informationsasymmetrie und Unterinvestitionsproblemen besonders von der Absicherung durch Derivate profitieren.[625] In einer erweiterten Analyse differenzieren die Autoren zwischen der derivativen Absicherung von Zins- und Währungsrisiken,[626] wobei sie feststellen,

617 Vgl. Allayannis, G./Weston, J. P. (2001), S. 248-273; Nelson, J. M./Beierlein, J. J. (2014), S. 343 f.
618 Vgl. Nelson, J. M./Beierlein, J. J. (2014), S. 344 f.
619 Vgl. Nelson, J. M./Beierlein, J. J. (2014), S. 347.
620 Vgl. Nelson, J. M./Beierlein, J. J. (2014), S. 347.
621 Vgl. Choi, J. J. et al. (2013), S. 264.
622 Vgl. Choi, J. J. et al. (2013), S. 244.
623 Vgl. Choi, J. J. et al. (2013), S. 240.
624 Vgl. Choi, J. J. et al. (2013), S. 264.
625 Vgl. Choi, J. J. et al. (2013), S. 264.
626 Vgl. Choi, J. J. et al. (2013), S. 261.

dass sich der signifikant positive Werteffekt nur bei der derivativen Währungsabsicherung einstellt, nicht aber bei der Zinsabsicherung.[627]

Eine weitere branchenspezifische Untersuchung, welche sich indirekt mit den Auswirkungen von Corporate Hedging auf den Unternehmenswert beschäftigt, ist die Untersuchung von Niebergall.[628] Dieser untersucht anhand einer Stichprobe von 33 Unternehmen der internationalen Automobilindustrie für die Jahre 2003 bis 2005, ob die Absicherungsaktivitäten eines Unternehmens einen Wertbeitrag liefern und daher durchzuführen sind.[629] Dabei wird sowohl die derivative als auch nicht-derivative Absicherung gegen Währungs-, Zins- und Rohstoffpreisrisiken untersucht.[630] Der Autor misst jedoch nicht den direkten Effekt von Hedging auf die Marktbewertung des Unternehmens, sondern den Einfluss der Absicherungsaktivitäten auf die Risikoposition der Unternehmen.[631] Hierbei stellt er keinen signifikanten Einfluss fest und schlussfolgert daher, dass Corporate Hedging sich aus Aktionärssicht nicht auf den Unternehmenswert auswirkt.[632]

Auch Panaretou untersucht, welchen Einfluss Aktivitäten des Corporate Risk Management auf den Unternehmenswert haben.[633] Im Zentrum der Untersuchung des unternehmerischen Risikomanagements steht der Einsatz von Währungs-, Zins- und Rohstoffderivaten.[634] Die Basis der Untersuchung bildet eine Stichprobe von 1.372 Beobachtungen von dem FTSE 350-Index angehörigen britischen Nicht-Finanzunternehmen innerhalb des Zeitraums von 2003 bis 2010.[635] Die Autorin beobachtet, dass 86,9 % der untersuchten Unternehmen zumindest eine Art von Marktpreisrisiko (Währungsrisiko: 71,8 %; Zinsrisiko: 68,2 %, Rohstoffpreisrisiko: 18,3 %) mit Derivaten absichern.[636] Zunächst stellt Panaretou fest, dass sich die derivative Absicherung unabhängig vom abgesicherten Risiko positiv auf den durch Tobins Q approxi-

627 Vgl. Choi, J. J. et al. (2013), S. 261.
628 Vgl. Niebergall, J. (2008), S. 1 f.
629 Vgl. Niebergall, J. (2008), S. 2 f., 56 f.
630 Vgl. Niebergall, J. (2008), S. 2, 81.
631 Vgl. Niebergall, J. (2008), S. 131-142, 147.
632 Vgl. Niebergall, J. (2008), S. 145-147.
633 Vgl. Panaretou, A. (2014), S. 1162.
634 Vgl. Panaretou, A. (2014), S. 1163.
635 Vgl. Panaretou, A. (2014), S. 1163.
636 Vgl. Panaretou, A. (2014), S. 1163.

mierten Unternehmenswert auswirkt.[637] Hierbei ist jedoch zu beachten, dass die Wertprämie nur beobachtbar ist, wenn die Hedging-Aktivität durch die Hedge-Intensität gemessen wird.[638] Bei der Approximation der Hedging-Aktivität mit einer Dummy-Variablen ergibt sich kein signifikanter Werteffekt.[639] Des Weiteren ist eine statistisch signifikante Wertprämie von ca. 6 % für die Absicherung des Wechselkursrisikos mit Derivaten festzustellen,[640] wohingegen der empirische Nachweis für einen Werteffekt bei der Zinsabsicherung mit Derivaten schwach ausgeprägt ist.[641] Demgegenüber stellt Panaretou fest, dass das nicht-derivative Risikomanagement, z. B. durch die Aufnahme von Darlehen in Fremdwährung, den Marktwert des Unternehmens nicht signifikant beeinflusst.[642] Hinsichtlich des Krisenzeitraums von 2007 bis 2010 stellt die Autorin fest, dass sich die Ausprägung des Werteffekts während des ökonomischen Rückgangs weder bei der Währungs- noch bei der Zinsabsicherung verändert hat.[643] Bei einer weiteren Analyse einzelner Jahre ist in den Jahren 2007 und 2008 bei einer separaten Betrachtung eine geringere Prämie für die Währungsabsicherung zu konstatieren.[644] Laut Panaretou deutet dies darauf hin, dass die Nutzer von Währungsderivaten während einer wirtschaftlichen Krise weniger von der Reduktion der Steuerfunktion und der Unterinvestitionskosten profitieren.[645] Hinsichtlich der Zinsabsicherung ist dagegen für den Zeitraum von 2008 bis 2010 ein signifikant negativer Werteffekt festzustellen.[646]

Ahmed et al. untersuchen ebenfalls britische Unternehmen, indem als Stichprobe ein balanciertes Panel von 288 im FTSE-All-Share-Index gelisteten Nicht-Banken für den Zeitraum von 2005 bis 2012 (N = 2.304) ausgewählt werden.[647] Im Rahmen der Studie wird der Einfluss der Absicherung von Währungs-, Zins- und Rohstoffrisiken mithilfe von Futures, Forwards, Optionen und Swaps auf den Unternehmenswert und die Performance betrachtet.[648] Die Abbildung des Hedging-Verhaltens basiert auf

637 Vgl. Panaretou, A. (2014), S. 1170.
638 Vgl. Panaretou, A. (2014), S. 1165, 1170.
639 Vgl. Panaretou, A. (2014), S. 1165, 1170.
640 Vgl. Panaretou, A. (2014), S. 1171 f.
641 Vgl. Panaretou, A. (2014), S. 1172, 1182.
642 Vgl. Panaretou, A. (2014), S. 1175.
643 Vgl. Panaretou, A. (2014), S. 1175
644 Vgl. Panaretou, A. (2014), S. 1177 f.
645 Vgl. Panaretou, A. (2014), S. 1177 f.
646 Vgl. Panaretou, A. (2014), S. 1176 f.
647 Vgl. Ahmed, H. et al. (2014), S. 6.
648 Vgl. Ahmed, H. et al. (2014), S. 5.

einer Hedge-Dummy-Variable je abgesicherter Risikoart.[649] Die Regressionsanalyse führt zu gemischten Ergebnissen. Demzufolge wird unabhängig von der Art des eingesetzten Derivats ein signifikant positiver Zusammenhang zwischen der Absicherung von Währungsrisiken und dem Unternehmenswert bzw. der finanziellen Performance festgestellt.[650] Beim Einsatz von Forwards wird ein signifikant positiver und bzgl. der Verwendung von Optionen ein signifikant negativer Einfluss auf den Unternehmenswert konstatiert, während sich für die anderen beiden Arten von Derivaten kein signifikanter Zusammenhang ergibt.[651] Hinsichtlich der Zinsabsicherung ist dagegen festzustellen, dass sich diese signifikant negativ auf den Unternehmenswert und die finanzielle Performance auswirkt.[652] Diese negative Signifikanz bestätigt sich auf für den Einsatz von Swaps, Futures und Optionen.[653] Allerdings ergibt die Zinsabsicherung mit Forwards einen signifikant positiven Effekt auf Unternehmenswert und Performance.[654] Außerdem stellen die Autoren fest, dass sich im Zeitraum der Finanzkrise (2008/2009) weder das Hedging-Verhalten noch dessen Einfluss auf den Unternehmenswert und die Profitabilität verändert hat.[655] Daher kommen die Autoren zu dem Schluss, dass der Einfluss von Hedging auf den Unternehmenswert und die finanzielle Performance je nach abgesichertem Risiko wesentlich variieren und dass es Derivate gibt, die zur Absicherung von bestimmten Risiken besser geeignet sind als andere und somit zu einer Wertgenerierung und besseren finanziellen Performance führen.[656]

Ähnlich wie Panaretou untersuchen auch Vila Nova et al. britische Nicht-Finanzunternehmen, die im FTSE 350 gelistet sind.[657] Die Autoren haben anhand von 130 Unternehmen über den Zeitraum von 2005 bis 2013 (N = 1.170) untersucht, wie sich der Einsatz von Derivaten zur Absicherung von Zins- und Währungsrisiken auf die Marktbewertung eines Unternehmens auswirkt.[658] Während für die Basisregressionen – wie auch bei den anderen Untersuchungen – lineare Paneldatenmethoden an-

[649] Vgl. Ahmed, H. et al. (2014), S. 6.
[650] Vgl. Ahmed, H. et al. (2014), S. 13 f.
[651] Vgl. Ahmed, H. et al. (2014), S. 14.
[652] Vgl. Ahmed, H. et al. (2014), S. 13 f.
[653] Vgl. Ahmed, H. et al. (2014), S. 13 f.
[654] Vgl. Ahmed, H. et al. (2014), S. 13 f.
[655] Vgl. Ahmed, H. et al. (2014), S. 8, 17.
[656] Vgl. Ahmed, H. et al. (2014), S. 8, 17.
[657] Vgl. Panaretou, A. (2014), S. 1163; Vila Nova, M. et al. (2015), S. 14.
[658] Vgl. Vila Nova, M. et al. (2015), S. 14 f., 43.

gewandt werden, kommt zur Berücksichtigung einer möglichen Endogenitätsproblematik ein Instrumentvariablenansatz zum Einsatz.[659] Hierbei werden zur Schätzung der Regressionsgleichung anstatt der endogenen Variablen sog. Instrumentvariablen (IV) verwendet, welche zwar mit den endogenen Variablen korrelieren nicht aber mit dem Fehlerterm.[660] Auf diese Weise wird Endogenität im Regressionsmodell vermieden.[661] Vila Nova et al. stellen hierbei sowohl für die derivative Zins- als auch Währungsabsicherung einen signifikant positiven Werteffekt fest.[662] Darüber hinaus wird in der Studie untersucht, welche Rolle die Art des eingesetzten Derivats spielt.[663] Die Autoren kommen zu dem Schluss, dass sich die Werteffekte je nach eingesetztem Derivat und abgesichertem Risiko mitunter stark unterscheiden,[664] was auf die unterschiedlich gute Eignung einzelner Derivate zur Absicherung bestimmter Risiken zurückzuführen sei.[665]

4.2.3 Wertrelevanz der Absicherung des Zinsrisikos

Die Untersuchung von Ferreira Carneiro/Sherris konzentriert sich im Wesentlichen auf die Bestimmungsfaktoren des Zinsrisikomanagement im Nichtbankenbereich.[666] Zwei Paneldatensätze (1.102 bzw. 465 Beobachtungen) australischer börsennotierter Unternehmen werden für den Zeitraum 1998 bis 2003 untersucht.[667] Die Einführung des Australian Accounting Standard 33 im Dezember 1996 hatte für die australischen Unternehmen ausführlichere Angaben bezüglich der eingesetzten Derivate zur Folge.[668] Diese zusätzlichen Informationen verwenden die Autoren, um den Umfang der Zins-Hedging-Aktivitäten durch das Verhältnis von Nominalvolumen der Zinsderivate zu dem Zinsrisiko ausgesetzten Verbindlichkeiten zu approximieren.[669] Die Untersuchung zeigt, dass sich diese Kennzahl besser zur Abbildung der Hedging-

659 Vgl. Vila Nova, M. et al. (2015), S. 33-42.
660 Vgl. Greene, W. H. (2012), S. 262.
661 Vgl. Greene, W. H. (2012), S. 262.
662 Vgl. Vila Nova, M. et al. (2015), S. 2, 36 f., 40-42, 44.
663 Vgl. Vila Nova, M. et al. (2015), S. 36 f., 40-42, 44.
664 Während sich sowohl bei der Absicherung von Zinsrisiken mit Swaps als auch der Absicherung von Fremdwährungsrisiken mit Forwards ein signifikant positiver Werteffekt einstellt, ist der Effekt beim Einsatz von Optionen teilweise sogar negativ. Vgl. Vila Nova, M. et al. (2015), S. 2, 36 f., 40-42, 44.
665 Vgl. Vila Nova, M. et al. (2015), S. 44.
666 Vgl. Ferreira Carneiro, L. A./Sherris, M. (2008), S. 87.
667 Vgl. Ferreira Carneiro, L. A./Sherris, M. (2008), S. 99.
668 Vgl. Ferreira Carneiro, L. A./Sherris, M. (2008), S. 97 f.
669 Vgl. Ferreira Carneiro, L. A./Sherris, M. (2008), S. 97 f., 102.

Aktivitäten eignet als die oftmals verwendete Hedge-Intensität.[670] Des Weiteren stellen sie einen positiven signifikanten Zusammenhang zwischen dem Zins-Hedging und der logarithmierten jährlichen Aktienrendite fest, welche von den Autoren als Indikator für eine Steigerung des Unternehmenswerts betrachtet wird.[671]

Die Untersuchung von Marami/Dubois zur Wertrelevanz von Zins-Hedging differenziert als erste Arbeit zwischen der von den Kreditgebern im Rahmen von Covenants verpflichtenden Absicherung durch Derivate und dem vom Management freiwillig durchgeführten Hedging.[672] Bei letzterem besteht aus Investorensicht die Gefahr, dass das Management mit dem Einsatz von Derivaten neben der Absicherung auch private Interessen verfolgt. Die Autoren argumentieren daher, dass die vorgenommene Unterscheidung aus der Perspektive der Investoren relevant ist, weil diese dadurch die Motive für den Einsatz der Derivate besser nachvollziehen können.[673] Um den Einfluss des Hedging auf den Unternehmenswert zu untersuchen, wird ein Datensatz von 728 nicht-finanzwirtschaftlichen US-amerikanischen Unternehmen (N = 3.889) für die Geschäftsjahre 1998 bis 2005 herangezogen.[674] Die Untersuchung kommt zu dem Ergebnis, dass Unternehmen, die von den Kreditgebern zum Hedging verpflichtet werden, im Durchschnitt einen signifikant um 7,6 % höheren Wert aufweisen als Unternehmen, die nicht absichern.[675] Bei freiwilliger Absicherung lässt sich dagegen kein signifikanter Werteffekt feststellen.[676] Darüber hinaus zeigt sich, dass Unternehmen mit verpflichtender Absicherung im Durchschnitt einen signifikant um 9,6 % höheren Wert aufweisen als Unternehmen, die freiwillig absichern.[677] Diese Ergebnisse deuten aus Sicht der Autoren der Studie darauf hin, dass Investoren die Verpflichtung zur Absicherung als Signal für angemessenes Risikomanagement betrachten und dies mit einer Prämie bewerten.[678] Demgegenüber ist bei der freiwilligen Absicherung die Motivlage nicht klar, weshalb auch kein signifikanter Werteffekt festzustellen ist.[679] Diese Untersuchung führt ähnlich wie die von Allayannis et al. zu

670 Vgl. Ferreira Carneiro, L. A./Sherris, M. (2008), S. 102, 104 f.
671 Vgl. Ferreira Carneiro, L. A./Sherris, M. (2008), S. 94, 104.
672 Vgl. Marami, A./Dubois, M. (2013), S. 2.
673 Vgl. Marami, A./Dubois, M. (2013), S. 2, 15.
674 Vgl. Marami, A./Dubois, M. (2013), S. 9-11.
675 Vgl. Marami, A./Dubois, M. (2013), S. 4, 14.
676 Vgl. Marami, A./Dubois, M. (2013), S. 4 f., 15.
677 Vgl. Marami, A./Dubois, M. (2013), S. 5, 16.
678 Vgl. Marami, A./Dubois, M. (2013), S. 5, 29 f.
679 Vgl. Marami, A./Dubois, M. (2013), S. 5, 29 f.

der Schlussfolgerung, dass es für die Marktbewertung der Hedging-Aktivitäten von hoher Relevanz ist, wie die Investoren die Motivation für den Einsatz von Derivaten wahrnehmen.[680]

4.2.4 Wertgenerierung durch den Einsatz von Derivaten

Einen anderen Ansatz verfolgt die Untersuchung von Guay/Kothari, die für 234 US-amerikanische Nicht-Finanzunternehmen für das Geschäftsjahr 1995 untersucht haben, in welchem Umfang Unternehmen ihr Risiko mit Derivaten absichern.[681] In diesem Zusammenhang stellen die Autoren unter anderem fest, dass selbst bei extremen Schwankungen der Wechselkurse, Zinssätze und Rohstoffpreise die Auswirkungen auf den Cashflow und den Marktwert der eingesetzten Derivate der Unternehmen in Relation zur Unternehmensgröße gering sind.[682] Guay/Kothari kommen auf dieser Basis zu dem Schluss, dass die Bedeutung von Derivaten im Verhältnis zur gesamten Risikoposition des Unternehmens gering ist.[683] Vor diesem Hintergrund sind die Ergebnisse von Allayannis/Weston nach Ansicht der Autoren entweder fehlerhaft oder gehen auf andere Arten des Risikomanagements zurück, welche mit der Nutzung von Derivaten korrelieren.[684] Hierbei ist jedoch einschränkend zu beachten, dass der Einsatz von Derivaten im Jahr 1995 noch nicht so stark verbreitet war. Dies zeigt sich daran, dass von der ursprünglichen Stichprobe von 413 Unternehmen lediglich 234 Derivate (56,7 %) zur Absicherung einsetzen.[685]

Die Untersuchung von Lin et al. zeigt anhand eines balancierten Panels von 1.045 nicht-finanzwirtschaftlichen US-amerikanischen Unternehmen für den Zeitraum von 1992 bis 1996 (N = 5.225),[686] dass die Aktien eines Unternehmens, welches zur Risikoabsicherung Derivate einsetzt, eine geringere Fehlbewertung aufweisen.[687] Dies erklären die Autoren mit der gestiegenen Transparenz und besseren Prognostizierbarkeit der künftigen Cashflows.[688] Dieser Effekt ist umso stärker ausgeprägt, je um-

680 Vgl. Allayannis, G. et al. (2012), S. 65; Marami, A./Dubois, M. (2013), S. 30.
681 Vgl. Guay, W./Kothari, S. P. (2003), S. 424, 430.
682 Vgl. Guay, W./Kothari, S. P. (2003), S. 424 f.
683 Vgl. Guay, W./Kothari, S. P. (2003), S. 452.
684 Vgl. Allayannis, G./Weston, J. P. (2001), S. 243, 273 f.; Guay, W./Kothari, S. P. (2003), S. 426.
685 Vgl. Guay, W./Kothari, S. P. (2003), S. 430.
686 Vgl. Lin, B. J., et al. (2010), S. 805 f.
687 Vgl. Lin, B. J., et al. (2010), S. 817.
688 Vgl. Lin, B. J., et al. (2010), S. 803.

fangreicher das Hedging-Programm hinsichtlich der Anzahl der abgeschlossenen Kontrakte und der Anzahl der abgesicherten Risiken ist und je stärker sich die Hedging-Bemühungen auf verschiedene Kontrakte verteilen.[689] Darüber hinaus konstatieren die Autoren der Studie, dass Hedging zu einer Steigerung des Unternehmenswerts führt, wobei dieser positive Werteffekt stärker bei unter- als bei überbewerteten Unternehmen zum Tragen kommt.[690]

Im Rahmen der Untersuchung von Ben Khediri/Folus wird eine Stichprobe von französischen Unternehmen betrachtet, jedoch mit einem geringeren Stichprobenumfang.[691] Das Sample umfasst 320 Beobachtungen von nicht-finanzwirtschaftlichen börsennotierten Unternehmen für das Jahr 2001.[692] Bei der Abbildung der Hedging-Aktivität durch eine Dummy-Variable wird allerdings nicht zwischen den damit abgesicherten Risiken differenziert.[693] Im Rahmen der univariaten Analyse stellen die Autoren fest, dass Unternehmen, die mit Derivaten absichern, einen geringeren Marktwert in Form von Tobins Q aufweisen.[694] Im Rahmen der multivariaten Analyse wird kein signifikanter Werteffekt festgestellt.[695]

Ähnlich wie die Untersuchung von Allayannis et al. berücksichtigen auch Fauver/Naranjo die Auswirkungen von Corporate Governance auf den Werteffekt des Einsatzes von Derivaten im Allgemeinen.[696] Zu diesem Zweck untersuchen sie 1.746 US-amerikanische Unternehmen im Zeitraum von 1991 bis 2000.[697] In diesem Rahmen stellen die Autoren einen signifikant negativen Zusammenhang zwischen Hedging und dem Unternehmenswert fest, wenn Unternehmen infolge einer schwa-

689 Vgl. Lin, B. J., et al. (2010), S. 817.
690 Vgl. Lin, B. J., et al. (2010), S. 820.
691 Vgl. Ben Khediri, K./Folus, D. (2010), S. 996.
692 Vgl. Ben Khediri, K./Folus, D. (2010), S. 996.
693 Vgl. Ben Khediri, K./Folus, D. (2010), S. 996.
694 Vgl. Ben Khediri, K./Folus, D. (2010), S. 997.
695 Vgl. Ben Khediri, K./Folus, D. (2010), S. 997.
696 Vgl. Allayannis, G. et al. (2012), S. 65; Fauver, L./Naranjo, A. (2010), S. 733. Auch Hooper et al. untersuchen eine US-amerikanische Stichprobe. Diese kommen bei ihrer Untersuchung des Geschäftsjahres 2011 von 44 multinationalen US-amerikanischen Fortune 500-Unternehmen zum Ergebnis, dass Hedging-Aktivitäten keinen signifikanten Einfluss auf den Unternehmenswert haben. Vgl. Hooper, J. et al. (2012), S. 8 f., 13. Hierbei wird jedoch eine Hedge-Dummy-Variable verwendet, bei welcher nicht nach einer Risikoart (Zins-, Währungs- oder Rohstoffrisiko) differenziert wird. Vgl. Hooper, J. et al. (2012), S. 10. Aufgrund des sehr geringen Stichprobenumfangs ist die Aussagekraft dieser Untersuchung jedoch als sehr eingeschränkt anzusehen. Daher wird sie im Folgenden nicht weiter berücksichtigt.
697 Vgl. Fauver, L./Naranjo, A. (2010), S. 721.

chen Corporate Governance hohe Agency-Kosten und ein schwaches internes Monitoring aufweisen.[698]

Die Untersuchung von Bartram et al. analysiert die Auswirkungen des Einsatzes von Derivaten auf die Risikosituation und den Wert eines Unternehmens.[699] Dabei wird auf eine breite internationale Datenbasis von 6.888 Nichtbanken aus 47 Ländern für die Jahre 1998 bis 2003 zurückgegriffen.[700] Zur Abbildung des Absicherungsverhaltens im Regressionsmodell wird eine Dummy-Variable eingesetzt, welche durch eine automatisierte Auswertung von Geschäftsberichten ermittelt wird.[701]

Zur Analyse des Einflusses von Hedging auf die Risikosituation und den Unternehmenswert ermitteln Bartram et al. den „Behandlungseffekt“, den der Einsatz von Derivaten bewirkt.[702] Als gängige Methode zur Messung dieses sog. Treatment Effects (TEM) verwenden die Autoren das Propensity-Score-Matching (PSM)-Verfahren.[703] Hierzu wird zunächst jedem Derivate nutzendem Unternehmen ein Unternehmen zugeordnet, welches dies nicht tut, aber bezüglich seiner Eigenschaften und Neigung zum Hedging möglichst ähnlich ist.[704] Auf dieser Basis können die Nutzer und Nicht-Nutzer von Derivaten anhand ausgewählter Kennzahlen, z. B. Risiko und Tobins Q, verglichen und der Behandlungseffekt ermittelt werden.[705]

Nach der Anwendung dieser Methode ergibt sich, dass Unternehmen, die Derivate einsetzen, eine um 8 bis 20 % reduzierte Cashflow-Volatilität, eine um 5 bis 10 % verringerte Standardabweichung der Renditen sowie um 15 bis 31 % niedrigere Betas aufweisen als Unternehmen, die keine Derivate einsetzen.[706] Dies weist darauf hin, dass Derivate zur Absicherung und nicht zur Spekulation verwendet werden.[707]

698 Vgl. Fauver, L./Naranjo, A. (2010), S. 733.
699 Vgl. Bartram, S. M. et al. (2011), S. 968.
700 Vgl. Bartram, S. M. et al. (2011), S. 971, 975.
701 Vgl. Bartram, S. M. et al. (2011), S. 975, 982.
702 Vgl. Bartram, S. M. et al. (2011), S. 981-983.
703 Vgl. Bartram, S. M. et al. (2011), S. 981-983.
704 Vgl. Bartram, S. M. et al. (2011), S. 981-983.
705 Vgl. Bartram, S. M. et al. (2011), S. 981-983.
706 Eine Differenzierung in Zins- und Fremdwährungsderivate erfolgt hier nicht. Vgl. Bartram, S. M. et al. (2011), S. 988.
707 Vgl. Bartram, S. M. et al. (2011), S. 985.

Analog zu anderen Untersuchungen weisen Unternehmen, die Derivate einsetzen, eine Wertprämie auf, die allerdings nur schwach signifikant ist.[708] Die periodenbezogene Analyse zeigt, dass der Einsatz von Derivaten in der Zeit des ökonomischen Rückgangs von 2001 eine wichtigere Rolle für die Marktbewertung spielt.[709] Dies kann laut Autoren an einer verbesserten Wahrnehmung des Werts von Risikomanagement in Zeiten eines ökonomischen Rückgangs liegen, was sich wiederum in einer besseren Marktbewertung von Unternehmen, die Derivate verwenden, niederschlagen kann.[710] Zudem ergibt sich bei der Untersuchung, dass die Aktien der Unternehmen, die innerhalb dieses Zeitraums Derivate einsetzen, in jedem Jahr außer 1998 eine bessere Rendite (sog. Outperformance) erzielen als Firmen, die dies nicht tun.[711]

Darüber hinaus wird festgestellt, dass durch den Einsatz von Derivaten das Risiko einer negativen Abweichung vom Erwartungswert (downside risk) abgesichert wird.[712] Die Autoren kommen zu dem Schluss, dass die Reduktion des Exposures in Zeiten finanzieller und wirtschaftlicher Schwächephasen durch den Einsatz von Derivaten zu einem geringeren Beta führen kann, was wiederum einen niedrigeren Diskontierungszins und einen höheren Unternehmenswert zur Folge hat.[713]

Diese Ergebnisse sind jedoch aus mehreren Gründen kritisch zu betrachten. Zum einen ist anzumerken, dass die vorgenommene automatisierte Auswertung von qualitativen Angaben im Konzernanhang zu Fehlern bei der Erfassung führen kann. Dies hängt damit zusammen, dass der Aussagegehalt der verbalen Beschreibungen im Konzernanhang stark vom Kontext abhängt, was eine automatisierte Kategorisierung erschwert. So ist zum einen denkbar, dass Bezüge innerhalb des Textes nicht korrekt erfasst werden können. Beispielsweise kann sich eine Aussage zur Absicherung mit Derivaten auf das Vorjahr beziehen, was teilweise nur durch die Lektüre des Textabschnitts offenkundig wird. Zum anderen ist es möglich, dass Geschäftsberichte scheinbar widersprüchliche Aussagen zum Einsatz von Derivaten enthalten. Dies ist zum Beispiel der Fall, wenn ein Unternehmen einerseits im allgemeinen Teil des

708 Vgl. Bartram, S. M. et al. (2011), S. 988 f., 997.
709 Vgl. Bartram, S. M. et al. (2011), S. 971.
710 Vgl. Bartram, S. M. et al. (2011), S. 971 f.
711 Vgl. Bartram, S. M. et al. (2011), S. 994.
712 Vgl. Bartram, S. M. et al. (2011), S. 996 f.
713 Vgl. Bartram, S. M. et al. (2011), S. 997.

Konzernanhangs, z. B. bei der Darstellung der wesentlichen Bilanzierungs- und Bewertungsmethoden, darlegt, grundsätzlich Derivate zur Risikoabsicherung zu nutzen. Andererseits wird jedoch im gesonderten Abschnitt zum Risikomanagement angegeben, dass im aktuellen Geschäftsjahr keine Derivate eingesetzt werden. Solche Widersprüche lassen sich nur durch die Lektüre des Geschäftsberichts und die Würdigung des jeweiligen Kontexts auflösen.

Hinzu kommt die Problematik, dass Jahresabschlüsse aus unterschiedlichen Ländern mit verschiedenen Rechnungslegungsregeln und Enforcement-Systemen ausgewertet werden.[714] Somit ist die Vergleichbarkeit der ausgewerteten Jahresabschlüsse eingeschränkt, da die Angaben zum Einsatz von Derivaten zum Zeitpunkt der Untersuchung (1998-2003) teilweise nicht verpflichtend waren bzw. ein unterschiedliches Ausmaß von Angaben gefordert wurde.[715] Vor diesem Hintergrund stellt sich die Frage, ob im Rahmen dieser internationalen Untersuchung eine standardisierte und automatisierte Auswertung sinnvoll und möglich ist.

Hinsichtlich der von Bartram et al. gewählten Methodik des Propensity Score Matching ist zu beachten, dass diese Methodik nicht ohne Weiteres auf aktuellere Datensätze im Bereich Corporate Hedging übertragbar ist, weil der Einsatz von Derivaten seit dem Untersuchungszeitraum deutlich zugenommen hat.[716] Während bei Bartram et al. 60,5 % der Unternehmen Derivate einsetzen, geben z. B. bei der 2013 von Bock/Chwolka durchgeführten Befragung 82 % der deutschen Unternehmen an, Derivate im Rahmen des Risikomanagements einzusetzen.[717] Dies bedeutet in Bezug auf das Propensity-Score-Matching-Verfahren, dass die Vergleichsbasis – die Nicht-Nutzer von Derivaten – zur Ermittlung des Behandlungseffekts stark zurückgegangen ist.[718] Dies kann bei der Anwendung des Propensity Score Matching dazu führen, dass vereinzelte Beobachtungen übermäßig häufig als Vergleichsobjekt herange-

[714] Vgl. Bartram, S. M. et al. (2011), S. 974 f.

[715] Vgl. Bartram, S. M. et al. (2011), S. 974 f.

[716] Vgl. Bartram, S. M. et al. (2011), S. 981-983.Vgl. allgemein zur Entwicklung des OTC-Derivatehandels u. a. Droll, T./Ockler, M. (2013), S. 174; Nguyen, T. (2007), S. 300; Trepte, F./Byentsa, M. (2010), S. 260.

[717] Vgl. Bartram, S. M. et al. (2011), S. 976; Bock, J. M./Chwolka, A. (2013), S. 496. In Bezug auf den deutschsprachigen Raum vgl. auch Klöcker, A. (2011), S. 194; Meckl, R. et al. (2010), S. 220; Stenzel, A. et al. (2015), S. 55 f. Die Befragung von 334 Unternehmen weltweit durch Servaes et al. (2009) bestätigt dies im internationalen Kontext. Vgl. Servaes, H. et al. (2009), S. 60, 70.

[718] Vgl. diesbezüglich auch Panaretou, A. (2014), S. 1177, 1180; Zhao, Z. (2004), S. 98-100.

zogen werden.[719] Auf diese Weise hängt das Ergebnis stark von einer kleinen Vergleichsgruppe ab und kann somit verzerrt sein.[720]

Darüber hinaus muss zur Anwendung des Propensity-Score-Matching-Verfahrens die Annahme getroffen werden, dass die Unternehmen ihr Hedging-Verhalten zu Beginn des Untersuchungszeitraums (1998-2003) festlegen und anschließend nicht mehr anpassen.[721] Um diese Annahme zu validieren, wird eine Stichprobe von jeweils 50 Nutzern und Nicht-Nutzern hinsichtlich einer Änderung der Absicherung untersucht.[722] Hierbei stellt man fest, dass 84 % der Nicht-Nutzer und 82 % der Nutzer 1998 und 2003 dieselbe Strategie durchführen wie 2000 und 2001.[723] Dies zeigt, dass das Absicherungsverhalten im Zeitablauf variiert und daher die Anwendung des Propensity-Score-Matching-Verfahrens nicht angemessen ist und zu einem bias führen kann. Vor diesem Hintergrund kommt im Folgenden eine Anwendung des Propensity-Score-Matching-Verfahrens nicht in Betracht.

4.2.5 Ergebnisdiskussion

Nach der in Kapitel 4.1 erfolgten Vorstellung der positiven Theorien des Corporate Hedging wurden im vorliegenden Kapitel die direkten empirischen Untersuchungen des Einflusses des Hedging auf den Unternehmenswert präsentiert. Es ist festzustellen, dass ausgehend von der Untersuchung von Allayannis/Weston für die USA für andere Länder, Branchen und Zeiträume noch mehr Studien dieser Art durchgeführt wurden.[724] Diese sind in den Tabellen 1 und 2 zusammenfassend dargestellt. Bei der Betrachtung der Erkenntnisse dieser Untersuchungen ist zu konstatieren, dass sich die Ergebnisse je nach betrachtetem Land, Zeitraum, abgesicherter Risikoart sowie Charakteristika der untersuchten Unternehmen, wie z. B. Corporate Governance, unterscheiden. Festzuhalten ist weiterhin, dass unabhängig von der jeweiligen Konstellation, die überwiegende Zahl der Untersuchungen eine Hedge-Prämie für die derivative Währungsabsicherung aufweist.

---

719 Vgl. Zhao, Z. (2004), S. 98 f.
720 Vgl. diesbezüglich auch Panaretou, A. (2014), S. 1177, 1180; Zhao, Z. (2004), S. 98-100.
721 Vgl. Bartram, S. M. et al. (2011), S. 994.
722 Vgl. Bartram, S. M. et al. (2011), S. 994.
723 Vgl. Bartram, S. M. et al. (2011), S. 994.
724 Vgl. Allayannis, G./Weston, J. P. (2001), S. 243-276.

Die Ergebnisse hinsichtlich der derivativen Zinsabsicherung sind dagegen differenzierter. Zum einen gibt es hierzu deutlich weniger Untersuchungen. Zum anderen ist hinsichtlich der Ergebnisse keine klare Tendenz zu erkennen. Die aktuellen Untersuchungen von Ahmed et al. und Nelson/Beierlein stellen sogar einen negativen Werteffekt für den Zeitraum fest.[725]

In Bezug auf die verschiedenen bisher untersuchten Ländermärkte ist festzustellen, dass für den deutschen Aktienmarkt bislang noch keine eigenständige empirische Untersuchung vorliegt. Die Mehrheit, und zwar 56,0 % der Untersuchungen, bezieht sich auf die USA (N = 9) und UK (N = 5). Nach La Porta et al. ist der Investorenschutz einschließlich seiner Durchsetzung stark im Rechtssystem dieser Länder verankert.[726] Darauf aufbauend wird in der Untersuchung von Allayannis et al. nur den Ländern, deren Rechtssystem auf dem englischen Common Law basiert, eine stark ausgeprägte externe Corporate Governance zugeschrieben.[727] Wie bereits erwähnt, zeigt die Untersuchung von Allayannis et al., dass die externe Corporate Governance ein wichtiger Einflussfaktor der Wertprämie der derivativen Währungsabsicherung darstellt.[728] Vor dem Hintergrund einer nach diesem Verständnis im Verhältnis schwächer ausgeprägten externen Corporate Governance in Deutschlandstellt sich die Frage,[729] ob dies abweichende Werteffekte zur Folge hat.

Hinsichtlich der Untersuchungszeiträume der vorgestellten Studien ist festzustellen, dass verhältnismäßig wenig Untersuchungen den Zeitraum nach 2005 (N = 7,3 %) abdecken. Dies hat zur Folge, dass die Untersuchungen nur bedingt vergleichbar sind, da sich seit 2005 durch die Einführung der IFRS zum einen die Transparenz hinsichtlich des Absicherungsverhaltens verbessert hat.[730] Daher sind differenziertere Untersuchungen als bisher möglich. Zum anderen hat der Einsatz von Derivaten zur Absicherung zugenommen. Im Folgenden wird sich daher auf den Zeitraum von 2005 bis 2013 bezogen, um diese Entwicklungen zu berücksichtigen. Darüber hinaus ermöglicht die Wahl dieses Zeitraums die Untersuchung des Werteffekts von

725 Vgl. Ahmed, H. et al. (2014), S. 13 f.; Nelson, J. M./Beierlein, J. J. (2014), S. 347.
726 Vgl. La Porta, R. et al. (1998), S. 1151 f.
727 Vgl. Allayannis, G. et al. (2012), S. 68.
728 Vgl. Allayannis, G. et al. (2012), S. 75.
729 Vgl. Allayannis, G. et al. (2012), S. 68; La Porta, R. et al. (1998), S. 1151 f.
730 Vgl. Vila Nova, M. et al. (2015), S. 16.

Hedging während der Finanzkrise. Die Untersuchung dieser Zeitspanne ist von besonderem Interesse, da unklar ist, wie sich die volatilen Entwicklungen an den Zins- und Devisenmärkten im Zuge der Finanz- und Wirtschaftskrise auf die Wertrelevanz der Absicherungsaktivitäten auswirkt.

Darüber hinaus geht aus dem Literaturüberblick hervor, dass die Ergebnisse hinsichtlich der Wertrelevanz von Hedging von zusätzlichen Faktoren, wie z. B. Corporate Governance,[731] Covenants,[732] Größe der Unternehmen[733] sowie der Art der eingesetzten Derivate[734] abhängen. Wie relevant in diesem Kontext die Kapitalstruktur und die Regelungen zum Hedge Accounting sind, wurde bislang noch nicht untersucht. Da es jedoch, wie in Kapitel 3.6 und 4.1 dargelegt, Hinweise für eine Relevanz dieser Faktoren gibt, werden diese im Folgenden separat berücksichtigt.

Bezüglich der verwendeten Methodik ist festzustellen, dass nahezu alle Untersuchungen, entweder im Basismodell oder als Robustheitstest, mit linearen Paneldatenmethoden durchgeführt werden (vgl. Tabelle 1, 2). Bei Untersuchungen aus der jüngeren Vergangenheit kommen allerdings auch komplexere Methoden wie GMM und IV zum Einsatz, um für mögliche Endogenitätsprobleme zu kontrollieren.[735]

Die Methodik betreffend ist außerdem festzuhalten, dass der Art und Weise der Messung der Hedging-Aktivität eine wichtige Bedeutung zukommt. Während diese bei vielen Untersuchungen mithilfe einer Dummy-Variablen abgebildet wird, zeigen aktuellere Untersuchungen, wie z. B. Vivel Búa et al.,[736] dass diese Vorgehensweise unpräzise und daher nicht vorteilhaft ist. Diesen beiden methodischen Sachverhalten wird im Folgenden Rechnung getragen.

---

731 Vgl. Allayannis, G. et al. (2012), S. 71-75; Fauver, L./Naranjo, A. (2010), S. 733.

732 Vgl. Marami, A./Dubois, M. (2013), S. 4 f., 14-16.

733 Vgl. Clark, E./Mefteh, S. (2010), S. 191.

734 Vgl. Ahmed, H. et al. (2014), S. 5, 13 f.; Nguyen, H./Faff, R. (2010), S. 683; Vila Nova, M. et al. (2015), S. 36 f., 40-42, 44.

735 Vgl. z. B. Magee, S. (2013), S. 71; Vivel Búa, M. et al. (2013), S. 927 f. Wie die Tabellen 1 und 2 zeigen kommen neben den genannten ökonometrischen Methoden mit der Probit- und Logit-Regression sowie dem Treatment-Effects-Modell (TEM) noch weitere zum Einsatz. Deren Anwendung resultiert aus den spezifischen Anforderungen der jeweiligen Untersuchung, welche sich zum Teil von denen der vorliegenden Arbeit unterscheiden. Im Folgenden werden daher nur die Methoden behandelt, die auch für die konkrete Fragestellung dieser Untersuchung relevant sind.

736 Vgl. Vivel Búa, M. et al. (2013), S. 931, 941.

Autor (Jahr)	**Datenbasis: Untersuchungs-zeitraum/N/ Region**	**Untersuchte Art der Derivate (FX, IR, alle)**	**Proxy-Variable Absicherungs -verhalten**	**Methodik**	**Werteffekt („+": positiv; „-": negativ, „0": kein Effekt) (FX/IR/alle)**
Allayannis /Weston (2001)	1990-1995/ N = 4.320/ USA	FX	Hedge-Dummy	LPM	+
Allayannis et al. (2012)	1990-1999/ N = 1.546/ global	FX	Hedge-Dummy	LPM, IV, TEM	+
Clark/ Judge (2009)	1995/ N = 412/ UK	FX	Hedge-Dummy	LPM	+
Clark/ Mefteh (2010)	2004/ N = 176/ Frankreich	FX	Hedge-Intensität	LPM	+
Magee (2013)	1996-2000/ N = 1.893/ USA	FX	Hedge-Intensität	GMM	0
Parajuli et al. (2013)	2008-2012/ N = 150/ USA	FX	Hedge-Dummy	LPM	0
Belghitar et al. (2013)	2002-2005/ N = 844/ Frankreich	FX	Hedge-Intensität	LPM	0
Vivel Búa et al. (2015)	2004-2007/ N = 400/ Spanien	FX	Hedge-Intensität	LPM GMM	+
Belghitar et al. (2008)	1995/ N = 412/ UK	FX/IR	Hedge-Dummy	LPM	+/+
Ben Khediri (2010)	2000-2002/ N = 750/ Frankreich	FX/IR	Hedge-Dummy/ Hedge-Intensität	LPM	-/-
Nguyen/ Faff (2010)	1999-2000/ N = 428/ Australien	FX/IR	Hedge-Dummy	LPM	-/-
Nelson/ Beierlein (2014)	1995-1999/ N = 9.635/ USA	FX/IR	Hedge-Dummy	LPM	+/-
Ahmed et al. (2014)	2005-2012/ N = 2.304/ UK	FX/IR	Hedge-Dummy	LPM, IV	+/-

Tabelle 1: Übersicht zum aktuellen Forschungsstand (I) (Quellen: Ahmed, H. et al. (2014), S. 6, 11-15, 17, 28 f.; Allayannis, G./Weston, J. P. (2001), S. 244 f., 260-264; 248, 273 f.; Allayannis, G. et al. (2012), S. 65-67, 71-75; Belghitar, Y. et al. (2008), S. 47, 50 f., 57; Belghitar, Y. et al. (2013), S. 285, 290-292; Ben Khediri, K. (2010), S. 64, 66, 68, 72; Clark, E./Judge, A. (2009), S. 610 f., 631-635; Clark, E./Mefteh, S. (2010), S. 184, 186, 189-193; Magee, S. (2013), S. 64-66, 69-75; Nelson, J. M./Beierlein, J. J. (2014), S. 344-348, 352; Nguyen, H./Faff, R. (2010), S. 681-683; Parajuli, B. et al. (2013), S. 6-8, 12-15; Vivel Búa, M. et al. (2013), S. 913, 919, 927 f., 932-942)

Autor (Jahr)	**Datenbasis: Untersuchungs-zeitraum/N/ Region**	**Untersuchte Art der Derivate (FX, IR, alle)**	**Proxy-Variable Absicherungs-verhalten**	**Methodik**	**Werteffekt („+“: positiv; „-“: negativ, 0: kein Effekt) (FX/IR/alle)**
Vila Nova et al. (2015)	2005-2013/ N = 1.170/ UK	FX/IR	Hedge-Intensität	LPM, IV	+/+
Kapit-sinas (2008)	2004-2006/ N = 243/ Griechenland	FX/IR/alle	Hedge-Dummy	LPM	+/+/+
Choi et al. (2013)	2001-2006/ N = 443/ USA	FX/IR/alle	Hedge-Dummy	LPM, IV	+/0/+
Pana-retou (2014)	2003-2010/ N = 1.372/ UK	FX/IR/alle	Hedge-Dummy/ Hedge-Intensität	LPM, PSM	+/+/+
Ferreira Carneiro/ Sherris (2008)	1998-2003/ N = 1.102/ Australien	IR	Hedge-Intensität/ Hedge-Ratio	Probit	+
Marami/ Dubois (2013)	1998-2005/ N = 3.889/ USA	IR	Hedge-Intensität	LPM, IV, PSM	+
Guay/ Kothari (2003)	1995/ N = 234/ USA	alle	Dummy-Variable	OLS	0
Lin et al. (2010)	1992-1996/ N = 5.225/ USA	alle	Hedge-Dummy	LPM, IV, TEM	+
Ben Khediri/ Folus (2010)	2001/ N = 320/ Frankreich	alle	Hedge-Dummy	LPM	0
Nieber-gall (2008)	2003-2005/ N = 5.346/ global	alle	Hedge-Ratio	OLS	0
Fauver/ Naranjo (2010)	1991-2000/ N = 1.746/ USA	alle	Hedge-Dummy	Logit, TEM	-
Bartram et al. (2011)	1998-2003/ N = 6.888/ global	alle	Dummy-Variable	PSM	+

Tabelle 2: Übersicht zum aktuellen Forschungsstand (II) (Quellen: Bartram, S. M. et al. (2011), S. 971 f., 975, 982, 986-992, 997; Ben Khediri, K./Folus, D. (2010), S. 996-998; Choi, J. J. et al. (2013), S. 244-246, 250-253, 256-262, 264; Fauver, L./Naranjo, A. (2010), S. 721, 727-733; Ferreira Carneiro, L. A./Sherris, M. (2008), S. 99, 102-104; Guay, W./Kothari, S. P. (2003), S. 424-427, 430,438-452; Kapitsinas, S. (2008), S. 8 f., 15 f., 22; Lin, B. J., et al. (2010), S. 805 f., 808 f., 816 f., 820; Marami, A./Dubois, M. (2013), S. 9-23, 29 f.; Niebergall, J. (2008), S. 56-58, 74 f., 83-96, 145-147; Panaretou, A. (2014), S. 1163, 1167, 1170-1172, 1177,1181, 1182 f.; Vila Nova, M. et al. (2015), S. 14 f., 17 f., 33-44)

4.3 Ableitung der Hypothesen

Nachdem in den vorangegangenen Kapiteln der aktuelle Forschungsstand dargestellt und erläutert wurde, sollen vor diesem Hintergrund die Hypothesen für die empirische Untersuchung abgeleitet werden. Zunächst wird der Werteffekt von Corporate Financial Hedging allgemein für den Gesamtzeitraum, also von 2005 bis 2013 betrachtet. Im Anschluss werden Besonderheiten im Rahmen der Finanzkrise thematisiert, um abschließend die Abhängigkeit des Werteffekts von der Kapitalstruktur und von Hedge Accounting zu diskutieren.

4.3.1 Werteffekt von Corporate Financial Hedging

Wie in der Einleitung dargestellt, besteht das wesentliche Ziel der Arbeit darin, die Auswirkungen der Absicherung von Zins- und Währungsrisiken mit derivativen Finanzinstrumenten auf den Unternehmenswert zu untersuchen. Einen Ansatzpunkt für die Beantwortung dieser Frage bieten die in Kapitel 4.1 dargestellten positiven Theorien des Corporate Hedging. Demnach kann Corporate Financial Hedging durch die Reduktion von Transaktionskosten, Steuern, Agency-Kosten sowie Kosten der externen Finanzierung zur Wertgenerierung beitragen.[737] Daher ist zu erwarten, dass sich die derivative Absicherung von Zins- und Währungsrisiken als Teilbereich des Corporate Financial Hedging bei Vorliegen imperfekter Kapitalmärkte positiv auf den Unternehmenswert von deutschen börsennotierten Nicht-Finanzdienstleistungsunternehmen auswirkt.[738] Um dies zu überprüfen, werden die Hypothesen H_1 und H_2 wie folgt formuliert:

H_1: Die Absicherung von Währungsrisiken mit derivativen Finanzinstrumenten wirkt sich im deutschen Aktienmarkt positiv auf den Unternehmenswert aus.

H_2: Die Absicherung von Zinsrisiken mit derivativen Finanzinstrumenten wirkt sich im deutschen Aktienmarkt positiv auf den Unternehmenswert aus.

737 Vgl. Aretz, K./Bartram, S. M. (2010), S. 365; Monda, B. et al. (2013), S. 4 f.
738 Vgl. u. a. Ahmed, H. et al. (2014), S. 2; Vila Nova, M. et al. (2015), S. 7 f.

4.3.2 Werteffekt von Corporate Financial Hedging in Krisenzeiten

Angesichts der in Kapitel 2.2 dargestellten volatilen Entwicklungen an den Zins- und Devisenmärkten im Zuge der Finanz- und Wirtschaftskrise stellt sich die Frage, welche Auswirkungen diese auf die Bewertung der Absicherungsaktivitäten am Kapitalmarkt haben.

Wie in Kapitel 4.1.2.4 gezeigt, verfolgen Unternehmen mit Corporate Hedging insbesondere das Ziel, die Eintrittswahrscheinlichkeit einer Insolvenz zu reduzieren. Der Anreiz dürfte infolge der hohen Unsicherheit im Rahmen der Finanz- und Wirtschaftskrise höher gewesen sein. Demnach ist zu erwarten, dass Unternehmen, die ihre Zins- und Währungsrisiken in diesem Zeitraum abgesichert haben, resultierend aus den geringeren erwarteten Insolvenzkosten einen positiven Werteffekt aufweisen.[739]

Darüber hinaus weisen Berrospide et al. darauf hin, dass sich die Finanzierung von Investitionsprojekten für Unternehmen in Zeiten einer schweren makroökonomischen Krise als besonders schwierig darstellen kann.[740] Zum einen können die intern zur Verfügung stehenden liquiden Mittel infolge von Zahlungsverzögerungen bzw. -ausfällen von Kunden geringer sein als unter regulären Umständen.[741] Zum anderen ist denkbar, dass die Finanzierung durch Banken strikteren Auflagen unterliegt, wenn der Bankensektor Probleme aufweist.[742] Wie in Kapitel 2.2 dargestellt, gab es im Rahmen der Finanz- und Wirtschaftskrise derartige Schwierigkeiten im Finanzsektor. Vor diesem Hintergrund kann Hedging dazu dienen, die Volatilität der Cashflows zu reduzieren und auf diese Weise im Sinne des Modells von Froot et al. die Finanzierung von Investitionsprojekten sicherzustellen.[743] Dies wirkt sich wiederum positiv auf den Unternehmenswert aus.

---

739 Vgl. Bartram S. M. et al. (2011), S. 993 f.; Panaretou, A. (2014), S. 1175.
740 Vgl. Berrospide, J. M. et al. (2008), S. 17.
741 Vgl. Berrospide, J. M. et al. (2008), S. 17.
742 Vgl. Berrospide, J. M. et al. (2008), S. 17.
743 Vgl. Berrospide, J. M. et al. (2008), S. 17.

Diese Erwartungen spiegeln sich in Hypothese H_3 und H_4 wider:

H_3: Im Zeitraum der Finanz- und Wirtschaftskrise führt die Währungsabsicherung mit Derivaten zu einer Wertprämie.

H_4: Im Zeitraum der Finanz- und Wirtschaftskrise führt die Zinsabsicherung mit Derivaten zu einer Wertprämie.

4.3.3 Abhängigkeit des Werteffekts von der Kapitalstruktur

Die Ausführungen zu den positiven Theorien des Corporate Hedging in Kapitel 4.1.2 lassen den Schluss zu, dass es positive Wechselwirkungen zwischen dem Niveau der Absicherung und der Verschuldung gibt. Zum einen wird argumentiert, dass ein höherer Verschuldungsgrad zu einer erhöhten Ausfallwahrscheinlichkeit und somit zu höheren erwarteten Insolvenzkosten führen kann.[744] Zum anderen erhöhen hohe Insolvenzkosten wiederum den Anreiz zum Betreiben von Hedging, weil die Wahrscheinlichkeit einer finanziellen Notlage mithilfe von Absicherungsaktivitäten reduziert werden kann.[745]

Demgegenüber argumentieren Ross, Stulz und Leland, dass Corporate Hedging zu einer höheren Verschuldungskapazität und somit zu einem höheren möglichen Steuervorteil führt.[746] Auf diese Weise kann sich Corporate Hedging umgekehrt auch auf den Verschuldungsgrad auswirken.[747]

Vor diesem Hintergrund wird in der Literatur eine gemeinsame Optimierung der Entscheidung hinsichtlich der Kapitalstruktur und Absicherungsquote empfohlen und diskutiert.[748] Bezogen auf die Untersuchung der Auswirkungen von Hedging auf den Unternehmenswert resultiert hieraus die Erwartung, dass der Werteffekt von Hedging auch von der Höhe der Verschuldung abhängt. Hinsichtlich der Ausprägung

744 Vgl. Bartram, S. M. (2000), S. 304; Géczy, C. et al. (1997), S. 1328.

745 Vgl. Bartram, S. M. (2000), S. 304; Géczy, C. et al. (1997), S. 1328; Graham, J. R./Rogers, D. A. (2002), S. 820.

746 Vgl. Leland, H. E. (1998), S. 1234, 1237; Ross, M. P. (1996), S. 3; Stulz, R. M. (1996), S. 16.

747 Vgl. Graham, J. R./Rogers, D. A. (2002), S. 820.

748 Vgl. Gould, J./Szimayer, A. (2009), S. 2-38; Graham, J. R./Rogers, D. A. (2002), S. 820; Hahnenstein, L./Röder, K. (2006), S. 162, 165-167; Hahnenstein, L./Röder, K. (2007), S. 354-387; Stulz, R. M. (1996), S. 16.

des Effekts lässt sich keine Erwartung formulieren, da den Vorteilen aus Verschuldung – insbesondere Steuervorteile – und Absicherung auch Nachteile in Form von Transaktions- und Insolvenzkosten gegenüberstehen.

Die Hypothesen in diesem Zusammenhang lauten daher wie folgt:

H_5: Der Einfluss der derivativen Fremdwährungsabsicherung auf den Unterneh menswert ist von der Kapitalstruktur abhängig.

H_6: Der Einfluss der derivativen Zinsabsicherung auf den Unternehmenswert ist von der Kapitalstruktur abhängig.

4.3.4 Relevanz der Anwendung von Hedge Accounting

Wie in Kapitel 3.6 und 4.1.2.3 ausgeführt, steht die Frage nach den Auswirkungen der Hedging-Aktivitäten auf die Bewertung eines Unternehmens am Kapitalmarkt sowohl in Theorie als auch Empirie in engem Zusammenhang mit den Regelungen zum Hedge Accounting, da diese einen wichtigen Regulierungsrahmen zur bilanziellen Abbildung des Absicherungsverhaltens darstellen. Hedge Accounting hat daher eine hohe Bedeutung für die Kommunikation der Absicherungsaktivitäten an die Kapitalmarktteilnehmer.

Hedge Accounting kann in diesem Kontext – wie auch in Kapitel 4.1.2.3 dargelegt – sowohl positive als auch negative Folgen haben. Zum einen erhöht die Anwendung von Hedge Accounting die Transparenz bezüglich des Absicherungsverhaltens und kann dadurch die Informationsasymmetrien zwischen den Anteilseignern und dem Management reduzieren.[749] Vor diesem Hintergrund kann die Anwendung von Hedge Accounting ein positives Signal für den Kapitalmarkt darstellen.[750] Zum anderen zeigen insbesondere die theoretischen Modelle von DeMarzo/Duffie sowie Melumad et al., dass die Regelungen des Hedge Accounting Auswirkungen auf das Absicherungsverhalten haben können.[751] Die Frage, ob dies positiv oder negativ zu

749 Vgl. DeMarzo, P. M./Duffie, D. (1995), S. 744, 755-764; Panaretou, A. et al. (2013), S. 116, 118 f.

750 Vgl. Panaretou, A. et al. (2013), S. 117.

751 Vgl. Beisland, L. A./Frestad, D. (2013), S. 209; DeMarzo, P. M./Duffie, D. (1995), S. 746, 755-764; Melumad, N. D. et al. (1999), S. 266, 272-274; Panaretou, A. et al. (2013), S. 116 f.

werten ist, wird nicht eindeutig beantwortet. Während nach Melumad et al. Hedge Accounting für eine optimale Absicherungspolitik erforderlich ist, sichern Unternehmen ohne Hedge Accounting nach DeMarzo/Duffie in einem größeren Umfang ab als mit Hedge Accounting.[752]

Somit gibt es in der Literatur Hinweise auf eine Relevanz des Hedge Accounting bei der Untersuchung des Werteffekts von Corporate Hedging. Unklar ist allerdings, ob sich Hedge Accounting in diesem Zusammenhang positiv auswirkt. Aus diesem Grund soll im Folgenden erstmalig untersucht werden, inwiefern der Werteffekt des Hedging von der Anwendung des Hedge Accounting abhängt.[753] Diese Fragestellung schlägt sich folgendermaßen in den Hypothesen nieder:

H_7: Der Einfluss der derivativen Absicherung von Währungsrisiken auf den Unternehmenswert hängt von der der Anwendung von Hedge Accounting ab.

H_8: Der Einfluss der derivativen Absicherung von Zinsrisiken auf den Unterneh menswert hängt von der der Anwendung von Hedge Accounting ab.

[752] Vgl. DeMarzo, P. M./Duffie, D. (1995), S. 746, 755-764; Melumad, N. D. et al. (1999), S. 266, 277-280.

[753] Dieser Ansatz unterscheidet sich vom bereits in Kapitel 3.6 erwähnten Vorgehen von Kiy, welcher direkt den Zusammenhang zwischen Hedge Accounting und Unternehmenswert untersucht, ohne das Ausmaß der Absicherungsaktivitäten zu berücksichtigen. Vgl. zur empirischen Vorgehensweise Kiy, F. (2015), S. 11-16.

5 Empirische Analyse des Einflusses von Corporate Financial Hedging auf den Unternehmenswert

5.1 Datenbasis

5.1.1 Stichprobenauswahl und Datenquellen

Zur Überprüfung der vorgenannten Hypothesen am Beispiel der deutschen börsennotierten Nicht-Finanzdienstleistungsunternehmen als Grundgesamtheit werden als Stichprobe alle Unternehmen ausgewählt, die im Zeitraum von 31.12.2005 bis zum 31.12.2013 in DAX, MDAX, TecDAX oder SDAX gelistet waren.[754] Somit stehen die Unternehmen am deutschen Kapitalmarkt mit der höchsten Ausprägung in Bezug auf Marktkapitalisierung, Anzahl der Aktionäre sowie Aktienhandelsvolumen im Zentrum der Untersuchung.[755]

Darüber hinaus repräsentiert die ausgewählte Stichprobe einen hohen Anteil des in Deutschland gelisteten Börsenkapitals. In Bezug auf die Marktkapitalisierung zum 31.12.2013 werden ca. 91,3 % des gesamten deutschen Aktienmarktes durch die vier ausgewählten Indizes abgedeckt.[756] Daher ist das Risiko eines sample selection bias, unter dem die eingeschränkte Aussagekraft der Ergebnisse infolge einer nicht repräsentativen Abdeckung der Grundgesamtheit durch die Stichprobe zu verstehen ist, zu vernachlässigen.[757]

Ein weiterer Vorteil dieser Stichprobenauswahl ist, dass alle Unternehmen insbesondere in Bezug auf die Transparenz den hohen Ansprüchen des Prime Standard der

---

754 Diese Stichprobenauswahl findet sich in einer Vielzahl von Untersuchungen, welche sich mit deutschen börsennotierten Unternehmen beschäftigen. Vgl. u. a. Fessler, T. (2013), S. 61; Haller, A. et al. (2010), S. 682; Meyer, H. D. (2013), S. 220; Rogler, S. et al. (2012), S. 346. Diese Vorgehensweise bietet eine breitere Abdeckung des deutschen Kapitalmarkts, als der in manchen Untersuchungen gewählte HDAX, welcher die im DAX, MDAX und TecDAX gelisteten Unternehmen umfasst. Vgl. u. a. Bestmann, O. et al. (2016), S. 72. Für detaillierte Informationen zur Zusammensetzung der Indizes vgl. Deutsche Börse AG (Hrsg.) (2016), S. 16 f., 21-27.

755 Vgl. Breitkreuz, R. (2012), S. 214.

756 Der prozentuale Anteil von 91,3 % wurde mithilfe von Datastream ermittelt. Zur Ermittlung der Marktkapitalisierung aller in Deutschland gelisteten Unternehmen wurde die innerhalb von Datastream angebotene Research-Liste „FGERDOM" verwendet. Infolge des Umfangs der Liste ist eine Abbildung der Berechnung im Anhang nicht zielführend. Die Datei zur Ermittlung des Werts ist aber auf Nachfrage beim Autor erhältlich.

757 Vgl. Jaeger, S. (2012), S. 79 f.

Frankfurter Wertpapierbörse erfüllen müssen.[758] Dies lässt erwarten, dass die erforderlichen Daten leichter zugänglich sowie von höherer Qualität sind als bei den restlichen börsennotierten Unternehmen.[759]

Hinsichtlich des Untersuchungszeitraums ist zu beachten, dass für alle Unternehmen, unabhängig davon, ob sie im gesamten Zeitraum oder nur in einem Jahr in einem der vier Indizes notierten, alle neun Geschäftsjahre des Untersuchungszeitraums in die Stichprobe einbezogen werden.[760] Durch die weitere Berücksichtigung von Unternehmen, welche aus den Indizes ausgeschieden sind, soll verhindert werden, dass negative Entwicklungen, z. B. Insolvenz, zensiert werden und die empirischen Ergebnisse der ausgewählten Stichprobe ein zu positives Bild zeigen (sog. survivorship bias).[761]

Im Fall eines vom Kalenderjahr abweichenden Geschäftsjahres werden in ein Untersuchungsjahr alle Geschäftsberichte mit dem Stichtag innerhalb des Zeitraums vom 30. Juni bis zum 29. Juni des Folgejahres einbezogen. So gehören z. B. zum Untersuchungsjahr X1 alle Geschäftsjahre mit Stichtag innerhalb des Zeitraums vom 30. Juni X1 bis zum 29. Juni X2. Bei einer Umstellung des Geschäftsjahreszeitraums wird stets der Geschäftsbericht ausgewertet, dessen Geschäftsjahreszeitraum das zu untersuchende Jahr am besten abdeckt.[762]

Die erforderlichen bilanziellen Kennzahlen zur Berechnung der Variablen entstammen, soweit verfügbar, der Datenbank von Datastream inkl. dem Addon Worldscope.[763] Die für die Untersuchung relevanten Informationen zum Hedging-

758 Vgl. Meyer, H. D. (2013), S. 220.
759 Vgl. Meyer, H. D. (2013), S. 220.
760 Eine analoge Vorgehensweise findet sich unter anderem bei Faßhauer und Vorstius. Vgl. Faßhauer, J. (2010), S. 274 f.; Vorstius, S. (2004), S. 186-191.
761 Vgl. Brown, S. J. et al. (1992), S. 560; Nölte, U. (2008), S. 64.
762 So werden z. B. bei der Centrotherm Photovoltaics AG welche aufgrund der Eröffnung des Schutzschirmverfahrens am 12.07.2012 drei Rumpfgeschäftsjahre (01.01.2012-30.09.2012, 01.10.2012-31.05.2013, 01.06.-31.12.2013) in den Kalenderjahren 2012 und 2013 aufweist, die Geschäftsberichte der Rumpfgeschäftsjahre mit der größten Abdeckung des Kalenderjahres verwendet (2012:01.01.2012-30.09.2012; 2013: 01.06.-31.12.2013). Vgl. Centrotherm Photovoltaics AG (Hrsg.) (2013), S. 70; Centrotherm Photo-voltaics AG (Hrsg.) (2014), S. 70.
763 Bei der Auswahl der Datenbank ist wichtig, dass die dort enthaltenen Daten frei von Fehlern sind und damit keine verzerrten Untersuchungsergebnisse verursachen. Die Qualität der in Datastream eingepflegten deutschen Kapitalmarktdaten wird in der Untersuchung von Brückner analysiert. Vgl. Brückner, R. (2013), S. 1-30. Dieser stellt fest, dass die Datensätze für die Jahre vor 1990 zum Teil schwerwiegende Fehler enthalten und daher für Analysen nicht geeignet sind. Für den

Verhalten werden aufgrund ihrer mangelnden Verfügbarkeit in Datenbanken manuell aus den IFRS-Konzernabschlüssen der Unternehmen erfasst.[764] Die hierzu benötigten Geschäftsberichte werden grundsätzlich den Internetauftritten der Unternehmen entnommen. Da nicht alle Geschäftsberichte auf diesem Weg verfügbar sind, wird zusätzlich auf die Online-Datenbank der WAI GmbH (www.hv-info.de) zurückgegriffen.

Im Rahmen der empirischen Auswertung wird die Branchenklassifizierung von Thomson Reuters, die Thomson Reuters Business Classification (TRBC), zugrunde gelegt. Die Unternehmen werden in zehn Economic Sectors unterteilt.[765] Zum besseren Verständnis wird im Folgenden kurz auf die Abgrenzung dieser zehn Wirtschaftszweige eingegangen:

- Zum Bereich Cyclical Consumer Goods & Services zählen die Hersteller von zyklischen Konsumgütern, wie z. B. Automobile und Haushalts- und Gartenartikel.[766]
- Als Non Cyclical Consumer Goods & Services gelten dagegen insbesondere die Bereiche Nahrungsmittel und Getränke sowie Produkte und Dienstleistungen sowohl für den Haushalt als auch für den persönlichen Gebrauch.[767]
- Zum Sektor Basic Materials gehören Unternehmen, die sich vorwiegend auf Chemikalien und die Gewinnung verschiedener Rohstoffe, z. B. Holz, Stahl, Gold, Aluminium, spezialisiert haben.[768]

Zeitraum nach 1990 weisen die untersuchten Daten jedoch selten Fehler auf. Demnach kommt Brückner zum Schluss, dass die Datenqualität von Datastream für wissenschaftlichen Untersuchungen zum deutschen Kapitalmarkt, die den Zeitraum nach 1990 betreffen, ausreicht. Vgl. Brückner, R. (2013), S. 26. Vor diesem Hintergrund werden die für die vorliegende Untersuchung benötigten Daten für die Jahre 2005 bis 2013 von Datastream bezogen.

764 Hierzu werden die Geschäftsberichte manuell nach den folgenden Begriffen durchsucht und die entsprechenden Textstellen auf relevante Informationen zum Hedging gelesen:„Derivat“, „Nominal“, „Hedge“, „Hedge Accounting“, „Cashflow Hedge“, „Fair Value Hedge“, „Absicherung“, „Swap“, „Devisentermingeschäft“, „Option“, „Zinsrisiko“, „Währungsrisiko“, „hedge of net investment“, „Fremdwährung“, „Segmentbericht“ (zur Erfassung der Nicht-EU-Umsätze), „Nicht-Euro-Umsatz“, „Umsatz“, „Finanzinstrument“, „Exposure“, „variabel verzinslich“, „variabel“, „Zinsexposure“, „Währungsexposure“, „Zinssicherung“, „Währungssicherung“, „Sicherungsgeschäft“, „Sicherungsbeziehung“. Eine automatisierte Auswertung, wie bei Bartram et al. kommt angesichts der in Abschnitt 4.2.4 genannten Fehlerrisiken nicht zum Einsatz. Vgl. Bartram, S. M. et al. (2011), S. 975.

765 Im Folgenden werden die Economic Sectors aufgrund der stärkeren Geläufigkeit des Begriffs auch als Branchen bezeichnet.

766 Vgl. Thomson Reuters (Hrsg.) (2012), S. 2 f.

767 Vgl. Thomson Reuters (Hrsg.) (2012), S. 3.

768 Vgl. Thomson Reuters (Hrsg.) (2012), S. 1.

- Dem Economic Sector Industrials werden Unternehmen in den Bereichen Transport, Maschinen- und Anlagenbau, Rüstungsindustrie sowie Dienstleister im Bereich Industrie, z. B. Personaldienstleister oder Bauunternehmen und Industriekonglomerate zugeordnet.[769]
- Der Branche Energy werden alle Unternehmen zugerechnet, die auf Basis fossiler Brennstoffe, Uran oder auch erneuerbarer Ressourcen Energie erzeugen.[770]
- Der Zweig Healthcare schließt sowohl die Anbieter von Dienstleistungen und Produkten im Gesundheitswesen als auch die Unternehmen der Pharmazie und der medizinischen Forschung ein.[771]
- Die Branche Technology enthält sowohl Unternehmen, die Software und IT-Services offerieren, als auch solche, die Technologie-Equipment, wie z. B. elektronische Bauteile, Halbleiter oder Telefone, herstellen.[772]
- Der Sektor Telecommunications umfasst Unternehmen, welche sowohl kabellose als auch integrierte Telekommunikationssysteme anbieten.[773]
- Zur Branche Utilities gehören Stromerzeuger sowie Versorgungsunternehmen, die Strom, Gas oder Wasser vertreiben.[774]
- Der Sektor Financials enthält Banken, Versicherungen, Fonds- und Holdinggesellschaften sowie Immobilienunternehmen.[775] Im Rahmen dieser Untersuchung werden von diesem Sektor, wie bei vergleichbaren Studien, nur die Immobilienunternehmen in der Stichprobe berücksichtigt.[776] Der Ausschluss der restlichen Unternehmen des Sektors Financials aus der Stichprobe geschieht vor dem Hintergrund, dass diese Derivate regelmäßig nicht nur zur Absicherung verwenden, sondern auch als Intermediär in derivativen Transaktionen auftreten.[777] Demnach weisen sie unterschiedliche Motive und Verhaltensweisen in Bezug auf den Einsatz von Derivaten auf, sodass ihr Hedging-Verhalten nicht mit dem von

769 Vgl. Thomson Reuters (Hrsg.) (2012), S. 2.
770 Vgl. Thomson Reuters (Hrsg.) (2012), S. 1.
771 Vgl. Thomson Reuters (Hrsg.) (2012), S. 4.
772 Vgl. Thomson Reuters (Hrsg.) (2012), S. 5.
773 Vgl. Thomson Reuters (Hrsg.) (2012), S. 5.
774 Vgl. Thomson Reuters (Hrsg.) (2012), S. 5.
775 Vgl. Thomson Reuters (Hrsg.) (2012), S. 4.
776 Vgl. u. a. Ahmed, H. et al. (2014), S. 6; Allayannis, G./Weston, J. P. (2001), S. 248; Kapitsinas, S. (2008), S. 8; Magee, S. (2013), S. 64; Panaretou, A. (2014), S. 1163; Vivel Búa, M. et al. (2015), S. 922.
777 Vgl. Allayannis, G./Weston, J. P. (2001), S. 248; Kapitsinas, S. (2008), S. 8.

Nicht-Finanzunternehmen vergleichbar ist.[778] Da dies jedoch für Immobilienunternehmen nicht zutrifft, werden diese im Datensatz berücksichtigt.[779]

Hinsichtlich der Branchenaufteilung ist zu bedenken, dass eine vollkommen trennscharfe Einordnung eines Unternehmens in eine Branche häufig nicht möglich ist, da Unternehmen regelmäßig in mehreren Geschäftsfeldern operieren. Ein Beispiel ist die Bayer AG, welche nach TRBC zum Economic Sector Healthcare zählt. Angesichts ihrer Geschäftstätigkeit im chemischen Bereich wäre aber auch eine Zuordnung zum Bereich Basic Materials denkbar.[780]

Die auf diesem Datensatz basierende Analyse ist eingeschränkt, weil nur die vorhandenen Angaben ausgewertet werden können. Bei einem Fehlen von Angaben ist es nicht möglich, Schlussfolgerungen zu ziehen, da es mehrere Gründe dafür geben kann. Zum einen kann es sein, dass ein Vorfall aufgetreten ist, über den aus Wesentlichkeitsgesichtspunkten oder aus anderen Gründen nicht berichtet wird. Zum anderen ist es denkbar, dass der entsprechende Sachverhalt im Berichtszeitraum nicht angefallen ist. Im Rahmen der folgenden empirischen Auswertung wird von letzterem ausgegangen.

5.1.2 Vorgehensweise bei der Erstellung des Datensatzes

Nach der Vorstellung und Begründung der Stichprobenauswahl soll im Folgenden die konkrete Vorgehensweise zur Ermittlung des im Rahmen der empirischen Untersuchung verwendeten Paneldatensatzes dargestellt werden.[781] Zentral ist hierfür die in Tabelle 3 vorliegende Überleitungsrechnung.

Die genannten Auswahlkriterien betreffen 293 Unternehmen. Dies führt bei einem Untersuchungszeitraum von neun Jahren zu einer theoretisch maximalen Stichprobe von 2.637 Beobachtungen, wie aus Tabelle 3 hervorgeht. Bei dieser Anzahl sind al-

778 Vgl. Ahmed, H. et al. (2014), S. 6; Allayannis, G./Weston, J. P. (2001), S. 248; Kapitsinas, S. (2008), S. 8.

779 Demnach werden nur die Unternehmen berücksichtigt, die nach TRBC dem Business Sector „Real Estate“ (Code: 5540) zugeordnet werden.

780 Bezüglich der Aufteilung der Geschäftsbereiche vgl. Bayer AG (Hrsg.) (2014), S. 235.

781 Bei der ausgewählten Stichprobe handelt es sich um einen Paneldatensatz, da sowohl Zeitreihen als auch Querschnittsdaten berücksichtigt werden. Vgl. Kapitsinas, S. (2008), S. 8.

lerdings noch die erforderlichen Anpassungen des Samples reduzierend zu berücksichtigen.

Zunächst ist zu beachten, dass 45 Unternehmen bei der Berechnung der Ausgangsbasis doppelt erfasst wurden, da sie aufgrund der regelmäßigen Veränderungen der Indexzusammenstellung im Laufe der neun Jahre in mehreren Indizes gelistet waren. Die erforderliche Korrektur führt zu einer Reduktion der Stichprobe um 405 Beobachtungen.

Im zweiten Schritt werden sämtliche Finanzunternehmen mit Ausnahme von Immobilienunternehmen aus der Stichprobe entfernt. Aus diesem Grund verringert sich die Stichprobe um 270 Beobachtungen.

Ermittlung der Stichprobe	**Anzahl der Beobachtungen (N)**
Ausgangsbasis zum 31.12. (Betrachtung aller börsennotierten Unternehmen über den Zeitraum von 2005 bis 2013 mit mindestens einmaliger Notierung in DAX, MDAX, TecDAX oder SDAX)	**2.637**
abzgl. aufgrund von Indexwechseln mehrfach erfasste Unternehmen	-405
abzgl. Finanzunternehmen (Financials)	-270
abzgl. Unternehmen mit ausländischer ISIN	-171
Gesamtzahl der erwarteten Beobachtungen (Zielstichprobe)	**1.791**
abzgl. fehlender Daten aufgrund einer Unternehmensübernahme	-79
abzgl. fehlender Beobachtungen infolge einer Insolvenz	-53
abzgl. zum Beobachtungszeitpunkt nicht börsennotierte Unternehmen	-140
abzgl. Nicht-IFRS-Abschlüsse (HGB/US-GAAP)	-32
abzgl. nicht vorhandener Geschäftsberichte	-1
Ist-Stichprobe (Panel C)	**1.486**

Tabelle 3: Ermittlung der Datenbasis (eigene Darstellung)

Wie zu Beginn der Arbeit bereits erwähnt, hat die Konzentration auf den deutschen Kapitalmarkt den Vorteil, dass die institutionellen Gegebenheiten für alle Unternehmen gleich sind.[782] Somit werden Verzerrungen, die sich bei Untersuchungen, die mehrere Länder umfassen, ergeben, verhindert.[783] Allerdings ist zu berücksichtigen, dass auch ausländische Unternehmen in den ausgewählten Indizes enthalten sein

782 Vgl. Ernstberger, J. (2008), S. 14.
783 Vgl. Ernstberger, J. (2008), S. 14.

können.[784] Um mögliche Verzerrungen aufgrund unterschiedlicher Formen der Corporate Governance zu vermeiden, werden im Folgenden ausländische Unternehmen, die am deutschen Kapitalmarkt notieren, von der Untersuchung ausgeschlossen.[785] Dies führt zu einer Reduktion der Datenbasis um 171 Beobachtungen.

Nach diesen Anpassungen ergibt sich eine Zielstichprobe von 1.791 Beobachtungen, die jedoch nicht in vollem Umfang zur Verfügung stehen. Wie aus Tabelle 3 hervorgeht, fehlen insgesamt 305 Beobachtungen aufgrund von Insolvenzen (N = 53), Unternehmenszusammenschlüssen (N = 79), der noch nicht vorhandenen Börsennotierung zum Beobachtungszeitpunkt (N = 140) sowie der Anwendung von IFRS abweichender Rechnungslegungsvorschriften wie HGB und US-GAAP (N = 32). In einem Fall liegt der Geschäftsbericht nicht vor.[786]

Somit verbleibt eine Stichprobe von 197 Unternehmen und 1.486 Beobachtungen.[787] Hierbei handelt es sich um einen unbalancierten Paneldatensatz, da nicht für alle untersuchten Unternehmen Beobachtungen für den gesamten Untersuchungszeitraum vorliegen.[788] Eine Reduktion auf ein balanciertes Panel unterbleibt, um die Reduktion des Stichprobenumfangs sowie einen survivorship bias zu vermeiden.[789]

Tabelle 4 ist zu entnehmen, wie sich diese 1.486 Beobachtungen auf die Indizes und Jahre verteilen. Die hohe Anzahl an Beobachtungen im MDAX und SDAX im Vergleich zu DAX und TecDAX resultiert daraus, dass die erstgenannten Indizes 50 Titel enthalten, während es bei DAX und TecDAX nur jeweils 30 sind.[790] Darüber hinaus zeigt sich, dass die Anzahl der Beobachtungen in 2005 und 2006 im Ver-

---

[784] Ausländische Unternehmen können in den DAX, MDAX, SDAX sowie TecDAX aufgenommen werden, sofern sie zusätzlich zu den allgemeinen Kriterien entweder mindestens ihren operativen Sitz in Deutschland haben oder wenn sie ihren Sitz in einem Land der Europäischen Union (EU) oder der Europäischen Freihandelsassoziation (EFTA) haben und zeitgleich mehr als ein Drittel des Handelsvolumens ihrer Aktien im EU- bzw. EFTA-Raum an Xetra gehandelt werden. Vgl. Deutsche Börse AG (Hrsg.) (2016), S. 11 f., 21.

[785] Ein analoger Ausschluss der Unternehmen mit ausländischer International Securities Identification Number (ISIN) bei einer Untersuchung des deutschen Kapitalmarkts findet sich unter anderem bei Faßhauer, Fessler, Meyer und Schaller. Vgl. Faßhauer, J. (2010), S. 275; Fessler, M. (2013), S. 64; Meyer, H. D. (2013), S. 222; Schaller, P. D. (2011), S. 54 f.

[786] Bei dem fehlenden Geschäftsbericht handelt es sich um den der GPC Biotech AG für das Jahr 2008.

[787] Die Liste der einbezogenen Unternehmen kann dem Anhang I entnommen werden.

[788] Vgl. Greene, W. H. (2012), S. 388; Wooldridge, J. M. (2010), S. 284; Wooldridge, J. M. (2016), S. 440.

[789] Vgl. Baum, C. F. (2006), S. 47.

[790] Vgl. Deutsche Börse AG (Hrsg.) (2016), S. 14.

gleich zu den anderen Jahren am niedrigsten ist. Dies lässt sich zum einen durch die zur Einführung der IFRS geltenden Übergangsregelung nach Artikel 57 des Einführungsgesetz zum Handelsgesetz (EGHGB) erklären. Demnach war die Anwendung der IFRS erst für nach dem 31.12.2006 beginnende Geschäftsjahre verpflichtend, wenn entweder nur Schuldtitel des Unternehmens in einem regulierten Markt der EU oder des Europäischen Wirtschaftsraums gehandelt wurden oder das Unternehmen infolge einer Börsennotierung in einem Drittland andere international akzeptierte Rechnungslegungsregeln befolgte.[791] Zum anderen ist in diesem Zeitraum ein vergleichsweise hoher Ausschluss von TecDAX-Unternehmen mit ausländischer International Securities Identification Number, kurz ISIN, festzustellen.

Jahr / Index	**2005**	**2006**	**2007**	**2008**	**2009**	**2010**	**2011**	**2012**	**2013**	**Summe (Gesamtanteil)**
DAX	17	17	21	23	23	23	24	24	24	196 (13,2 %)
MDAX	36	38	40	42	43	45	45	45	44	378 (25,4 %)
SDAX	37	37	39	42	41	39	40	40	41	356 (24,0 %)
TECDAX	22	21	23	26	25	27	26	27	27	224 (15,1 %)
ohne Index	32	46	51	43	37	32	33	31	27	332 (22,3 %)
Summe	**144**	**159**	**174**	**176**	**169**	**166**	**168**	**167**	**163**	**1.486 (100 %)**

Tabelle 4: Übersicht zur Anzahl der Beobachtungen nach Index und Jahren (eigene Darstellung)

Tabelle 5, die zeigt, welche Branchen den Beobachtungen zugeordnet werden können, vermittelt demgegenüber einen sehr heterogenen Eindruck. Demnach sind 47,9 % der Beobachtungen den Branchen Industrial (28,9 %) und Cyclical Consumer Goods & Services (19,0 %) zuzurechnen, während die Sektoren Utilities (2,2 %) und Telecommunications Services (2,8 %) nur schwach vertreten sind. Um mögliche Verzerrungen durch Brancheneffekte zu vermeiden, wird im Folgenden eine Anpassung des Regressionsmodells vorgenommen.

[791] Der zweiten Fall betrifft z. B. die Siemens AG sowie die DaimlerCrysler AG, welche im Rahmen ihrer Börsennotierung in den USA nach US-GAAP bilanzierten. Vgl. DaimlerCrysler AG (Hrsg.) (2007), S. 114, 139; Siemens AG (Hrsg.) (2006), S. 166, 253.

Zur Untersuchung der Werteffekte werden im Folgenden vier Paneldatensätze unterschieden. In Panel A werden nur die Unternehmen berücksichtigt, welche ein Fremdwährungsrisiko aufweisen.[792] Auf diese Weise wird vermieden, dass bei Unternehmen ohne Fremdwährungsexposure das Fehlen von derivativer Absicherung fälschlicherweise als Entscheidung gegen Absicherung interpretiert wird, obwohl diese nicht erforderlich ist.[793] Als Indikator für das Fremdwährungsrisiko werden die Auslandsumsätze betrachtet.[794] Demzufolge werden alle Unternehmen, die keine Auslandsumsätze aufweisen, aus Panel A ausgeschlossen. Es ergibt sich ein Paneldatensatz mit 1.388 Beobachtungen.

Jahr / Branche	2005	2006	2007	2008	2009	2010	2011	2012	2013	Gesamtergebnis (Gesamtanteil)
Basic Materials	13	17	17	17	17	16	16	16	16	**145 (9,8 %)**
Cyclical consumer goods & services	27	30	32	33	31	32	34	33	31	**283 (19,0 %)**
Energy	7	7	8	8	7	7	5	4	3	**56 (3,8 %)**
Financials (Real Estate)	7	9	10	10	10	9	11	11	12	**89 (5,9 %)**
Healthcare	15	16	17	16	15	15	15	15	15	**139 (9,4 %)**
Industrials	42	46	51	51	48	47	48	48	48	**429 (28,9 %)**
Non Cyclical consumer goods & services	8	8	8	8	8	8	8	8	8	**72 (4,9 %)**
Technology	18	20	22	24	24	23	23	23	21	**198 (13,3 %)**
Telecommunications Services	5	3	5	5	5	5	4	5	5	**42 (2,8 %)**
Utilities	2	3	4	4	4	4	4	4	4	**33 (2,2 %)**
Gesamtergebnis	**144**	**159**	**174**	**176**	**169**	**166**	**168**	**167**	**163**	**1.486 (100 %)**

Tabelle 5: Übersicht zur Anzahl der Beobachtungen nach Branche und Jahren (eigene Darstellung)

[792] Vgl. u. a. Allayannis, G./Weston, J. P. (2001), S. 244, 260; Allayannis, G. et al. (2012), S. 71; Kapitsinas, S. (2008), S. 10; Magee, S. (2013), S. 64; Vivel Búa, M. et al. (2015), S. 922.

[793] Vgl. Magee, S. (2013), S. 64.

[794] Vgl. Allayannis, G./Weston, J. P. (2001), S. 260; Allayannis, G. et al. (2012), S. 71; Magee, S. (2013), S. 64. Die Auslandsumsatzerlöse werden mithilfe von Datastream (verwendeter Datatype: WC07101) ermittelt.

Vor dem gleichen Hintergrund werden in Panel B nur die Unternehmen mit Zinsrisiko betrachtet.[795] Daher werden alle Unternehmen ausgeschlossen, welche keine zinstragenden Verbindlichkeiten aufweisen,[796] sodass ein Datensatz von 1.435 Beobachtungen verbleibt.

Panel C enthält alle Unternehmen der Stichprobe und die genannten 1.486 Beobachtungen. In Panel D werden alle Unternehmen betrachtet, für welche für den Gesamtzeitraum Beobachtungen vorliegen. Diese Einschränkung des Datensatzes auf ein balanciertes Panel mit 1.080 Beobachtungen erfolgt zur Überprüfung der möglichen Auswirkungen der Panelstruktur auf die Ergebnisse im Rahmen des Robustheitstests.[797] Anhand des Panels C wird im Rahmen des Robustheitstests sowohl der Einfluss der Fremdwährungs- als auch der Zinsabsicherung analysiert. Im Zentrum der folgenden Untersuchungen stehen Panel A bzw. Panel B, da hiermit der Werteffekt der Währungs- bzw. Zinsabsicherung untersucht wird.

5.2 Ökonometrische Vorgehensweise

5.2.1 Lineare Paneldatenmodelle

Zur empirischen Analyse dieser Datenbasis kommen – wie bei vergleichbaren Untersuchungen – lineare Paneldatenmodelle als Schätzverfahren zum Einsatz.[798] Unterschieden wird zwischen der Pooled-Ordinary-Least-Squares-Regression sowie den Fixed-Effects- und Random-Effects-Modellen.[799]

Bei der Pooled-Ordinary-Least-Squares-Regression wird das Regressionsmodell, wie bei einer linearen Regression mit Querschnittsdaten nach der Methode der kleinsten

---

795 Vgl. Kapitsinas, S. (2008), S. 10; Marami, A./Dubois, M. (2013), S. 10.

796 Vgl. Gay, G. D./Nam, J. (1998), S. 57 f. Die Definition der zinstragenden Verbindlichkeiten entspricht der Definition von zinstragenden Verbindlichkeiten in Datastream. Demnach ergeben sich diese als die Summe aus den langfristigen Schulden (long term debt (WC03251)) sowie den kurzfristigen Schulden inklusive des kurzfristigen Anteils der langfristigen Schulden (short term debt and current position of long term debt (WC03051)).

797 Eine analoge Vorgehensweise findet sich bei Schachtner, M. (2009), S. 120, 128.

798 Vgl. Tabelle 1 und 2 in Kapitel 4.2.5.

799 Vgl. Greene, W. H. (2012), S. 383. Hierbei wird auf die englischen Bezeichnungen der Modelle zurückgegriffen, da diese in der Literatur gängiger sind als die deutschen Entsprechungen (gepoolte kleinste Quadrate Regression, Regressionsmodell mit fixen oder zufälligen Effekten).

Quadrate geschätzt.[800] Hierbei wird nicht differenziert, ob zu einem Objekt, z. B. Unternehmen, Beobachtungen für mehrere Zeitpunkte vorliegen.[801] Somit werden die zusätzlichen Informationen infolge der Paneldatenstruktur nicht genutzt.[802] Im Rahmen der Regressionsanalyse sind die Koeffizienten sowie die Konstante des Regressionsmodells unabhängig vom betrachteten Zeitraum und den betrachteten Objekten gleich.[803] Die Anwendung dieses Modells ist daher nur dann angemessen, wenn der Einfluss der unabhängigen Variablen für alle untersuchten Unternehmen und Zeiträume auch tatsächlich homogen ist.[804] Liegt dagegen – nicht beobachtbare – Heterogenität vor und kann dieser nicht durch zusätzliche Faktoren im Regressionsmodell Rechnung getragen werden, schlägt sich diese im Fehlerterm nieder und führt zur Verzerrung und Inkonsistenz des OLS-Schätzers und damit zu einer eingeschränkten Aussagekraft der Ergebnisse.[805]

Zur Berücksichtigung möglicher unbeobachteter individueller Effekte kommt sowohl das Fixed-Effects-Modell als auch das Random-Effects-Modell in Betracht.[806] Der wesentliche Unterschied zwischen beiden Modellen besteht in den unterschiedlichen Annahmen bezüglich des Zusammenhangs zwischen Störterm und den unabhängigen Variablen.[807] Wird von Endogenität ausgegangen, welche eine Korrelation zwischen Fehlerterm und den erklärenden Variablen impliziert, führt das Fixed-Effects-Modell zu effizienten Schätzern.[808] Hierzu wird die unbeobachtete individuelle Heterogenität durch eine Umgestaltung der Regressionsgleichung berücksichtigt.[809] Zu diesem Zweck wird bei objektspezifischer Heterogenität für jedes Objekt, z. B. Unternehmen, eine Konstante eingeführt, welche für den Einfluss über die Zeit konstante individuelle Effekte, also fixe Effekte kontrolliert.[810] Analog wird bei zeitraumspezifi-

800 Vgl. Schröder, A. (2009), S. 317.
801 Vgl. Lippe, P. v. d. (2011), S. 17.
802 Vgl. Lippe, P. v. d. (2011), S. 17.
803 Vgl. Schröder, A. (2009), S. 317.
804 Vgl. Schröder, A. (2009), S. 317.
805 Vgl. Clark, T. S./Linzer, D. A. (2015), S. 400; Greene, W. H. (2012), S. 386; Kapitsinas, S. (2008), S. 15; Lippe, P. v. d. (2011), S. 17; Schröder, A. (2009), S. 317
806 Vgl. Schröder, A. (2009), S. 317. Zur besseren Verständlichkeit erfolgt hier eine nicht-technische Darstellung dieser beiden Methoden. Eine detailliertere Darstellung findet sich bei Wooldridge. Vgl. Wooldridge, J. M. (2010), S. 291-315.
807 Vgl. Mundlak, Y. (1978), S. 69 f.
808 Vgl. Greene, W. H. (2012), S. 399; Schröder, A. (2009), S. 317 f.
809 Vgl. Schröder, A. (2009), S. 319.
810 Vgl. Schröder, A. (2009), S. 319.

scher Heterogenität für jeden Zeitraum, z. B. Jahr, eine Konstante eingeführt.[811] Ein gängiger Ansatz zur Abbildung der Konstanten im Regressionsmodell ist der Einsatz von Dummy-Variablen für die Unternehmen und die Zeitperioden.[812] Hierbei werden für Z Unternehmen bzw. Zeitperioden jeweils nur Z-1 Dummy-Variablen eingesetzt, um eine perfekte Multikollinearität zu vermeiden.[813] Dieser Ansatz wird infolge des Einsatzes von Dummy-Variablen auch Least-Squares-Dummy-Variable (LSDV)-Schätzung genannt.[814]

Die Anwendung des Fixed-Effects-Modells setzt allerdings eine Variation der Regressoren im Zeitablauf voraus.[815] Verändern sich die zugrunde liegenden Variablen im Laufe der Zeit dagegen nicht bzw. kaum, lässt sich deren Wirkung auf die abhängige Variable nicht oder nur unpräzise messen, da sich diese zum Teil in den fixen Effekten widerspiegelt und hierbei nicht differenziert werden kann.[816] Somit ist die statistische Aussagekraft der Ergebnisse eingeschränkt.[817] Um diesem Sachverhalt Rechnung zu tragen, stehen im Rahmen dieser Untersuchung die stetigen Variablen zur Abbildung des Hedging-Verhaltens im Vordergrund.[818]

Wenn dagegen davon ausgegangen wird, dass es sich bei den unbeobachtbaren individuellen Effekten wie beim Fixed-Effects-Modell nicht um eine konstante Größe handelt, sondern um zufällig variierende Effekte, dann kommt das Random-Effects-Modell zur Anwendung.[819] Die Schätzung der Regressionsgleichung erfolgt dann nicht durch die Methode der kleinste Quadrate, sondern mit der verallgemeinerten Methode der kleinsten Quadrate (generalized least squares GLS).[820] Der auf diese Weise ermittelte Random-Effects-Schätzer ist – anders als der Fixed-Effects-

[811] Vgl. Schröder, A. (2009), S. 319.
[812] Vgl. Lippe, P. v. d. (2011), S. 19 f.; Schröder, A. (2009), S. 319.
[813] Vgl. Lippe, P. v. d. (2011), S. 19 f.; Schröder, A. (2009), S. 319.
[814] Vgl. Greene, W. H. (2012), S. 400; Hsiao, C. (2014), S. 34; Lippe, P. v. d. (2011), S. 18 f. Ein alternatives Schätzverfahren stellt die sog. Within-Regression dar, bei welcher die Differenzbeträge zwischen dem beobachteten Wert und dem Mittelwert der einzelnen Unternehmen bzw. Zeiträume von Interesse sind. Für Details vgl. Lippe, P. v. d. (2011), S. 18 f.; Schröder, A. (2009), S. 319.
[815] Vgl. Li, K./Prabhala, N. R. (2007), S. 56.
[816] Vgl. Bell, A./Jones, K. (2015), S. 139; Li, K./Prabhala, N. R. (2007), S. 56; Schröder, A. (2009), S. 319.
[817] Vgl. Bell, A./Jones, K. (2015), S. 139; Li, K./Prabhala, N. R. (2007), S. 56; Schröder, A. (2009), S. 319.
[818] Vgl. Panaretou, A. (2014), S. 1177.
[819] Vgl. Lippe, P. v. d. (2011), S. 12, 18.
[820] Vgl. Lippe, P. v. d. (2011), S. 18, 20; Schröder, A. (2009), S. 318, 321.

Schätzer – effizient, wenn kein Zusammenhang zwischen den erklärenden Variablen und den Residuen vorliegt.[821] Besteht dagegen doch eine Korrelation zwischen diesen beiden Größen, resultieren hieraus wie bei der POLS-Regression nicht erwartungstreue Schätzer.[822]

5.2.2 Vorgehensweise zur Ermittlung des geeigneten Modells

Wie die vorausgegangenen Ausführungen zeigen, ist je nach Eigenschaften der Grundgesamtheit ein anderes Schätzmodell in Bezug auf die Effizienz der Schätzer angemessen.[823] Um herauszufinden, welches Modell für die Datenbasis dieser Untersuchung adäquat ist, wird gemäß Darstellung in Abbildung 8 vorgegangen.

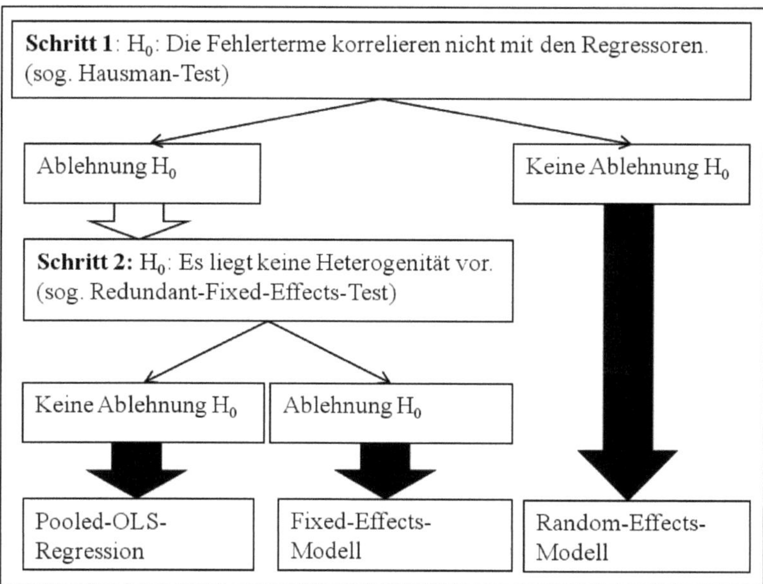

Abbildung 8: Verfahrensweise bei der Auswahl des Regressionsmodells (in Anlehnung an: Lippe, P. v. d. (2011), S. 13)

821 Vgl. Lippe, P. v. d. (2011), S. 18, 20; Schröder, A. (2009), S. 321.
822 Vgl. Schröder, A. (2009), S. 321.
823 Vgl. Lippe, P. v. d. (2011), S. 20.

Zunächst wird anhand des Hausman-Tests untersucht, ob die Störterme mit den erklärenden Variablen korrelieren.[824] Hierzu wird die Hypothese H_0, welche unterstellt, dass keine Korrelation zwischen den beiden Größen vorliegt, getestet.[825] Kann diese Nullhypothese nicht verworfen werden, ergeben sich bei Anwendung des Random-Effects-Modells effiziente Schätzer.[826] Wird die Nullhypothese verworfen, deutet dies auf eine Korrelation und somit Endogenität hin.[827] Die Anwendung des Random-Effects-Modells würde in diesem Fall zu verzerrten Schätzern führen.[828] Daher wird die Regression mit dem Fixed-Effects-Modell durchgeführt.[829]

In einem zweiten Schritt wird auf Basis der Ergebnisse der FE-Regression anhand des Redundant-Fixed-Effects-Tests überprüft, ob tatsächlich Heterogenität vorliegt.[830] Hierzu wird die Nullhypothese getestet, die besagt, dass alle unternehmensspezifischen Konstanten gleich sind.[831] Dies würde Homogenität implizieren.[832] Kann die Nullhypothese H_0 nicht verworfen werden, deutet dies auf Homogenität hin.[833] In diesem Fall liefert die POLS-Regression die effizientesten Ergebnisse.[834] Demgegenüber ist die Ablehnung von H_0 ein Hinweis für das Vorliegen von Heterogenität.[835] Somit ergeben sich bei Anwendung des FE-Modells die effizientesten Schätzer.[836]

5.2.3 Signifikanz und Güte der Regressionsergebnisse

Zur Interpretation sowie Einschätzung der Aussagekraft der aus den vorgestellten ökonometrischen Methoden resultierenden Regressionsergebnisse sind mehrere Faktoren relevant. Im Folgenden werden daher die Bestimmung der Signifikanz der unabhängigen Variablen, die relevanten Gütemaße sowie der Umgang mit Heteroskedastizität und Multikollinearität behandelt.

824 Vgl. Hausman, J. A. (1978), S. 1258; Lippe, P. v. d. (2011), S. 13.
825 Vgl. Kapitsinas, S. (2008), S. 16; Lippe, P. v. d. (2011), S. 13.
826 Vgl. Kapitsinas, S. (2008), S. 16.
827 Vgl. Kapitsinas, S. (2008), S. 16; Lippe, P. v. d. (2011), S. 13; Proppe, D. (2009), S. 257.
828 Vgl. Kapitsinas, S. (2008), S. 16.
829 Vgl. Kapitsinas, S. (2008), S. 16; Wooldridge, J. M. (2016), S. 444.
830 Vgl. Lippe, P. v. d. (2011), S. 13.
831 Vgl. Lippe, P. v. d. (2011), S. 13.
832 Vgl. Lippe, P. v. d. (2011), S. 13.
833 Vgl. Lippe, P. v. d. (2011), S. 13.
834 Vgl. Kapitsinas, S. (2008), S. 16; Lippe, P. v. d. (2011), S. 13, 20.
835 Vgl. Kapitsinas, S. (2008), S. 16; Lippe, P. v. d. (2011), S. 13, 20.
836 Vgl. Kapitsinas, S. (2008), S. 16; Lippe, P. v. d. (2011), S. 13, 20.

Zur Messung des Einflusses einer unabhängigen Variablen auf die abhängige Variable wird die Nullhypothese getestet, welche besagt, dass der Regressionskoeffizient gleich Null ist.[837] Dies impliziert, dass die zugehörige erklärende Variable ceteris paribus keinen Einfluss auf die abhängige Variable hat.[838] Der Hypothesentest erfolgt anhand eines t-Tests.[839] Hierzu wird die t-Statistik ermittelt, welche den Quotienten aus dem geschätzten Koeffizienten und dem zugehörigen Standardfehler repräsentiert.[840] Zur Testentscheidung wird im Rahmen dieser Arbeit der p-Wert herangezogen. Dieser gibt für die ermittelte t-Statistik das geringste Signifikanzniveau an, zu dem die Nullhypothese noch verworfen wird.[841] Die Nullhypothese wird abgelehnt, wenn der p-Wert niedriger als das festgelegte Signifikanzniveau der Untersuchung ist.[842] Im Rahmen vorliegender Arbeit sind die folgenden Signifikanzniveaus relevant: ein, fünf und zehn Prozent.[843] Wird die Nullhypothese verworfen, ist dies ein Hinweis für das Bestehen eines Zusammenhangs zwischen der abhängigen und der unabhängigen Variable.[844] Die Variablen werden daher je nach Signifikanzniveau als hochsignifikant (1 %), signifikant (5 %) oder schwach signifikant (10 %) bezeichnet.[845]

Die Messung der Modellgüte erfolgt im Folgenden anhand des adjustierten Bestimmtheitsmaßes R^2. Das Bestimmtheitsmaß R^2 gibt an, in welchem Ausmaß die Regressoren die Variabilität des Regressanden erklären.[846] Bei $R^2 = 1$ wird die Varianz der abhängigen Variablen vollständig erklärt, wohingegen das Modell bei $R^2 = 0$ keinen Erklärungsgehalt besitzt.[847] Das Bestimmtheitsmaß kann ceteris paribus mit steigender Anzahl der Regressoren nicht sinken.[848] Demnach könnte die Aufnahme von Regressoren ohne zusätzlichen Erklärungsgehalt zu einem besseren

[837] Vgl. Backhaus, K. et al. (2016), S. 91; Wooldridge, J. M. (2016), S. 108.
[838] Vgl. Backhaus, K. et al. (2016), S. 91.
[839] Vgl. Backhaus, K. et al. (2016), S. 92-95; Wooldridge, J. M. (2016), S. 108.
[840] Vgl. Backhaus, K. et al. (2016), S. 92; Wooldridge, J. M. (2016), S. 109.
[841] Vgl. Wooldridge, J. M. (2016), S. 118.
[842] Vgl. Backhaus, K. et al. (2016), S. 95; Wooldridge, J. M. (2016), S. 119 f.
[843] Hierbei handelt es sich um die bei den vergleichbaren Untersuchungen gängige Festlegung der Signifikanzniveaus. Vgl. z. B. Allayannis, G./Weston, J. P. (2001), S. 271; Allayannis, G. et al. (2012), S. 72; Kapitsinas, S. (2008), S. 37; Panaretou, A. (2014), S. 1174; Vila Nova, M. et al. (2015), S. 34.
[844] Vgl. Backhaus, K. et al. (2016), S. 93 f.
[845] Vgl. Wooldridge, J. M. (2016), S. 115.
[846] Vgl. Backhaus, K. et al. (2016), S. 84; Greene, W. H. (2012), S. 81.
[847] Vgl. Backhaus, K. et al. (2016), S. 84.
[848] Vgl. Backhaus, K. et al. (2016), S. 85; Greene, W. H. (2012), S. 82.

Bestimmtheitsmaß führen.[849] Um eine Einschränkung der Aussagekraft der Kennzahl zu verhindern, wird im Folgenden das adjustierte Bestimmtheitsmaß $R^2_{adj.}$ berechnet, welches die Zahl der unabhängigen Variablen korrigierend berücksichtigt.[850]

Neben der Güte der Regression wird auch untersucht, ob die Prämissen des Regressionsmodells erfüllt werden. Eine unverzerrte Schätzung ist nur möglich, wenn Homoskedastizität vorliegt, sodass die Varianzen der Residuen konstant sein müssen.[851] Eine mögliche Korrelation der Störterme auf Ebene einzelner Jahre und Unternehmen könnte zu Heteroskedastizität und somit verzerrten Schätzern führen.[852] Um dies zu vermeiden, werden auf Unternehmensebene geclusterte Standardfehler verwendet.[853] Für den Zeiteffekt wird durch die Einführung von T-1-Zeit-Dummys kontrolliert, wobei T die Anzahl der untersuchten Jahre darstellt.[854]

Im Rahmen der linearen Regression wird unterstellt, dass die erklärenden Variablen nicht linear abhängig sind.[855] Demnach sollte es nicht möglich sein, eine erklärende Variable durch Funktion der anderen unabhängigen Variable nachzubilden (sog. perfekte Multikollinearität).[856] In diesem Fall wäre ein Regressionsverfahren nicht möglich.[857] Jedoch kann schon eine hohe, aber nicht perfekte Multikollinearität zu nicht konsistenten Schätzern führen.[858] Vor diesem Hintergrund wird im Rahmen der deskriptiven Analyse eine Korrelationsanalyse durchgeführt, um erste Hinweise auf Multikollinearität zu erhalten. In diesem Kontext wird – wie bei Panaretou – ein Korrelationskoeffizient von 0,8 als Hinweis auf eine starke lineare Beziehung erachtet.[859] Hierbei werden allerdings nur bivariate Korrelationen betrachtet.[860] Für das Vorliegen von Multikollinearität spielt allerdings nicht nur die bivariate Korrelation eine Rolle, sondern der Zusammenhang zwischen mehreren Variablen.[861] In diesem Kon-

849 Vgl. Backhaus, K. et al. (2016), S. 85.
850 Vgl. Backhaus, K. et al. (2016), S. 85 f.; Greene, W. H. (2012), S. 83.
851 Vgl. Wang, G. C. S. (1996), S. 23.
852 Vgl. Petersen, M. A. (2009), S. 435.
853 Vgl. Panaretou, A. (2014), S. 1170-1174, 1176, 1178f.; Petersen, M. A. (2009), S. 457 f.
854 Vgl. Panaretou, A. (2014), S. 1170-1174, 1176, 1178f.; Petersen, M. A. (2009), S. 457 f.
855 Vgl. Wang, G. C. S. (1996), S. 23.
856 Vgl. Schneider, H. (2009), S. 221. Vgl. Backhaus, K. et al. (2016), S. 107.
857 Vgl. Schneider, H. (2009), S. 221. Vgl. Backhaus, K. et al. (2016), S. 107.
858 Vgl. u.a. Farrar, D./Glauber, R. (1967), S. 106; Ofir, C./Khuri, A. (1986), S. 184.
859 Vgl. Panaretou, A. (2014), S. 1169.
860 Vgl. Backhaus, K. et al. (2016), S. 108.
861 Vgl. Backhaus, K. et al. (2016), S. 108.

text haben sich die Varianzinflationsindikatoren (VIF) als Indikator des Grades an Multikollinearität etabliert, weshalb sie im Folgenden für alle durchgeführten Regressionen berechnet werden.[862] Der VIF gibt an, in welchem Ausmaß die Varianz des Regressionskoeffizienten durch das Vorliegen von Multikollinearität überhöht ist.[863] Im Fall von linearer Unabhängigkeit beträgt der VIF = 1.[864] Ist der VIF gleich 5, dann bedeutet dies, dass die Varianz des i-ten Korrelationskoeffizienten fünfmal höher ist als bei linearer Unabhängigkeit des i-ten Regressors von den anderen erklärenden Variablen.[865] In der Literatur wird häufig ein VIF > 10 als Zeichen für eine zu hohe Multikollinearität gedeutet.[866]

5.2.4 Robustheitstest und Umgang mit Endogenität

Im Anschluss an die Durchführung der Basisregressionen wird überprüft, inwiefern sich die festgestellten Ergebnisse auch bei Veränderungen der Untersuchungsstruktur einstellen. Hierbei wird die Robustheit der Ergebnisse gegenüber Veränderungen der Panelstruktur, der Spezifikation der Regressionsgleichung und der ökonometrischen Methodik untersucht. Zu diesem Zweck werden Änderungen bei jeweils einem dieser drei Aspekte vorgenommen und die Untersuchung im Anschluss unter ansonsten gleich bleibenden Bedingungen erneut durchgeführt.

Im ersten Schritt wird die Sensitivität der Ergebnisse hinsichtlich der Panelstruktur getestet, indem die Regressionsanalyse mit der gleichen Regressionsgleichung und -methode nur für eine andere Definition des Panels ein weiteres Mal vollzogen wird. Anschließend wird die Sensitivität der Ergebnisse in Bezug auf die Veränderung der Definition der Kennzahlen geprüft. Im dritten Schritt soll durch eine Veränderung der ökonometrischen Methodik insbesondere der Endogenitätsproblematik Rechnung getragen werden.

862 Vgl. Schneider, H. (2009), S. 225; Wooldridge, J. M. (2016), S. 86.
863 Vgl. O'Brien, R. M. (2007), S. 684; Wooldridge, J. M. (2016), S. 86.
864 Vgl. O'Brien, R. M. (2007), S. 684.
865 Vgl. O'Brien, R. M. (2007), S. 684.
866 Vgl. Wooldridge, J. M. (2016), S. 86. In der Literatur werden auch andere Richtwerte diskutiert. Der VIF = 10 als Schwellenwert ist jedoch am Verbreitesten. Für einen Literaturüberblick vgl. O'Brien, R. M. (2007), S. 673 f., 688. O'Brien weist darauf hin, dass ein Überschreiten dieses Richtwertes nicht zwingend zu einer eingeschränkten Aussagekraft der Untersuchungsergebnisse führt. Vgl. O'Brien, R. M. (2007), S. 681.

Bei Endogenität handelt es sich um ein wesentliches ökonometrisches Problem bei Untersuchungen der empirischen Kapitalmarktforschung, weil das Vorliegen einer Korrelation zwischen den unabhängigen Variablen und des Fehlerterms zu verzerrten und inkonsistenten Schätzern führt.[867] Als Ursache für Endogenität werden in der Literatur Messfehler, das Auslassen relevanter erklärender Variablen (omitted variables bias) sowie das Vorliegen einer umgekehrten Kausalität (Simultanität; Endogenität im klassischen Sinne)[868] genannt.[869]

Messfehler entstehen, wenn die im Regressionsmodell verwendeten Variablen die zu untersuchenden realen Faktoren nicht vollumfänglich abbilden können.[870] Dies ist der Fall, wenn die relevanten tatsächlichen Faktoren nicht beobachtbar und somit nur schwer messbar sind.[871] Dieses Problem besteht im Rahmen vorliegender Arbeit zum Beispiel – wie in Abschnitt 4.2 angedeutet – bei der Abbildung des Absicherungsverhaltens. Um zu vermeiden, dass die hier dargestellten Ergebnisse aufgrund einer durch Messfehler ausgelösten Endogenitätsproblematik verzerrt sind, werden alternative Kennzahlen zur Abbildung der untersuchten Variablen verwendet. Messfehler können außerdem entstehen, wenn die Datenreihen Ausreißer enthalten. Um Verzerrungen hieraus zu vermeiden, werden alle stetigen Variablen auf dem 1 %- und dem 99 %-Perzentil winsorisiert.[872] Die Untersuchung von Kapitsinas zeigt, dass sich durch die Eliminierung von Ausreißern robustere Ergebnisse erzielen lassen.[873]

Darüber hinaus kann Endogenität entstehen, wenn Faktoren, die zur Erklärung der abhängigen Variablen erforderlich wären, nicht im Regressionsmodell enthalten sind.[874] Diese sog. omitted variables schlagen sich folglich im Fehlerterm wieder.[875] Besteht ein Zusammenhang zwischen den omitted variables und den erklärenden

867 Vgl. Proppe, D. (2009), S. 254; Roberts, M. R./Whited, T. M. (2013), S. 494 f.; Wooldridge, J. M. (2016), S. 76 f.

868 Vgl. Proppe, D. (2009), S. 255.

869 Vgl. Wooldridge, J. M. (2010), S. 53 f.

870 Vgl. Roberts, M. R./Whited, T. M. (2013), S. 501; Wooldridge, J. M. (2010), S. 54.

871 Vgl. Roberts, M. R./Whited, T. M. (2013), S. 501; Wooldridge, J. M. (2010), S. 54.

872 Vgl. Barnett, V./Lewis, T. (1994), S. 78, 143-145. Bartram et al. (2011), S. 976. Winsorisierung bedeutet in diesem Kontext, dass alle Werte unter dem 1 %- und über dem 99 %-Perzentil mit den Werten des 1 %- bzw. 99 %-Perzentil gleichgesetzt werden. Vgl. Clark, E/Judge, A. (2009), S. 637.

873 Vgl. Kapitsinas, S. (2008), S. 19.

874 Vgl. Roberts, M. R./Whited, T. M. (2013), S. 498; Wooldridge, J. M. (2010), S. 53 f.

875 Vgl. Roberts, M. R./Whited, T. M. (2013), S. 498.

Variablen des Regressionsmodells, führt dies zur Endogenitätsproblematik.[876] Diesem omitted variable bias kann insbesondere durch den Einsatz eines Fixed-Effects-Modells entgegengewirkt werden, da auf diese Weise unbeobachtbare Effekte berücksichtigt werden.[877]

Das Problem der Simultanität besteht, wenn die abhängige Variable nicht nur von den erklärenden Variablen abhängt, sondern sich umgekehrt mindestens auf eine erklärende Variable auswirkt.[878] Dies wäre im Rahmen dieser Untersuchung z. B. der Fall, wenn sich die Hedge-Aktivitäten nicht nur auf den Unternehmenswert auswirken würden, sondern auch umgekehrt die vergangene Bewertung eines Unternehmens auf das Absicherungsverhalten.[879] Im Rahmen eines Fixed-Effects-Modells würde dies zu verzerrten und inkonsistenten Schätzungen des Effekts von Hedging auf den Unternehmenswert führen.[880]

Um einem solchen möglichen Problem Rechnung zu tragen, kommt im Folgenden im Rahmen des Robustheitstests ein dynamisches Paneldatenmodell zum Einsatz.[881] Hierbei wird die abhängige Variable als zeitverzögerte unabhängige Variable (lagged dependent variable) ins Modell aufgenommen, um simultane kausale Zusammenhänge im Regressionsmodell abzubilden.[882] Eine Schätzung eines solchen dynamischen Paneldatenmodells mit den POLS-, RE- und FE-Schätzverfahren führt allerdings zu verzerrten Schätzern.[883] Einen Lösungsansatz für diese Problematik bietet die vielbeachtete Arbeit von Arellano/Bond im Rahmen der GMM-Verfahren.[884]

---

876 Vgl. Roberts, M. R./Whited, T. M. (2013), S. 498.

877 Vgl. Roberts, M. R./Whited, T. M. (2013), S. 557-559.

878 Vgl. Roberts, M. R./Whited, T. M. (2013), S. 499 f.; Wooldridge, J. M. (2010), S. 54.

879 Vgl. Magee, S. (2013), S. 63.

880 Vgl. Magee, S. (2013), S. 63.

881 Den analogen Ansatz verfolgen Magee und Vivel Búa et al. Vgl. Magee, S. (2013), S. 58; Vivel Búa, M. et al. (2015), S. 927.

882 Vgl. Baltagi, B. H. (1998), S. 302; Greene, W. H. (2012), S. 536.

883 Vgl. Baltagi, B. H. (1998), S. 302.

884 Vgl. Arellano, M./Bond, S. (1991), S. 277-297; Baltagi, B. H. (1998), S. 302 f.; Greene, W. H. (2012), S. 537; Mehrhoff, J. (2009), S. 1. Ein alternativer Ansatz um in diesem Zusammenhang der Gefahr von verzerrten Ergebnissen infolge von Endogenität zu begegnen, ist der Einsatz von Instrumentvariablen. Vgl. Roberts, M. R./Whited, T. M. (2013), S. 511. Hierbei werden statt der endogenen erklärenden Variablen, welche eine Korrelation mit dem Fehlerterm aufweisen, externe Instrumentvariablen im Regressionsmodell eingesetzt. Vgl. Proppe, D. (2009), S. 260. Diese weisen zwar einen Zusammenhang mit den zu ersetzenden Variablen, nicht aber mit dem Fehlerterm auf. Vgl. Baum, C. F. et al. (2003), S. 14; Proppe, D. (2009), S. 260. Bei der Untersuchung des Werteffekts von Corporate Hedging gestaltet es jedoch, wie auch in anderen Bereichen der

Die Grundidee der Arellano-Bond-Schätzung besteht darin, die dynamische Regressionsgleichung mit zeitversetzter unabhängiger Variable zunächst in ein Modell erster Differenzen umzuwandeln.[885] Der Arellano-Bond-Schätzer wird daher häufig als First-Difference (FD)-GMM-Schätzer bezeichnet.[886] Auf diese Weise wird eine mögliche Verzerrung verhindert, da die im Zeitablauf gleich bleibende unbeobachtbare Heterogenität, z. B. unternehmensspezifische Eigenschaften, aus dem Modell eliminiert wird.[887] Um die hieraus resultierende Gleichung der ersten Differenzen mit GMM zu schätzen, werden ausgewählte erklärende und abhängige Variablen in zeitverzögerter Form, lags, als Instrumentvariablen eingesetzt.[888] Damit die zeitverzögerte Variablen valide Instrumente für die Differenzterme darstellen, müssen sie zwei Voraussetzungen erfüllen.[889] Zum einen müssen die Instrumentvariablen exogen sein, was bedeutet, dass sie keine Korrelation mit dem Fehlerterm aufweisen dürfen.[890] Zum anderen muss die Instrumentvariable relevant sein, das heißt, dass die Kovarianz zwischen der Instrumentvariable und dem Term der ersten Differenzen, welchen sie approximiert, darf nicht Null sein.[891] Erfüllen die Instrumentvariablen diese Voraussetzungen nicht, führt dies zu verzerrten Schätzungen.[892]

empirischen Kapitalmarktforschung, schwierig valide Instrumentvariablen zu finden. Vgl. Roberts, M. R./Whited, T. M. (2013), S. 516; Vila Nova, M. (2015), S. 44. Dies zeigt sich zum Beispiel bei der Untersuchung von Ahmed et al., bei welcher die Teststatistiken des Hansen-J-Tests auf eine schwache Validität der Instrumente hinweisen. Vgl. Ahmed, H. et al. (2014), S. 15. Vor diesem Hintergrund weist die Arellano-Bond-Schätzung den Vorteil auf, keine zusätzlichen externen Variablen als Instrumentvariablen zu benötigen, da die vorliegenden Variablen des Modells zeitversetzt eingesetzt werden. Vgl. Arellano, M./Bond, S. (1991), S. 278 f.; Vivel Búa, M. et al. (2015), S. 928. Darüber hinaus stellen Baum et al. (2003) fest, dass GMM-Schätzer effizienter sind als Instrumentvariablen-Schätzer, wenn Heteroskedastizität vorliegt. Vgl. Baum, C. F. et al. (2003), S. 11. Ist dies nicht der Fall so sind die GMM-Schätzer zumindest nicht schlechter. Vgl. Baum, C. F. et al. (2003), S. 11. Vor diesem Hintergrund basiert der Robustheitstest auf dem Arellano-Bond-Paneldatenmodell. Vgl. Arellano, M./Bond, S. (1991), S. 277-297.

885 Vgl. Arellano, M./Bond, S. (1991), S. 278 f.

886 Vgl. Blundell, R./Bond, S. (1998), S. 115; Magee, S. (2013), S. 62. Alternativ wird in diesem Kontext auch der Begriff Difference-GMM verwendet. Vgl. Roodman, D. (2009a), S. 137.

887 Vgl. Magee, S. (2013), S. 61; Wintoki, M. B. et al. (2012), S. 588.

888 Vgl. Arellano, M./Bond, S. (1991), S. 278 f.; Magee, S. (2013), S. 61; Wintoki, M. B. et al. (2012), S. 588.

889 Vgl. Baum, C. F. et al. (2003), S. 14; Stock, J. H. et al. (2002), S. 518; Wintoki, M. B. et al. (2012), S. 588.

890 Vgl. Baum, C. F. et al. (2003), S. 14; Stock, J. H. et al. (2002), S. 518; Wintoki, M. B. et al. (2012), S. 588.

891 Vgl. Baum, C. F. et al. (2003), S. 14; Stock, J. H. et al. (2002), S. 518; Wintoki, M. B. et al. (2012), S. 588.

892 Vgl. Proppe, D. (2009), S. 261 f.

Um die Exogenität der Instrumentvariablen zu testen, wird im Rahmen der Untersuchung der Hansen-J-Test durchgeführt.[893] Der Test basiert auf der Annahme, dass die Regressionsgleichung überidentifiziert ist,[894] was impliziert, dass die Anzahl der Instrumente größer ist als die Anzahl der endogenen Regressoren.[895] Die Nullhypothese dieses Tests lautet, dass die Instrumentvariablen valide sind.[896] Wird die Nullhypothese abgelehnt, ist dies ein Hinweis darauf, dass die eingesetzten Instrumente nicht die erforderlichen Orthogonalitätsbedingungen erfüllen.[897] Dies kann entweder darauf zurückzuführen sein, dass die Instrumentvariablen nicht exogen sind oder einzelne Instrumentvariablen fälschlicherweise bei der Regression nicht berücksichtigt wurden.[898] Wird die Nullhypothese abgelehnt, ist die Validität der Instrumente infrage zu stellen.[899]

Voraussetzung für einen konsistenten Arellano-Bond-Schätzer ist, dass die Residuen im nicht transformierten Ausgangsmodell keine Autokorrelation aufweisen.[900] Um dies zu testen, haben Arellano/Bond einen Test auf serielle Autokorrelation entwickelt.[901] Hierzu werden die FD-transformierten Gleichungen auf serielle Autokorrelation der Fehlerterme untersucht.[902] Die Nullhypothese lautet hierbei, dass die Residuen der FD-transformierten Gleichungen keine serielle Autokorrelation zweiter (AR (2)) Ordnung aufweisen.[903] Gilt die Annahme, dass das Ausgangsmodell keine Autokorrelation in den Residuen aufweist, so muss dies laut Arellano/Bond dazu führen, dass die Autokorrelation zweiter Ordnung nicht verworfen wird.[904] Ist dies nicht der

893 Vgl. Roodman, D. (2009b), S. 97 f. In der Literatur wird in diesem Zusammenhang häufig auch der Begriff Sargan-Statistik verwendet. Vgl. Roodman, D. (2009b), S. 97 f. Hierbei handelt es sich um einen Spezialfall der Hansen-J-Statistik unter der Annahme von Homoskedastizität. Vgl. Baum, C. F. et al. (2003), S. 16. Laut Baum et al. handelt es beim Hansen-J-Test um den im Rahmen von GMM-Schätzungen am häufigsten eingesetzten Test zur Überprüfung der Eignung des eingesetzten Modells. Vgl. Baum, C. F. et al. (2003), S. 16.

894 Vgl. Baum, C. F. et al. (2003), S. 15 f.

895 Vgl. Baum, C. F. et al. (2003), S. 15 f.

896 Vgl. Baum, C. F. et al. (2003), S. 15 f.; Roodman, D. (2009a), S. 141; Wintoki, M. B. et al. (2012), S. 589.

897 Vgl. Baum, C. F. et al. (2003), S. 16.

898 Vgl. Baum, C. F. et al. (2003), S. 16.

899 Vgl. Baum, C. F. et al. (2003), S. 16.

900 Vgl. Arellano, M./Bond, S. (1991), S. 278.

901 Vgl. Arellano, M./Bond, S. (1991), S. 282.

902 Vgl. Arellano, M./Bond, S. (1991), S. 282.

903 Vgl. Arellano, M./Bond, S. (1991), S. 282.

904 Vgl. Arellano, M./Bond, S. (1991), S. 282; Magee, S. (2013), S. 63. In manchen Untersuchungen (z. B. Magee) werden in diesem Zusammenhang für die Residuen der FD-transformierten Gleichungen auch die Autokorrelation erster Ordnung berichtet. Vgl. Magee, S. (2013), S. 73. Roodman stellt diesbezüglich, allerdings fest, dass diese Statistik keine zusätzliche Aussagekraft

Fall, bedeutet dies, dass zumindest einzelne zeitverzögerten Variablen keine geeigneten Instrumente darstellen.[905]

Wird demnach bei keinem der beiden Spezifikationstests die jeweilige Nullhypothese verworfen, ist dies ein Hinweis auf die Anwendbarkeit des Arellano-Bond-Schätzverfahrens.[906] In diesem Kontext sind allerdings auch die Grenzen dieser Spezifikationstests zu beachten. Wie Wintoki et al. darlegen, handelt es sich bei den beiden genannten Verfahren nicht um Tests, welche direkt die empirische Spezifikation des Modells überprüfen, sondern um Tests, welche die Validität der eingesetzten Instrumente unter der Annahme der „richtigen" Spezifikation überprüfen.[907] Dies kann zur Folge haben, dass die Schätzer durch nicht beobachtbare, zeitlich variierende Heterogenität verzerrt sind, obwohl sich aus den beiden Tests keine entsprechenden Hinweise ergeben haben.[908] Demnach können trotz positiver Ergebnisse bei beiden Tests verzerrte Schätzer infolge ausgelassener Variablen nicht komplett ausgeschlossen werden.[909]

Das Risiko von vermeintlich validen Ergebnissen besteht laut Roodman insbesondere dann, wenn die Anzahl der Instrumente hoch ist.[910] Der Autor zeigt, dass eine zu hohe Anzahl von Instrumenten zu einer Überanpassung des Regressionsmodells in Bezug auf die endogenen Variablen führt.[911] Hieraus wiederum resultieren inkonsistente GMM-Schätzer.[912] Die hohe Anzahl der Instrumentvariablen reduziert allerdings auch die Aussagekraft des Hansen-J-Tests, weshalb die Problematik unter Umständen nicht erkannt wird. [913] Bislang haben sich in der Literatur noch keine klaren Regeln und Tests etabliert, ab wann die Anzahl der Instrumente zu hoch ist.[914] Um

hinsichtlich der Konsistenz der Schätzer liefert. Vgl. Roodman, D. (2009b), S. 119. Daher wird diese Teststatistik im Folgenden nicht berücksichtigt.

905 Vgl. Roodman, D. (2009b), S. 119.

906 Vgl. Magee, S. (2013), S. 63.

907 Vgl. Wintoki, M. B. et al. (2012), S. 589.

908 Vgl. Wintoki, M. B. et al. (2012), S. 589.

909 Vgl. Wintoki, M. B. et al. (2012), S. 590 f. Auf die Gefahr invalider Ergebnisse, welche dem Anschein nach valide sind, geht die Untersuchung von Roodman im Detail ein. Vgl. Roodman, D. (2009a), S. 156.

910 Vgl. Roodman, D. (2009a), S. 139 f., 156; Roodman, D. (2009b), S. 128 f. Die Anzahl der Instrumentvariablen nimmt bei GMM quadratisch mit der Anzahl der untersuchten Zeitperioden zu. Vgl. Mehrhoff, J. (2009), S. 1.

911 Vgl. Roodman, D. (2009a), S. 139 f.; Roodman, D. (2009b), S. 128 f.

912 Vgl. Mehrhoff, J. (2009), S. 1; Roodman, D. (2009a), S. 139 f.

913 Vgl. Roodman, D. (2009a), S. 135, 141 f.; Roodman, D. (2009b), S. 128 f.

914 Vgl. Mehrhoff, J. (2009), S. 2; Roodman, D. (2009a), S. 140.

das Risiko inkonsistenter Schätzer zu vermeiden, empfiehlt Roodman zu untersuchen, wie die Ergebnisse auf einen Rückgang der Zahl der Instrumente reagieren.[915] Ein Ansatz ist es, anstatt aller verfügbaren zeitverzögerten Lag-Variablen nur bestimmte auszuwählen und somit deren Anzahl zu reduzieren.[916] Zu diesem Zweck werden im Rahmen dieser Untersuchung nur die jeweils um eine und zwei Perioden zeitverzögerten Variablen als Instrumente eingesetzt.

Der Ansatz des FD-GMM wurde von Arellano/Bover sowie Blundell/Bond zum System-GMM weiterentwickelt.[917] Hierbei wird die Niveaugleichung in einem simultanen Gleichungsmodell mit der FD-transformierten Gleichung geschätzt,[918] wobei zusätzlich zu den zeitverzögerten Niveauvariablen als Instrumente für die FD-transformierte Gleichung die zeitverzögerten ersten Differenzen als Instrumente für die Niveaugleichung verwendet werden.[919] Diese zusätzlichen Instrumente führen im Vergleich zum FD-GMM zu einem Anstieg der Effizienz und Präzision der Schätzung.[920]

Im Rahmen vorliegender Untersuchung wird allerdings auf die Anwendung des System-GMM verzichtet, um die Anzahl der Instrumente gering zu halten. Darüber hinaus ist fragwürdig, ob die Annahmen zur Anwendung des System-GMM erfüllt sind.[921] Die Validität der zusätzlichen Instrumente ist nur gegeben, wenn Änderungen in den Instrumentvariablen nicht mit den fixen Effekten korreliert sind.[922] Diese Annahme ist insbesondere im Bereich Kapitalmarktforschung nicht trivial, weil ein Zusammenhang zwischen unternehmensspezifischen fixen Effekten und beispielsweise zeitverzögerten Finanzkennzahlen nicht auszuschließen ist.[923] Roodman kommt daher zu dem Schluss, dass System-GMM nur unter „arguably special

915 Vgl. Roodman, D. (2009a), S. 156.
916 Vgl. Roodman, D. (2009a), S. 148.
917 Vgl. Arellano, M./Bover, O. (1995), S. 30 f.; Blundell, R./Bond, S. (1998), S. 116; Magee, S. (2013), S. 62; Roodman, D. (2009b), S. 86 f.
918 Vgl. Arellano, M./Bover, O. (1995), S. 29-51; Blundell, R./Bond, S. (1998), S. 115-143; Magee, S. (2013), S. 62; Roodman, D. (2009b), S. 86 f.
919 Vgl. Arellano, M./Bover, O. (1995), S. 29-51; Blundell, R./Bond, S. (1998), S. 115-143; Magee, S. (2013), S. 62; Roodman, D. (2009b), S. 86 f.
920 Vgl. Blundell, R./Bond, S. (1998), S. 115 f.; Magee, S. (2013), S. 62; Roodman, D. (2009b), S. 86 f.
921 Vgl. hierzu Roodman, D. (2009a), S. 142-148, 156.
922 Vgl. Roodman, D. (2009b), S. 86.
923 Die allgemeine Diskussion dieser Annahme findet sich bei Roodman (2009a). Vgl. Roodman, D. (2009a), S. 142-148.

circumstances“ anwendbar ist.[924] Mit der Anwendung des FD-Schätzers anstatt von System-GMM wird somit eine geringere Effizienz der Schätzer in Kauf genommen, um das von Roodman thematisierte Risiko von vermeintlich validen Ergebnissen zu reduzieren.[925]

5.3 Definition der Variablen

5.3.1 Regressionsmodell

Im Folgenden werden die zur Beantwortung der Forschungsfragen eingesetzten Regressionsmodelle dargestellt. Hinsichtlich der Spezifikation des Regressionsmodells orientiert sich die Arbeit am Untersuchungsdesign von Allayannis/Weston (vgl. Modelle M_1 u. M_2 in Tabelle 6), das sich angesichts seiner weiten Verbreitung in diesem Kontext als Grundmodell etabliert hat.[926]
Daher wird – wie in vergleichbaren Untersuchungen üblich – der Unternehmenswert als abhängige Variable durch Tobins Q_{it} approximiert.[927] Als unabhängige Variable wird eine Kennzahl für das Absicherungsverhalten (FXHV bzw. IRHV) definiert.[928]

Um andere Einflussfaktoren auf den Unternehmenswert zu berücksichtigen und den Werteffekt des Hedging nicht zu überschätzen, dienen die folgenden Faktoren als Kontrollvariablen: Unternehmensgröße, Profitabilität, Kapitalbeschränkung, Zeiteffekt, geografische Diversifikation, Kapitalstruktur, Liquidität und Investitionsmöglichkeiten, die durch die im Folgenden vorgestellten Proxy-Variablen im Modell abgebildet werden. Die Regressionsmodelle enthalten darüber hinaus die Konstante α, die Regressionskoeffizienten β, ϑ, γ_j und τ sowie den Fehlerterm ε_i.

Die Auswahl der Kontrollvariablen orientiert sich grundsätzlich an der Arbeit von Allayannis/Weston.[929] In deren Untersuchung wird im Vergleich zur vorliegenden

924 Vgl. Roodman, D. (2009a), S. 156.
925 Vgl. Roodman, D. (2009a), S. 156.
926 Vgl. Kapitel 4.2.5 sowie Allayannis, G./Weston, J. P. (2001), S. 248-273.
927 Vgl. Kapitel 4.2 sowie z. B. Ahmed, H. et al. (2014), S. 9; Belghitar,Y. et al. (2013), S. 290; Kapitsinas, S. (2008), S. 14; Magee, S. (2013), S. 64 f.; Panaretou, A. (2014), S. 1164 f.; Vila Nova, M. et al. (2015), S. 17; Vivel Búa, M. et al. (2013), S. 916.
928 Vgl. Kapitel 4.2 sowie z. B. Ahmed, H. et al. (2014), S. 9 f.; Belghitar,Y. et al. (2013), S. 290; Kapitsinas, S. (2008), S. 14; Magee, S. (2013), S. 65 f.; Panaretou, A. (2014), S. 1165 f.; Vila Nova, M. et al. (2015), S. 17 f. Vivel Búa, M. et al. (2013), S. 917.

Studie zusätzlich für die Kreditwürdigkeit und Branchendiversifikation der Unternehmen kontrolliert.[930]

Nr.	Hypothese (H)/Regressionsmodell (M)
1	**H_1:** Die Absicherung von Währungsrisiken mit derivativen Finanzinstrumenten wirkt sich im deutschen Aktienmarkt positiv auf den Unternehmenswert aus. **M_1:** Tobins $Q_{it} = \alpha + \beta \cdot$ FX-Hedging-Variable (FXHV) + $\sum_j \gamma_j \cdot \text{Kontrollvariablen}_{ji} + \varepsilon_i$
2	**H_2:** Die Absicherung von Zinsrisiken mit derivativen Finanzinstrumenten wirkt sich im deutschen Aktienmarkt positiv auf den Unternehmenswert aus. **M_2:** $Q_{it} = \alpha + \beta \cdot$ IR-Hedging-Variable (IRHV) + $\sum_j \gamma_j \cdot \text{Kontrollvariablen}_{ji} + \varepsilon_i$
3	**H_3:** Im Zeitraum der Finanz- und Wirtschaftskrise führt die derivative Währungsabsicherung zu einer Wertprämie. **M_3:** $Q_{it} = \alpha + \beta \cdot \text{FXHV} + \vartheta \cdot \text{FXHV} \cdot \text{FWK0709} + \sum_j \gamma_j \cdot \text{Kontrollvariablen}_{ji} + \varepsilon_i$
4	**H_4:** Im Zeitraum der Finanz- und Wirtschaftskrise führt die derivative Zinsabsicherung zu einer Wertprämie. **M_4:** $Q_{it} = \alpha + \beta \cdot \text{IRHV} + \vartheta \cdot \text{IRHV} \cdot \text{FWK0709} + \sum_j \gamma_j \cdot \text{Kontrollvariablen}_{ji} + \varepsilon_i$
5	**H_5:** Der Einfluss der derivativen Fremdwährungsabsicherung auf den Unternehmenswert ist von der Kapitalstruktur abhängig. **M_5:** $Q_{it} = \alpha + \beta \cdot \text{FXHV} + \vartheta \cdot \text{FXHV} \cdot \text{LEV} + \sum_j \gamma_j \cdot \text{Kontrollvariablen}_{ji} + \varepsilon_i$
6	**H_6:** Der Einfluss der derivativen Zinsabsicherung auf den Unternehmenswert ist von der Kapitalstruktur abhängig. **M_6:** $Q_{it} = \alpha + \beta \cdot \text{IRHV} + \vartheta \cdot \text{IRHV} \cdot \text{LEV} + \sum_j \gamma_j \cdot \text{Kontrollvariablen}_{ji} + \varepsilon_i$
7	**H_7:** Der Einfluss der derivativen Absicherung von Währungsrisiken auf den Unternehmenswert hängt von der der Anwendung von Hedge Accounting ab. **M_7:** $Q_{it} = \alpha + \beta \cdot \text{FXHV} + \vartheta \cdot \text{FXHV} \cdot \text{FXHAV} + \tau \cdot \text{FXHAV} + \sum_j \gamma_j \cdot \text{Kontrollvariablen}_{ji} + \varepsilon_i$
8	**H_8:** Der Einfluss der derivativen Absicherung von Zinsrisiken auf den Unternehmenswert hängt von der der Anwendung von Hedge Accounting ab. **M_8:** $Q_{it} = \alpha + \beta \cdot \text{IRHV} + \vartheta \cdot \text{IRHV} \cdot \text{IRHAV} + \tau \cdot \text{IRHAV} + \sum_j \gamma_j \cdot \text{Kontrollvariablen}_{ji} + \varepsilon_i$

Tabelle 6: Zusammenstellung aller Hypothesen sowie deren zugehörige Regressionsmodelle (eigene Darstellung)

Eine Modellierung der Kreditwürdigkeit durch das Rating des Unternehmens wie bei Allayannis/Weston kann den Erklärungsgehalt des Regressionsmodells allerdings reduzieren, da sich im Rating bereits Effekte einzelner anderer Kontrollvariablen widerspiegeln.[931] Daher wird, wie bei mehreren anderen Untersuchungen, nicht die Kreditwürdigkeit, sondern der Faktor Liquidität in das Regressionsmodell aufgenommen .[932]

929 Vgl. Allayannis, G./Weston, J. P. (2001), S. 251-254.
930 Vgl. Allayannis, G./Weston, J. P. (2001), S. 251-254.
931 Vgl. Allayannis, G./Weston, J. P. (2001), S. 254.
932 Vgl. Allayannis, G. et al. (2012), S. 68; Belghitar, Y. et al. (2013), S. 290, Vila Nova, M. et al. (2015), S. 21.

Allayannis/Weston berücksichtigen infolge des in der internationalen Literatur festgestellten Konglomeratsabschlags mögliche Effekte durch die Branchendiversifikation.[933] Diesbezüglich ist allerdings zum einen festzustellen, dass die Existenz eines Bewertungsabschlags für diversifizierte Unternehmen, der „Diversification Discount" in Deutschland umstritten ist.[934] Während Beckmann sowie Glaser/Müller einen Bewertungsabschlag für den deutschen Kapitalmarkt feststellen, ist dies gemäß den Untersuchungen von Lins/Servaes sowie Fauver et al. nicht der Fall.[935] Zum anderen wird in jüngster Vergangenheit die Existenz eines Konglomeratsabschlags generell infrage gestellt. Sowohl Rudolph/Schwetzler als auch Glaser/Müller stellen fest, dass systematische Verzerrungen bei der gängige Methodik zur Messung des Konglomeratsabschlags durch den Überschusswert (Excess Value)[936] zu einer deutlichen Überschätzung des Werteffekts führen.[937] Hund et al. kommen zu dem Ergebnis, dass der in der Literatur festgestellte Bewertungsabschlag aus einer fehlerhaften Methodik resultiert. Bei entsprechender Anpassung der Methodik ergibt sich diesen Autoren zufolge kein Werteffekt.[938] Vor diesem Hintergrund wird in der vorliegenden Untersuchung nicht für den Einfluss des Faktors Branchendiversifikation kontrolliert.[939]

Um neben Hypothese H_1 und H_2 noch den weiteren Forschungsfragen nachzugehen, wird das vorgestellte Ausgangsmodell (M_1, M_2) erweitert. Zur Berücksichtigung der Finanz- und Wirtschaftskrise (H_3, H_4) wird eine Dummy-Variable eingeführt, welche den Wert 1 annimmt, sofern die jeweilige Beobachtung dem Krisenzeitraum zuzuordnen ist und ansonsten 0.[940] Als Krisenzeitraum wird im Einklang mit der Literatur die Zeit von 2007 bis 2009 definiert.[941] Diese Dummy-Variable (FWK0709) wird in Form einer Interaktion mit der Hedge-Variable (FXHV bzw. IRHV) ins Modell eingeführt.[942] Der separaten Hedge-Variable zugehörige Regressionskoeffizient β gibt in

933 Vgl. Allayannis, G./Weston, J. P. (2001), S. 253.
934 Vgl. Glaser, M./Müller, S. (2006), S. 9.
935 Vgl. Beckmann, P. (2006), S. 183; Fauver, L. et. al. (2004), S. 729; Glaser, M./Müller, S. (2006), S. 29 f.; Lins, K./Servaes, H. (1999), S. 2236.
936 Zur Methodik vgl. Berger, P. G./Ofek, E. (1995), S. 47-52, 60-63.
937 Vgl. Glaser, M./Müller, S. (2010), S. 2315; Rudolph, C./Schwetzler, B. (2014), S. 420.
938 Vgl. Hund, J. E. et al. (2014), S. 27.
939 Vgl. auch Belghitar, Y. et al. (2013), S. 290; Jin, Y./Yorion, P. (2006), S. 912; Marami, A./Dubois, M. (2013), S. 13; Vivel Búa, M. et al. (2015), S. 917, 921.
940 Vgl. Panaretou, A. (2014), S. 1175.
941 Für die Abgrenzung des Zeitraums vgl. Kapitel 2.2.1 sowie die dort angegebene Literatur.
942 Vgl. Panaretou, A. (2014), S. 1175.

M_3 und M_4 den Einfluss des Hedging auf den Unternehmenswert außerhalb des Finanzkrisenzeitraums wider,[943] wohingegen der Koeffizient ϑ des Interaktionsterms den Zusammenhang zwischen Hedging und Tobins Q während der Finanz- und Wirtschaftskrise abbildet.[944]

Um zu überprüfen, inwiefern der Werteffekt von Hedging von der Kapitalstruktur abhängt, wird in Modell M_5 und M_6 im Vergleich zu den Grundmodellen M_1 und M_2 die Interaktion zwischen der Kapitalstruktur (LEV) und der Hedge-Variable (FXHV bzw. IRHV) aufgenommen. Auf diese Weise soll gezeigt werden, ob ein Moderationseffekt der Kapitalstruktur vorliegt.

Anschließend wird anhand Modell M_7 und M_8 untersucht, ob es in Abhängigkeit der Anwendung von Hedge Accounting Unterschiede in Bezug auf die Auswirkungen auf den Unternehmenswert gibt. Hierzu werden mit der Hedge-Accounting-Quote und der Hedge-Accounting-Dummy zwei Variablen eingeführt, welche die Anwendung von Hedge Accounting abbilden. Die Dummy-Variable misst, ob von dem Wahlrecht zum Hedge Accounting Gebrauch gemacht wurde. Die Quote gibt dagegen an, wie hoch der Anteil des Nominalvolumens ist, der in eine Sicherungsbeziehung eingebunden ist. Dieser Faktor ist von großer Bedeutung, denn je höher diese Quote ist, desto niedriger ist die Schwankung des Ergebnisses aus Absicherung. Diese Hedge-Accounting-Variable (FXHAV bzw. IRHAV) wird – analog der Vorgehensweise bei der Kapitalstruktur – in Interaktion mit der Hedge-Variable gesetzt und in das Regressionsmodell integriert.

5.3.2 Approximation des Unternehmenswerts durch Tobins Q

Im Folgenden soll der Unternehmenswert durch Tobins Q approximiert werden.[945] Er wird definiert als das Verhältnis des Marktwerts eines Unternehmens zu den Wieder-

[943] Vgl. Jaccard, J. et al. (1990), S. 469; Jaccard, J./Turrisi, R. (2003), S. 24; Wooldridge, J. M. (2016), S. 177 f.

[944] Vgl. Panaretou, A. (2014), S. 1175. Zur Interpretation von Interaktionstermen vgl. Jaccard, J./Turrisi, R. (2003), S. 18-26; Wooldridge, J. M. (2016), S. 177-179.

[945] Vgl. u. a. Allayannis, G./Weston, J. P. (2001), S. 249; Allayannis, G. et al. (2012), S. 68; Belghitar, Y. et al. (2013), S. 290; Magee, S. (2013), S. 64 f.; Panaretou, A. (2014), S. 1164 f.; Vila Nova, M. et al. (2015), S. 17; Vivel Búa, M. et al. (2013), S. 916.

beschaffungskosten seiner Vermögenswerte.[946] Aus betriebswirtschaftlicher Sicht wird die Kennzahl verwendet um festzustellen, ob die Marktbewertung eines Unternehmens gemessen an den Reproduktionskosten zu hoch (Q > 1), zu niedrig (Q < 1) oder fair (Q = 1) ist.[947]

Die direkte Berechnung von Tobins Q gestaltet sich jedoch infolge der geringen Verfügbarkeit von Daten bezüglich der Wiederbeschaffungskosten als schwierig.[948] In der Literatur wurden daher verschiedene approximierende Kennzahlen entwickelt.[949]

Zur Ermittlung der Wiederbeschaffungskosten der Vermögenswerte werden in der Literatur insbesondere die Ansätze von Perfect/Wiles und Lewellen/Baldrinath diskutiert.[950] Nach dem Ansatz von Lewellen/Baldrinath wird die Summe der Buchwerte des Nettoanlagevermögens zuzüglich des Vorratsvermögens als Näherungsgröße verwendet.[951] Demgegenüber empfehlen Perfect/Wiles einen rekursiven Ansatz, welcher den Buchwert des Vorratsvermögens sowie in Bezug auf das Anlagevermögen Investitionen, den tatsächlichen Wertverlust sowie Veränderungen in Preis und Technologie berücksichtigt.[952]

Chung/Pruitt schlagen vor, Tobins Q mit der in Tabelle 7 dargestellten Form eines Marktwert-Buchwert-Verhältnisses zu ermitteln, bei der die Summe aus dem Marktwert (MW) des Eigenkapitals und der Buchwert des Fremdkapitals durch den Buchwert (BW) aller Vermögenswerte geteilt wird.[953] Chung/Pruitt sowie Perfect/Wiles haben nachgewiesen, dass diese Kennzahl eine hohe Korrelation mit komplexer berechneten Proxy-Variablen aufweist.[954] Im Zusammenhang mit der Untersuchung des Werteffektes von Corporate Hedging hat die Untersuchung von Allayannis/Weston gezeigt, dass die Ergebnisse vergleichbar sind, und zwar unabhängig davon, ob der

---

946 Vgl. Chung, K. H./Pruitt, S. W. (1994), S. 70; Harikumar, T./Harter, C. I. (1995), S. 402; Lindenberg, E. B./Ross, S. A. (1981), S. 1. Hierbei handelt es sich um die betriebswirtschaftliche Interpretation der von Tobin im makroökonomischen Zusammenhang hergeleiteten Q-Ratio. Vgl. Aretz, K./Bartram, S. M. (2010), S. 362; Gehrke, N. (1994), S. 7-23; Tobin, J. (1969), S. 15-29.

947 Vgl. Gehrke, N. (1994), S. 15-21.

948 Vgl. Gehrke, N. (1994), S. 15; Panaretou, A. (2014), S. 1164.

949 Vgl. Allayannis, G./Weston, J. P. (2001), S. 249; Vivel Búa, M. et al. (2013), S. 916.

950 Vgl. Allayannis, G./Weston, J. P. (2001), S. 249; Vivel Búa, M. et al. (2013), S. 916.

951 Für Details und Begründungen zur Vorgehensweise vgl. Lewellen, W./Badrinath, S. (1997), S. 90-99, 102-104, 110-112.

952 Vgl. Perfect, S. B./Wiles, K. W. (1994), S. 315 f., 326-329.

953 Vgl. Chung, K./Pruitt, S. (1994), S. 71.

954 Vgl. Chung, K./Pruitt, S. (1994), S. 71; Perfect, S. B./Wiles, K. W. (1994), S. 334.

Berechnungsweise von Perfect/Wiles, Lewellen/Baldrinath oder Chung/Pruitt gefolgt wurde.[955] Auf Basis dieser Ergebnisse wird in den meisten Untersuchungen zur Wertgenerierung durch Corporate Hedging die einfacher zu ermittelnde Kennzahl von Chung/Pruitt zur Approximation von Tobins Q verwendet.[956] Vor diesem Hintergrund wird in der vorliegenden Untersuchung dieser Vorgehensweise gefolgt und ebenso diese Kennzahl gewählt.

Wie auch aus Tabelle 14 und 15 in Kapitel 5.5.2 ersichtlich, resultiert aus der Berechnung von Tobins Q auf dieser Basis, dass der Mittelwert von Q sowohl für Panel A als auch B wesentlich höher als der Median von Q ist. Dies deutet auf eine leicht rechtsschiefe Verteilung von Tobins Q hin.[957] Vor diesem Hintergrund wird die Regressionsanalyse mit dem natürlichen Logarithmus von Q durchgeführt, da auf diese Weise eine symmetrischere Verteilung von Q erzeugt wird.[958] Darüber hinaus hat dies den Vorteil, dass die Koeffizienten als Elastizitäten betrachtet werden können.[959]

Die Untersuchung von Wernerfelt/Montgomery weist darauf hin, dass sich die Branchenzugehörigkeit eines Unternehmens auf seinen Wert auswirken kann.[960] Wenn die mit Derivaten absichernden Unternehmen insbesondere Branchen mit überdurchschnittlich hohen Q angehören, dann würden absichernde Unternehmen zwar höhere Werte aufweisen, jedoch nicht aufgrund ihrer Absicherungsaktivitäten, sondern lediglich infolge ihrer Branchenzugehörigkeit.[961] Um vor diesem Hintergrund für mögliche Brancheneffekte zu kontrollieren, wird ein branchenadjustiertes Q verwendet. Dies ergibt sich, wie die Formel in Tabelle 7 zeigt, indem die Differenz zwischen dem natürlichen Logarithmus von Q des Unternehmens i und dem natürlichen Logarithmus des Medians des Q der Branche, welcher das Unternehmen i angehört, gebil-

955 Vgl. Allayannis, G./Weston, J. P. (2001), S. 264 f.

956 Vgl. unter anderem: Ahmed, H. et al. (2014), S. 9; Belghitar, Y. et al. (2008), S. 48; Belghitar, Y. et. al. (2013), S. 290, Kapitsinas, S. (2008), S. 9; Magee, S. (2013), S. 64 f., Marami, A./Dubois, M. (2013), S. 33; Panaretou, A. (2014), S. 1164 f.; Vila Nova, M. et al. (2015), S. 17.

957 Vgl. Allayannis, G./Weston, J. P. (2001), S. 251; Kapitsinas, S. (2008), S. 10.

958 Vgl. Allayannis, G./Weston, J. P. (2001), S. 251; Kapitsinas, S. (2008), S. 10. Die Schiefe der Verteilung von Tobins Q wird auch in vielen vergleichbaren Untersuchungen festgestellt, weshalb diese ebenso eine Anpassung mithilfe des Logarithmus vornehmen. Vgl. u. a. Bartram, S. M. et al. (2011), S. 981; Belghitar, Y. et al. (2008), S. 48 f.; Belghitar, Y. et. al. (2013), S. 291, Ben Khediri, K. (2010), S. 68; Kapitsinas, S. (2008), S. 10; Panaretou, A. (2014), S. 1165; Vila Nova, M. et al. (2015), S. 17.

959 Vgl. Belghitar, Y. et al. (2008), S. 49; Ben Khediri, K. (2010), S. 68.

960 Vgl. Wernerfelt, B./Montgomery, C. A. (1988), S. 249 f.

961 Vgl. Allayannis, G./Weston, J. P. (2001), S. 253.

det wird.[962] Im Rahmen des Robustheitstests wird die Regressionsanalyse zudem ohne Logarithmierung und Branchenadjustierung von Q vorgenommen.

Art der Variable	Bezeichnung	Ermittlung (Datenquelle: Datastream (DS), Geschäftsbericht (GB))
abhängige Variable		
Proxy-Variablen für Tobins Q	Ln Q	$\text{Ln Q} = \ln\left(\frac{\text{Bilanzsumme (WC02999) - BW Eigenkapital (WC03501) + MW Eigenkapital (MV)}}{\text{Bilanzsumme (WC02999)}}\right)$ (DS)
	Ln Q Branchenadj.	$\text{Ln } Q_{adj.} = \ln Q_i - \ln Q_{Branche}$ (DS)
unabhängige Variable		
Hedge-Dummy	FX-Dummy (FXD)	Die Variable nimmt 1 an, wenn zur Absicherung von Währungsrisiken derivative Finanzinstrumente zum Einsatz kommen, 0 sonst. (GB)
	IR Dummy (IRD)	Die Variable nimmt 1 an, wenn zur Absicherung von Zinsrisiken derivative Finanzinstrumente zum Einsatz kommen, 0 sonst. (GB)
Hedge-Intensität	FX-Intensität (FXHI)	$\text{FXHI} = \frac{\text{Nominalvolumen der Fremdwährungsderivate}}{\text{Bilanzsumme (WC02999)}}$ (GB/DS)
	IR-Intensität (IRHI)	$\text{IRHR} = \frac{\text{Nominalvolumen Zinsderivate}}{\text{Bilanzsumme (WC02999)}}$ (GB/DS)
Hedge-Ratio	FX-Hedge-Ratio (FXHR)	$\text{FXHR} = \frac{\text{Nominalvolumen der Fremdwährungsderivate}}{\text{Auslandsumsatz (WC07101)}}$ (GB/DS)
	IR-Hedge-Ratio (IRHR)	$\text{IRHR} = \frac{\text{Nominalvolumen Zinsderivate}}{\text{zinstragende Verbindlichkeiten (WC03251 + WC03051)}}$ (GB/DS)

Tabelle 7: Definition der abhängigen und unabhängigen Variablen (eigene Darstellung)

5.3.3 Hedging-Maßzahl als unabhängige Variable

Wie sich bei der Diskussion des aktuellen Forschungsstandes in Kapitel 4 gezeigt hat, gestaltet sich die Abbildung der Absicherungsaktivitäten im Regressionsmodell schwierig.[963] Daher kommen im Rahmen dieser Untersuchung mit der Hedge-Dummy-Variable, der Hedge-Intensität und der Hedge-Ratio drei Größen zum Einsatz.

---

962 Vgl. Allayannis, G./Weston, J. P. (2001), S. 253 f.; Panaretou, A. (2014), S. 1165.

963 Vgl. Lievenbrück, M./Schmid, T. (2014), S. 104. Die vollumfängliche Abbildung des Hedging-Verhaltens eines Unternehmens im Regressionsmodells gestaltet sich schwierig, da nicht alle Arten des Hedgings in einer Maßzahl abgebildet werden können. Vgl. Lievenbrück, M./Schmid, T. (2014), S. 104. Eine Möglichkeit zusätzliche Informationen zum Hedging zu erhalten, wäre die Durchführung einer Umfrage. Vgl. Lievenbrück, M./Schmid, T. (2014), S. 104. Hierbei ist allerdings zum einen die Rücklaufquote teilweise sehr gering und zum anderen ist eine hohe Bereitschaft vonseiten der Teilnehmer erforderlich, die Fragen korrekt zu beantworten. Vgl. Lievenbrück, M./Schmid, T. (2014), S. 104. Darüber hinaus würde die Verwendung der Daten aus einer Umfrage im Rahmen der Überprüfung der Wertrelevanz von Hedging die Annahme einer strengen Informationseffizienz des Kapitalmarkts erfordern, da nicht veröffentlichte Daten verwendet werden würden. Aus diesen Gründen wird auf die Durchführung einer Umfrage verzichtet.

Bei der Hedge-Dummy-Variable handelt es sich um eine Variable, die bei Einsatz von Derivaten zur Absicherung von Währungs- bzw. Zinsrisiken 1 annimmt und ansonsten 0 beträgt.[964] Diese Kennzahl wird jeweils für die derivative Absicherung von Währungs- und Zinsrisiken ermittelt. Mit einer Hedge-Dummy wird ausschließlich die Hedging-Entscheidung abgebildet.[965] Sie lässt aber keine Rückschlüsse auf den Umfang der Hedging-Aktivitäten zu.[966] Außerdem ergeben sich eingeschränkte Analysemöglichkeiten, wenn sich das Hedging-Verhalten der Unternehmen im Untersuchungszeitraum nur geringfügig ändert.[967] In diesem Fall kann nur eine POLS-Regression durchgeführt werden, da zur Anwendung des Fixed-Effects-Modells eine Variation der Ausprägung der Variablen im Zeitablauf vorausgesetzt wird.[968]

Um nicht nur die Hedging-Entscheidung, sondern auch das Ausmaß der Hedging-Aktivitäten abzubilden, wird die Hedge-Intensität berechnet,[969] indem das Nominalvolumen der eingesetzten Derivate jeweils für die Fremdwährungs- und Zinsabsicherung separat mit der Bilanzsumme ins Verhältnis gesetzt wird, wie Tabelle 7 es zeigt.[970] Diese Kennzahl zeigt den Umfang der eingesetzten Derivate gemessen an der Größe des Unternehmens.[971] Es lässt sich hieraus allerdings nicht ableiten, zu welchem Grad das Währungs- bzw. Zinsexposure abgesichert wurde.[972]

Der Anteil des abgesicherten Exposures, welcher auch als Hedge-Ratio bezeichnet wird,[973] ist jedoch von besonderem Interesse, da dies das derivative Absicherungsverhalten am besten abbildet.[974] Hierzu werden allerdings insbesondere die entspre-

964 Vgl. Kapitel 4.2.5 sowie z. B. Allayannis, G./Weston, J. P. (2001), S. 249; Panaretou, A. (2014), S. 1165; Vila Nova, M. et al. (2015), S. 17.

965 Vgl. Triki, T. (2005), S. 9.

966 Vgl. Triki, T. (2005), S. 9; Vivel Búa, M. et al. (2013), S. 917.

967 Vgl. Li, K./Prabhala, N. R. (2007), S. 56; Panaretou, A. (2014), S. 1177.

968 Vgl. Li, K./Prabhala, N. R. (2007), S. 56; Panaretou, A. (2014), S. 1177.

969 Vgl. Marami, A./Dubois, M. (2013), S. 13; Panaretou, A. (2014), S. 1165; Vila Nova, M. et al. (2015), S. 18.

970 Vgl. u. a. Belghitar, Y. et al. (2013), S. 286; Clark, E./Mefteh, S. (2010), S. 189; Hahnenstein, L./Röder, K. (2007), S. 386; Lievenbrück, M./Schmid, T. (2014), S. 96; Magee, S. (2013), S. 65; Marami, A./Dubois, M. (2013), S. 13; Panaretou, A. (2014), S. 1165; Vila Nova, M. et al. (2015), S. 18.

971 Vgl. Triki, T. (2005), S. 10.

972 Vgl. Belghitar, Y. et al. (2013), S. 286; Clark, E./Mefteh, S. (2010), S. 189; Ferreira Carneiro, L. A./Sherris, M. (2008), S. 102.

973 Vgl. Lel, U. (2012), S. 225; Mahayni, D. (2002), S. 149.

974 Vgl. Niebergall, J. (2008), S. 77.

chenden Kennzahlen zum Exposure benötigt. Diese werden üblicherweise im Konzernabschluss nicht angegeben, da hierzu, wie in Kapitel 3.5 ausgeführt, keine Verpflichtung besteht. Das Fremdwährungsexposure wird daher im Rahmen der vorliegenden Untersuchung wie bei Lel und Mahayni durch die Auslandsumsätze approximiert.[975] Das Zinsrisiko wird in Anlehnung an Gay/Nam mit dem Betrag der verzinslichen Verbindlichkeiten geschätzt.[976] Wenn die Nominalvolumina der Derivate mit den ausgewählten Exposure-Größen ins Verhältnis gesetzt werden, dann ergeben sich die in Tabelle 7 genannten Hedge-Ratios (FXHR, IRHR).

Zur besseren Berücksichtigung des Fremdwährungsrisikos bei der Berechnung der Hedge-Ratio werden im Rahmen der Auswertung der Geschäftsberichte noch folgende Kennzahlen erhoben: Nicht-Euro-Umsätze, Nicht-EU-Umsätze, Brutto-Fremdwährungsexposure sowie die vom Unternehmen selbst angegebene Hedge-Ratio.[977] Infolge des Management Approach in der Risikoberichterstattung können diese Kennzahlen jedoch, wie aus Tabelle 8 ersichtlich wird, nur für eine geringe Anzahl von Unternehmen erhoben werden. Auf eine weitere Verwertung dieser Kennzahlen wird vor diesem Hintergrund verzichtet.

Kennzahl	**Anzahl Beobachtungen**
angegebene Zins-Hedge-Ratio	187
Nicht-EU-Umsätze	130
Nicht-Euro-Umsätze	90
Brutto-FX-Exposure	56
Angegebene FX-Hedge-Ratio	39

Tabelle 8: Übersicht zur Anzahl der Beobachtungen bei alternativen Exposure-Kennzahlen und Hedge-Variablen (eigene Darstellung)

975 Vgl. Lel, U. (2012), S. 225; Mahayni, D. (2002), S. 149.

976 Vgl. Ferreira Carneiro, L. A./Sherris, M. (2008), S. 87; Gay, G. D./Nam, J. (1998), S. 57 f. Auf diese Weise wird ein mögliches Zinsrisiko auf der Aktivseite nicht berücksichtigt. Covitz/Sharpe finden in ihrer Untersuchung keine Hinweise, dass Unternehmen Derivate zur Absicherung von aktivischen Zinsrisiken einsetzen. Vgl. Covitz, D./Sharpe, S. A. (2005), S. 4. Ein möglicher Grund hierfür ist laut Covitz/Sharpe, dass die Ermittlung des Zinsrisiko auf der Aktivseite für die Unternehmen schwierig ist und somit die Ausgangsbasis für die Absicherungsstrategie fehlt. Vgl. Covitz, D./Sharpe, S. A. (2005), S. 4. Auf eine Berücksichtigung wird daher verzichtet.

977 Hinsichtlich der vom Unternehmen angegebenen Hedge-Ratios ist häufig festzustellen, dass keine konkrete Definition der Berechnung angegeben wird. Zudem werden teilweise nur Ziel- und keine Ist-Größen oder relativ große Bandbreiten der Hedge-Ratios angegeben. Im Geschäftsbericht der Zooplus AG von 2012 wird zum Beispiel angegeben, dass 0-60 % des Fremdwährungsrisikos abgesichert werden. Vgl. Zooplus AG (Hrsg.) (2013), S. 42.

Bei der Auswertung der Geschäftsberichte werden darüber hinaus auch die angegebenen Zins-Hedge-Ratios erfasst. Jedoch sind auch hier die Angaben gering (N = 187) und aufgrund fehlender einheitlicher Definitionen nicht standardisiert. Deshalb werden auch diese Werte nicht weiter verwendet.

Um den Werteffekt von Hedging zu ermitteln, wird wie zu Beginn des Kapitels erwähnt für weitere Einflussfaktoren kontrolliert. Im Folgenden werden diese Faktoren vorgestellt. Der Einsatz des jeweiligen Faktors wird auf Basis der Literatur begründet und die zur Approximation verwendeten Kennzahlen werden vorgestellt.[978]

5.3.4 Kontrollvariablen

5.3.4.1 Profitabilität

Profitable Unternehmen weisen häufig eine Wertprämie gegenüber den weniger rentablen auf.[979] Demzufolge sollten profitable absichernde Unternehmen ein höheres Q aufweisen als solche mit geringer Rentabilität.[980] Um für diesen Effekt zu kontrollieren, wird, wie bei Belghitar et al. der Return on Capital Employed (ROCE) ins Modell aufgenommen.[981] Wie aus Tabelle 9 hervorgeht, ist der ROCE definiert als das Verhältnis von Gewinn vor Steuern und Zinsen (EBIT) und dem eingesetzten Kapital zuzüglich der innerhalb eines Jahres rückzahlbaren Verbindlichkeiten.[982] Im Rahmen des Robustheitstests wird die Profitabilität durch das Verhältnis von EBIT zu Bilanzsumme approximiert.[983] Für diese Variable wird eine positive Ausprägung des Regressionskoeffizienten erwartet.

5.3.4.2 Unternehmensgröße

Hinsichtlich des Einflusses der Unternehmensgröße auf den Unternehmenswert sind die Erkenntnisse im Schrifttum nicht eindeutig. Hall/Weiss argumentieren auf Basis

978 Auf die für die Regressionsmodelle M_7 und M_8 relevanten Hedge Accounting-Variablen wird im Folgenden nicht näher eingegangen, da deren Relevanz für den Unternehmenswert in Kapitel 3.6 sowie 4.1.2.3 behandelt wird.

979 Vgl. Allayannis, G./Weston, J. P. (2001), S. 252.

980 Vgl. Allayannis, G./Weston, J. P. (2001), S. 252.

981 Vgl. Belghitar, Y. et al. (2008), S. 49.

982 Vgl. Belghitar, Y. et al. (2008), S. 49.

983 Vgl. Belghitar, Y. et. al. (2013), S. 290.

der Arbeit von Baumol, dass große Unternehmen proftitabler sind, weil sie über mehr Kapital verfügen und somit attraktive Investitionsprojekte mit hohen Kapitalanforderungen wahrnehmen können.[984] Diesen Zusammenhang zwischen Profitabilität und Unternehmensgröße weisen die Autoren für die Fortune-500-Unternehmen für den Zeitraum 1956 bis 1962 empirisch nach.[985] Becker-Blease et al. stellen dagegen fest, dass je nach Branche der Unternehmen zum Teil keine signifikante Relation besteht.[986] Somit sind die bisherigen Erkenntnisse hinsichtlich des Zusammenhangs zwischen der Größe des Unternehmens und seiner Rentabilität und damit indirekt auch seines Werts uneinheitlich.

Darüber hinaus wird argumentiert, dass mit zunehmender Unternehmensgröße die Skaleneffekte bei den Fixkosten von Hedging besser genutzt werden können.[987] In diesem Kontext zeigen empirische Untersuchungen, dass mit steigender Unternehmensgröße die Neigung zum Einsatz von Derivaten als Absicherungsinstrumente zunimmt.[988]

Um bei der Messung des Werteffekts des Absicherungsverhaltens Verzerrungen aufgrund der oben genannten Effekte zu vermeiden, wird für die Unternehmensgröße kontrolliert. Diese wird – wie bei vergleichbaren empirischen Untersuchungen – durch den natürlichen Logarithmus der Bilanzsumme approximiert.[989] Im Rahmen des Robustheitstests wird die Unternehmensgröße alternativ durch den Logarithmus

984 Vgl. Baumol, W. J. (1959), S. 33, 37; Hall, M./Weiss, L. (1967), S. 319, 329.

985 Vgl. Hall, M./Weiss, L. (1967), S. 320, 329 f.

986 Vgl. Becker-Blease, J. R. et al. (2010), S. 7, 20. Diese Untersuchungen beziehen sich auf die bilanzielle Rentabilität der Unternehmen. Demgegenüber haben insbesondere Banz und Fama/French den Einfluss der Unternehmensgröße auf die risikoadjustierte Aktienrentabilität untersucht. Hierbei haben die Autoren einen negativen Zusammenhang zwischen Unternehmensgröße und Aktienrentabilität festgestellt (sog. Size-Effekt). Vgl. Banz, R. W. (1981), S. 16; Fama, E. F./French, K. R. (1992), S. 452. Für einen Überblick über die darauffolgenden Untersuchungen mit teilweise gegenläufigen Ergebnis vgl. Dijk, M. A. v. (2011), S. 3263-3274.

987 Vgl. Fok, R. C. W. et al. (1997), S. 570; Géczy, C. et al. (1997), S. 1332; Mian, S. L. (1996), S. 429.

988 Vgl. Bartram, S. M. et al. (2009), S. 197; Fok, R. C. W. et al. (1997), S. 569; Mian, S. L. (1996), S. 433; Nance, D. R. et al. (1993), S. 267, 275.

989 Vgl. Ahmed, H. et al (2014), S. 10; Allayannis, G./Weston, J. P. (2001), S. 252; Allayannis, G. et al. (2012), S. 68; Belghitar, Y. et al. (2013), S. 290; Ben Khediri, K. (2010), S. 65; Kapitsinas, S. (2008), S. 14; Magee, S. (2013), S. 66; Nelson, J. M./Beierlein, J. J. (2014), S. 345; Panaretou, A. (2014), S. 1166; Vila Nova, M. et al. (2015), S. 20; Vivel Búa, M. et al. (2015), S. 919.

der Umsatzerlöse gemessen.[990] In Bezug auf das Vorzeichen der Regressionskoeffizienten ist sowohl eine positive als auch eine negative Wirkung denkbar.

Art der Kontrollvariable (erwartete Einflussrichtung)	Bezeichnung Variable	Ermittlung (Datenquelle: Datastream (DS), Geschäftsbericht (GB))
Unternehmensgröße (+/-)	Logarithmus der Bilanzsumme	Logarithmus der Bilanzsumme (ln(WC02999)) (DS)
Profitabilität (+)	Return on capital employed (ROCE)	ROCE = $\frac{\text{Earnings before interest and taxes (EBIT)}}{\text{eingesetztes Kapital + innerhalb eines Jahres rückzahlbare Verbindlichkeiten}}$ (WC18191)/((WC03998) + (WC03051)) (DS)
Kapitalstruktur (+/-)	Fremdkapitalquote	Fremdkapitalquote = $\frac{\text{Buchwert Verbindlichkeiten}}{\text{Marktwert Eigenkapital + Buchwert Verbindlichkeiten}}$ (WC03351)/((MV) + (WC03351)) (DS)
Investitionsmöglichkeiten (+)	Investitionsquote	Investitionsquote = $\frac{\text{Investitionsausgaben (CAPEX)}}{\text{Umsatzerlöse}}$ (WC08421) (DS)
Kapitalbeschränkung (+/-)	Dividendenrendite	Dividendenrendite = $\frac{\text{Bruttodividende je Aktie}}{\text{Aktienkurs}}$ (DY)
Geografische Diversifikation (+/-)	Auslandsumsatzquote	Auslandsumsatzquote = $\frac{\text{Auslandsumsatz}}{\text{Gesamtumsatz}}$ (WC08736)
Liquidität (-)	Quick-Ratio	Quick-Ratio = $\frac{\text{liquide Mittel + kurzfristige Forderungen}}{\text{kurzfristige Verbindlichkeiten}}$ (WC08101) (DS)
Zeiteffekt	Dummy-Variablen für die Jahre 2005-2013	Bildung von jeweils einer Dummy-Variablen für jedes Geschäftsjahr.[991]
Kriseneffekt	Finanzkrise 0709	Dummy-Variable nimmt den Wert 1 an, falls die Beobachtung dem Zeitraum 2007-2009 zuzuordnen ist, 0 sonst.
Hedge Accounting	Hedge Accounting Dummy FX (IR) (HAFX bzw. HAIR)	Dummy-Variable nimmt den Wert 1 an, sofern das untersuchte Unternehmen die im Rahmen der FX (IR)-Absicherung abgeschlossenen Derivate in eine Sicherungsbeziehung (Hedge Accounting) einbezogen hat, 0 sonst. (GB)
	Hedge Accounting (HA)-Quote FX (IR) (HAQFX bzw. HAQIR)	FX (IR)-Hedge Accounting-Quote = $\frac{\text{Nominalvolumen FX (IR) - Derivate in Sicherungsbeziehung}}{\text{Nominalvolumen FX (IR) - Derivate gesamt}}$ (GB)

Tabelle 9: Überblick über die eingesetzten Kontrollvariablen und deren Definition (eigene Darstellung)

990 Vgl. Allayannis, G./Weston, J. P. (2001), S. 252; Kapitsinas, S. (2008), S. 14.

991 Im Rahmen der Regression werden jedoch nicht alle, sondern nur acht der Dummy-Variablen eingesetzt um eine perfekte Multikollinearität zu vermeiden.

5.3.4.3 Kapitalbeschränkung

Lang/Stulz und Servaes argumentieren, dass Unternehmen, welche infolge eines beschränkten Zugangs zum Kapitalmarkt nur über limitierte finanzielle Mittel verfügen, dazu tendieren, nur Projekte mit einem positiven Nettokapitalwert durchzuführen.[992] Diese Unternehmen weisen daher ein höheres Q auf.[993] Im Umkehrschluss folgt hieraus, dass Unternehmen, die Dividenden ausschütten können, mit einer hohen Wahrscheinlichkeit eine geringere finanzielle Restriktion aufweisen und daher auch Projekte mit negativen Nettokapitalwert durchführen und somit ein niedrigeres Q aufweisen.[994] Um für diesen Effekt zu kontrollieren, wird daher die Dividendenrendite als Faktor in das Regressionsmodell aufgenommen.[995] Diese ergibt sich aus dem Verhältnis von Dividende je Aktie und Aktienkurs zum Jahresende.[996] Da die Wahrscheinlichkeit einer finanziellen Beschränkung umso niedriger ist, desto höher die Dividendenrendite ausfällt, ist zum einen denkbar, dass der Regressionskoeffizient eine negative Ausprägung annimmt.[997] Zum anderen weisen Fama/French darauf hin, dass die Auszahlung von Dividenden ein Indikator für zukünftige Gewinne sein kann.[998] Nach dieser Argumentation führen Ausschüttungen bei sonst gleichen Bedingungen zu einem positiven Effekt auf den Unternehmenswert.[999] Demnach sind hier die Erwartungen hinsichtlich der Wirkungsrichtung des Regressionskoeffizienten ambivalent.

Im Rahmen des Robustheitstests werden zwei alternative Größen zur Messung der Kapitalbeschränkung verwendet. Zum einen wird eine Dummy-Variable für die Entscheidung zur Dividendenzahlung gebildet. Diese nimmt den Wert 1 an, wenn im aktuellen Geschäftsjahr Dividenden ausgezahlt werden, ansonsten den Wert 0.[1000] Zum anderen wird eine Dummy-Variable in Bezug auf die Dividendenhöhe definiert,

992 Vgl. Lang, L. H. P./Stulz, R. M. (1994), S. 1271; Servaes, H. (1996), S. 1209.

993 Vgl. Lang, L. H. P./Stulz, R. M. (1994), S. 1271; Servaes, H. (1996), S. 1209.

994 Vgl. Allayannis, G./Weston, J. P. (2001), S. 252; Fazzari, S. M. et al. (1988), S. 181.

995 Vgl. Belghitar, Y. et al. (2008), S. 49; Belghitar, Y. et. al. (2013), S. 290.

996 Vgl. Belghitar, Y. et al. (2008), S. 49; Belghitar, Y. et. al. (2013), S. 290.

997 Vgl. u. a. Allayannis, G./Weston, J. P. (2001), S. 252; Allayannis, G. et al. (2012), S. 68; Fazzari, S. M. et al. (1988), S. 181; Jin, Y./Yorion, P. (2006), S. 912.

998 Vgl. Fama, E. F./French, K. R. (1998), S. 836, 840; Jin, Y./Yorion, P. (2006), S. 912.

999 Vgl. Fama, E. F./French, K. R. (1998), S. 840; Jin, Y./Yorion, P. (2006), S. 912.

1000 Vgl. u. a. Allayannis, G./Weston, J. P. (2001), S. 252; Ben Khediri, K. (2010), S. 65; Panaretou, A. (2014), S. 1167; Vila Nova, M. et al. (2015), S. 20.

die den Wert 1 aufweist, wenn die Dividendenrendite größer als der Median der Dividendenrendite des Samples ist und ansonsten 0 beträgt.[1001]

5.3.4.4 Kapitalstruktur

Neben dem Faktor Kapitalbeschränkung wird in der Literatur auch der Einfluss der Kapitalstruktur auf den Unternehmenswert diskutiert. Hierzu dient die integrierte Trade-off-Theorie, welche darauf abzielt, unter Berücksichtigung von Steuern, Insolvenzkosten sowie Agency-Kosten und -Nutzen die optimale Kapitalstruktur zu ermitteln.[1002]

Zum einen hat die Untersuchung von Modigliani/Miller gezeigt, dass sich Verschuldung bei Vorliegen der steuerlichen Abzugsfähigkeit der Zinsen vorteilhaft für Unternehmen auswirkt.[1003] Darüber hinaus wird ausgehend von der Publikation von Jensen/Meckling in einer Vielzahl von Studien gezeigt, dass ein Anstieg der Verschuldung die Interessenskonflikte zwischen dem Management und den Eigentümern reduzieren kann.[1004] Demnach kann z. B. eine hohe Fremdkapitalquote unter anderem eine beschränkende Wirkung auf die Unternehmensführung haben, welche infolge der geringeren Verfügbarkeit freier liquider Mittel zu einer Reduktion von

1001 Vgl. Allayannis, G. et al. (2012), S. 68. In der jüngeren Vergangenheit haben sich zur Messung der finanziellen Beschränkung neben den hier verwendeten Ausschüttungsquoten noch weitere Methoden wie der Size Asset (SA)-Index (Vgl. Hadlock, C. J./Pierce, J. R. (2010), S. 1929), Whited-Wu (WW)-Index (Vgl. Whited, T. M./Wu, G. (2006), S. 543) sowie der Kaplan Zingales (KZ)-Index (Vgl. Kaplan, S./Zingales, L. (1997), S. 173-176) etabliert. Eine Übersicht über die Vorgehensweisen findet sich bei Smith (2014). Vgl. Smith, J. (2014), S. 55 f. Da diese Indizes allerdings eine Vielzahl von Variablen (z. B. Unternehmensgröße (SA-Index), Tobins Q (KZ-Index), Fremdkapitalquote (WW-Index)) inkludieren, die im Regressionsmodell dieser Arbeit zur Abbildung anderer Faktoren verwendet werden, besteht die Gefahr der Einschränkungen der Aussagekraft des Regressionsanalyse. Vgl. Marami, A./Dubois, M. (2013), S. 13. Um dies zu vermeiden, wird analog zu den vergleichbaren Untersuchungen bisher, die Dividendenrendite als Näherungsgröße für die finanzielle Beschränkung verwendet.

1002 Vgl. Frank, M. Z./Goyal, V. K. (2009), S. 5 f. Der Begriff „integrierte Trade-off-Theorie" wird unter anderem von Schneider und Jaeger zur Abgrenzung von der klassischen Trade-off-Theorie verwendet, bei welcher bei der Optimierung der Kapitalstruktur nur Insolvenzkosten und Steuern, aber keine Agency Kosten berücksichtigt werden. Vgl. Jaeger, S. (2012), S. 23; Schneider, H. (2010), S. 11-15.

1003 Vgl. Modigliani, F./Miller, M. H. (1963), S. 442.

1004 Vgl. Frank, M. Z./Goyal, V. K. (2009), S. 5 f.; Jensen, M. C./Meckling, W. H. (1976), S. 333-343. Einen Überblick über die Literatur zur integrierten Trade-off-Theorie sowie detailliertere Ausführungen zu allen in der Literatur diskutierten Arten der Agency Kosten der Eigen- und Fremdfinanzierung finden sich bei Schneider (2010). Vgl. Kapitel 4.1.2.2 sowie Schneider, H. (2010), S. 15-21.

Fehlinvestitionen und Verschwendung führen kann.[1005] Demgegenüber können jedoch aus einer zunehmenden Verschuldung auch steigende Konflikte zwischen Eigenkapital- und Fremdkapitalgebern resultieren.[1006] Ein Beispiel ist das in Kapitel 4.1.2.2 dargestellte Unterinvestitionsproblem, bei dem eine hohe Verschuldung dazu führen kann, dass sich die Eigenkapitalgeber gegen ein Projekt mit positivem Kapitalwert stellen, weil hauptsächlich die Fremdkapitalgeber vom Erfolg des Projekts profitieren würden.[1007] Zum anderen geht allerdings mit einem höheren Verschuldungsgrad ein höheres Insolvenzrisiko sowie höhere -kosten einher.[1008] Diese Erkenntnisse der integrierten Trade-off-Theorie deuten darauf hin, dass sich die Kapitalstruktur auf den Unternehmenswert auswirkt, wenngleich keine Erwartungsbildung hinsichtlich der Wirkungsrichtung möglich ist. Eine Kontrolle für den Kapitalstruktureffekt im Regressionsmodell ist somit erforderlich und im Vergleich zu anderen Untersuchungen auch üblich.[1009]

Die Kapitalstruktur lässt sich entweder durch eine Form des Verschuldungsgrads oder der Fremdkapitalquote im Regressionsmodell abbilden.[1010] Während beim Verschuldungsgrad das Fremdkapital mit einer Eigenkapitalgröße ins Verhältnis gesetzt wird, erfolgt bei der Fremdkapitalquote ein Ansatz des Gesamtkapitals im Nenner.[1011] Infolge dieser Definitionen reagieren Verschuldungsgradkoeffizienten stärker auf Veränderungen der Kapitalstruktur als Fremdkapitalgrößen.[1012] So führt z. B. ausgehend von einer ausgeglichenen Kapitalstruktur – Fremdkapitalquote: 50 %; Verschuldungsgrad: 1 – eine Verdopplung des Fremdkapitals zu einem Anstieg der Fremdkapitalquote von 50 % um 33,34 % auf 66,67 %, wohingegen sich der Ver-

[1005] Vgl. Jensen, M. (1986), S. 323 f.
[1006] Vgl. Frank, M. Z./Goyal, V. K. (2009), S. 6.
[1007] Vgl. Myers, S. C. (1977), S. 150-155.
[1008] Vgl. Baumol, W. J./Malkiel, B. G. (1967), S. 561-564; Robichek, A. A./Myers, S. C. (1966), S. 19. Ein Überblick über weitere Literatur im Zusammenhang mit Insolvenzkosten findet sich bei Schneider (2010). Vgl. Schneider (2010), S. 12-14.
[1009] Vgl. Ahmed, H. et al. (2014), S. 10; Allayannis, G./Weston, J. P. (2001), S. 252; Allayannis, G. et al. (2012), S. 68; Bartram, S. M. et al. (2011), S. 982; Belghitar, Y. et al. (2008), S. 49; Belghitar, Y. et al. (2013), S. 290; Ben Khediri, K. (2010), S. 65; Campello, M. et al. (2011), S. 1622; Kapitsinas, S. (2008), S. 14; Magee, S. (2013), S. 66 f.; Nelson, J. M./Beierlein, J. J. (2014), S. 345; Panaretou, A. (2014), S. 1167; Vila Nova, M. et al. (2015), S. 19; Vivel Búa, M. et al. (2015), S. 919.
[1010] Vgl. Schneider, H. (2010), S. 170.
[1011] Vgl. Schneider, H. (2010), S. 170. Hierbei handelt es sich um die Basisdefinition des Verschuldungsgrades und der Fremdkapitalquote. Eine Übersicht über die unterschiedlich Ausprägungen der Kennzahlen liefert Schneider. Vgl. Schneider, H. (2010), S. 172 f.
[1012] Vgl. Schneider, H. (2010), S. 170 f.

schuldungsgrad von 1 auf 2 verdoppelt und damit dreimal so stark reagiert.[1013] Bei einer Modellierung der Kapitalstruktur mit einem Verschuldungsgradkoeffizienten erfahren daher Unternehmen mit einer instabileren Kapitalstruktur im Rahmen der Regressionsanalyse eine größere Bedeutung.[1014] Dies kann die Ergebnisse beeinflussen.[1015] Aufgrund dessen wird im Rahmen vorliegender Untersuchung die Fremdkapitalquote zur Abbildung der Kapitalstruktur verwendet, indem dem Buchwert der Verbindlichkeiten die Summe aus Marktwert des Eigenkapitals und Buchwert der Verbindlichkeiten gegenübergestellt wird.[1016]

Zur Überprüfung der Robustheit der Ergebnisse wird eine auf Basis der Nettoverschuldung berechnete, erweiterte Fremdkapitalquote zur Modellierung der Kapitalstruktur verwendet. Um die Nettozahlungsverpflichtungen abzubilden, wird der Buchwert der Verbindlichkeiten um die Zahlungsmittel und Zahlungsmitteläquivalente verringert.[1017] Die Möglichkeit, dass der Nenner bei Unternehmen mit hohem Zahlungsmittelbestand und niedriger Verschuldung negative Werte oder Null annimmt, wird durch die Definition der Nettoverschuldung als max(Nettoverschuldung, 0) ausgeschlossen.[1018]

5.3.4.5 Investitionsmöglichkeiten

Myers weist darauf hin, dass der Wert eines Unternehmens von seinen zukünftigen Investitions- und Wachstumsmöglichkeiten abhängt.[1019] Froot et al. zeigen darüber hinaus anhand ihres Modells, dass ein Zusammenhang zwischen Investitionsmöglichkeiten und Absicherungsaktivitäten besteht.[1020] Ihnen zufolge kann Hedging zu einer stabileren internen Finanzierung durch die erwirtschafteten Zahlungsmittel-

---

1013 Vgl. Schneider, H. (2010), S. 170 f.

1014 Vgl. Schneider, H. (2010), S. 170 f.

1015 Vgl. Schneider, H. (2010), S. 170 f.

1016 Die Berechnung der Fremdkapitalquote orientiert sich an der Arbeiten von Belghitar et al. und Welch. Vgl. Belghitar, Y. et al. (2008), S. 49; Welch, I. (2004), S. 107; Welch, I. (2011), S. 2 f., 5. Die folgenden Untersuchungen bilden die Kapitalstruktur ebenfalls durch eine Art der Fremdkapitalquote ab: Ahmed, H. et al. (2014), S. 10; Bartram, S. M. et al (2011), S. 982; Belghitar, Y. et. al. (2013), S. 290; Campello, M. et al. (2011), S. 1622; Magee, S. (2013), S. 66 f.; Vila Nova, M. et al. (2015), S. 19; Vivel Búa, M. et al. (2015), S. 919.

1017 Vgl. Welch, I. (2011), S. 10 f.

1018 Vgl. Welch, I. (2011), S. 11.

1019 Vgl. Myers, S. C. (1977), S. 148, 170.

1020 Vgl. Froot et. al. (1993), S. 1630 f., 1638-1640.

überschüsse führen.[1021] Dies wiederum ermöglicht es dem Unternehmen, die erforderlichen Investitionsvorhaben durchzuführen, was sich positiv auf den Unternehmenswert auswirkt.[1022]

Vor diesem Hintergrund ist eine Kontrolle für Investitionsmöglichkeiten erforderlich.[1023] Hierzu wird, ähnlich wie bei vergleichbaren Untersuchungen, eine Investitionsquote ins Modell aufgenommen, welche das Verhältnis der Investitionsausgaben für langfristige Anlagegüter (capital expenditures) zu den Umsatzerlösen misst.[1024] Im Rahmen des Robustheitstest wird die Investitionsquote alternativ berechnet, indem die Investitionsausgaben mit der Bilanzsumme ins Verhältnis gesetzt werden.[1025] Infolge der Erkenntnisse von Myers und Froot et al. wird ein positiver Zusammenhang zwischen dieser Variable und Tobins Q erwartet.[1026]

5.3.4.6 Geografische Diversifikation

In der Literatur finden sich zahlreiche Hinweise, dass die Ausweitung der operativen Tätigkeit eines Unternehmens auf verschiedene Länder (sog. geografische Diversifikation) Auswirkungen auf ihre Bewertung am Kapitalmarkt hat.[1027] So weisen Errunza/Senbet sowohl anhand eines theoretischen Modells als auch einer empirischen Untersuchung einen positiven Zusammenhang zwischen dem Marktwert eines Unternehmens und dem Grad der geografischen Diversifikation nach.[1028] Morck/Yeung stellen fest, dass sich die Internationalität eines Unternehmens vorteil-

[1021] Vgl. Froot et. al. (1993), S. 1630 f., 1638-1640.

[1022] Vgl. Froot et. al. (1993), S. 1630 f., 1638-1640. Die Untersuchung von Géczy et al. weist diesen Zusammenhang empirisch nach. Vgl. Géczy, C. et al. (1997), S. 1350.

[1023] Vgl. Allayannis, G./Weston, J. P. (2001), S. 252.

[1024] Vgl. Allayannis, G./Weston, J. P. (2001), S. 252; Allayannis, G. et al. (2012), S. 68; Kapitsinas, S. (2008), S. 15; Magee, S. (2013), S. 67; Nelson, J. M./Beierlein, J. J. (2014), S. 345; Panaretou, A. (2014), S. 1167; Vila Nova, M. et al. (2015), S. 20; Yermack, D. (1996), S. 195. Darüber hinaus ermitteln Allayannis/Weston das Verhältnis von Forschungs- und Entwicklungsaufwendungen zur Bilanzsumme sowie von Werbekosten zur Bilanzsumme als zusätzliche Indikatoren für die Investitionsmöglichkeiten. Vgl. Allayannis, G./Weston, J. P. (2001), S. 252, 260. Die erforderlichen Werte für die Forschungs- und Entwicklungsaufwendungen bzw. Marketingkosten liegen leider nicht in ausreichendem Maße vor, so dass auf eine Einbeziehung verzichtet wurde. Vgl. analoge Vorgehensweise bei Belghitar, Y. et al. (2013), S. 290; Ben Khediri, K. (2010), S. 65; Panaretou, A. (2014), S. 1167.

[1025] Vgl. Ahmed, H. et al (2014), S. 13, Belghitar, Y. et al. (2013), S. 290; Servaes, H. (1996), S. 1216.

[1026] Vgl. Froot et. al. (1993), S. 1630 f., 1638-1640; Myers, S.C. (1977), S. 148, 170.

[1027] Vgl. u. a. Allayannis, G./Weston, J. P. (2001), S. 253; Kapitsinas, S. (2008), S. 15; Panaretou, A. (2014), S. 1167; Vila Nova, M. et al. (2015), S. 21; Vivel Búa, M. et al. (2015), S. 921.

[1028] Vgl. Errunza, V. R./Senbet, L. W. (1984), S. 741.

haft auf den Wert der immateriellen Vermögenswerte auswirkt und somit indirekt einen positiven Einfluss auf den Unternehmenswert hat.[1029] Bodnar et al. zeigen empirisch, dass die Unternehmen mit internationaler Geschäftstätigkeit eine um 2,7 % höhere Bewertung aufweisen als ausschließlich auf den Heimatmarkt fokussierte Unternehmen.[1030] Die jüngeren empirischen Untersuchungen von Gande et al. und Creal et al. kommen zu einem ähnlichen Ergebnis, wonach sich die globale Diversifikation positiv auf den Wert eines Unternehmens auswirkt.[1031] Demgegenüber stellen die Untersuchungen von Denis et al. sowie Christophe/Lee für ihre jeweiligen US-amerikanischen Samples einen negativen Zusammenhang zwischen dem Grad der internationalen Diversifikation eines Unternehmens und seinem Wert fest.[1032] Diese unterschiedlichen empirischen Ergebnisse deuten darauf hin, dass sich aus Investorensicht das Verhältnis von Kosten und Nutzen in Bezug auf die internationale Diversifikation je nach betrachtetem Zeitraum und Land unterscheiden.[1033]

Um für die Internationalität des Unternehmens zu kontrollieren, wird die Auslandsumsatzquote in das Modell aufgenommen.[1034] Diese misst, welcher Anteil der Umsätze im Ausland erwirtschaftet wird.[1035] In Anbetracht der bisherigen finanzwirtschaftlichen Erkenntnisse ist sowohl ein positiver als auch ein negativer Zusammenhang der Variable mit dem Unternehmenswert denkbar.

5.3.4.7 Liquidität

Laut Jensen wirkt sich ein höherer Bestand an liquiden Mitteln negativ auf den Unternehmenswert aus, weil diese Unternehmen mit einer höheren Wahrscheinlichkeit in Projekte mit einem negativen Kapitalwert investieren.[1036] Harford stellt fest, dass Unternehmen mit hohem Zahlungsmittelbestand häufiger zu Übernahmen neigen,

1029 Vgl. Morck, R./Yeung, B. (1991), S. 176.
1030 Vgl. Bodnar, G. M. et al. (1999), S. 20, 24 f.
1031 Vgl. Creal, D. D. (2014), S. 15 f.; Gande, A. et al (2009), S. 1524.
1032 Vgl. Christophe, S. E./Lee, H. (2005), S. 640 f. Denis, D. J. et al. (2002), S. 1967 f. Chen et al. stellen für chinesische Unternehmen ebenso einen negativen Zusammenhang zwischen internationaler Diversifikation und Unternehmenswert fest. Vgl. Chen, C., et al. (2015), S. 23.
1033 Vgl. Chen, C., et al. (2015), S. 3.
1034 Vgl. u. a. Allayannis, G./Weston, J. P. (2001), S. 253; Belghitar, Y. et al. (2008), S. 50, 52; Kapitsinas, S. (2008), S. 15; Magee, S. (2013), S. 67; Panaretou, A. (2014), S. 1167.
1035 Vgl. Allayannis, G./Weston, J. P. (2001), S. 253.
1036 Vgl. Jensen, M. A. (1986), S. 323 f.

welche gemessen an der Aktienrendite zu einer Wertreduktion führen.[1037] Die Untersuchung von Harford et al. kommt darüber hinaus zu dem Ergebnis, dass die Kombination von überschüssiger Liquidität und schwacher Corporate Governance zu einer suboptimalen Investitionstätigkeit und damit zu einer niedrigeren Bewertung und Profitabilität führt.[1038] Die Untersuchung von Dittmar/Mahrt-Smith kommt zu dem Schluss, dass insbesondere Unternehmen mit einer schwachen Corporate Governance überschüssige Liquidität verschwenden und somit dem Wert des Unternehmens schaden.[1039] Faulkender/Wang stellen fest, dass der marginale Wertbeitrag von liquiden Mitteln mit dem Anstieg der Bestände sinkt.[1040]

Auf Basis der bisherigen Untersuchungen wird daher ein negativer Zusammenhang zwischen Liquidität und Unternehmenswert erwartet. Um diesen Effekt zu berücksichtigen, wird – ähnlich wie bei Belghitar et al. und Clark/Mefteh – die Quick-Ratio in das Modell aufgenommen.[1041] Bei dieser Kennzahl werden den liquiden Mitteln zuzüglich der kurzfristigen Forderungen die kurzfristigen Verbindlichkeiten gegenübergestellt.[1042] Im Rahmen des Robustheitstests wird die Current Ratio ermittelt. Diese misst das Verhältnis von Umlaufvermögen und kurzfristigen Verbindlichkeiten.[1043]

Auf Basis der vorgestellten Regressionsmodelle wird die multivariate Regressionsanalyse durchgeführt. Zuvor erfolgt jedoch zunächst eine deskriptive Analyse des Datensatzes.

5.4 Deskriptive Statistik

5.4.1 Analyse des Absicherungsverhaltens

Die hohe Bedeutung der Absicherung von Zins- und Währungsrisiken mit Derivaten zeigt sich in der Häufigkeit ihres Einsatzes. So sichern die untersuchten Unternehmen durchschnittlich in 70,5 % bzw. 74,1 % der Fälle ihr Zins- bzw. Währungsrisiko

1037 Vgl. Harford, J. (1999), S. 1995 f.
1038 Vgl. Harford, J. et al. (2008), S. 553 f.
1039 Vgl. Dittmar, A./Mahrt-Smith, J. (2007), S. 627
1040 Vgl. Faulkender, M./Wang, R. (2006), S. 1972.
1041 Vgl. Belghitar, Y. et. al. (2013), S. 290; Clark, E./Mefteh, S. (2010), S. 189.
1042 Vgl. Belghitar, Y. et. al. (2013), S. 290.
1043 Vgl. Vila Nova, M. et al. (2015), S. 21.

auf diese Weise ab.[1044] Von den Unternehmen, welche gemäß den Definitionen dieser Arbeit sowohl ein Zins- als auch ein Währungsrisiko aufweisen (N = 1.347), werden in 729 Fällen (54,1 %) beide Risiken abgesichert.[1045] In 90,9 % der Fälle, also 1.225 Beobachtungen werden dagegen mindestens für eines der beiden Risiken Absicherungsaktivitäten betrieben.

Wie in Abbildung 9 und 10 gezeigt, hat sich der Anteil der Unternehmen, die das Zins- oder Währungsrisiko absichern, im Zeitablauf relativ stabil entwickelt. Dies gilt sowohl für die Entwicklung der FX-Hedge-Intensität als auch für die FX-Hedge-Ratio. Bei der derivativen Zinsabsicherung sind im Vergleich dazu stärkere Schwankungen festzustellen. So ist der Anteil der Unternehmen, die ihr Zinsrisiko derivativ absichern, von 65,9 % im Jahr 2005 auf 75,3 % im Jahr 2009 gestiegen und im Anschluss bis 2013 wieder auf 66,4 % zurückgegangen (vgl. Abbildung 10). Diese Entwicklung hat sich, wie Abbildung 10 zeigt, auch in abgeschwächter Form bei der IR-Hedge-Intensität niedergeschlagen. Bei der IR-Hedge-Ratio ist dagegen ein starker Rückgang von 45,5 % im Jahr 2005 auf 30,9 % im Jahr 2013 festzustellen.

[1044] Vgl. auch Tabelle 10 und 11 in Kapitel 5.4.2. Diese Ergebnisse bestätigen somit die Erkenntnis aus den bislang für den deutschen Kapitalmarkt durchgeführten Umfragen, dass der Einsatz von derivativen Finanzinstrumenten eine wesentliche Rolle bei der Absicherung von Zins- und insbesondere Währungsrisiken spielt. Vgl. Bock, J. M./Chwolka, A. (2013), S. 496; Klöcker, A. (2011), S. 194; Meckl, R. et al. (2010), S. 220; Stenzel, A. et al. (2015), S. 55 f. Die konkreten Werte (70,5 % bzw. 74,1 %) sind nur eingeschränkt mit den bisherigen Umfrageergebnissen vergleichbar, da das Sample in der vorliegenden Arbeit deutlich umfangreicher als bei den Umfragen ist. Es bietet sich jedoch ein Vergleich mit Studien mit ähnlichem Untersuchungsansatz und -zeitraum an. Hierbei ist bei der Untersuchung von Panaretou festzustellen, dass im Untersuchungszeitraum von 2003 bis 2010 durchschnittlich 71,8 % bzw. 68,2 % der untersuchten britischen Unternehmen ihr Fremdwährungs- bzw. Zinsrisiko abgesichert haben. Vgl. Panaretou, A. (2014), S. 1163. Bei den Untersuchungen von Ahmed et al. sowie Vila Nova et al., welche einen ähnlich aktuellen Untersuchungszeitraum (2005-2012 bzw. 2005-2013) abdecken, sind die Absicherungsquoten mit 68,1 % bzw. 66,2 % hinsichtlich der derivativen Währungsabsicherung und 63,8 % bzw. 63,9 % bzgl. der Zinsabsicherung etwas niedriger. Vgl. Ahmed, H. et al. (2014), S. 7; Vila Nova, M. et al. (2015), S. 24 f. Ein möglicher Grund für die in der vorliegenden Arbeit höheren Absicherungsquoten im Vergleich zu diesen drei Untersuchungen könnte die im Durchschnitt deutlich geringere Größe der dort untersuchten britischen Unternehmen sowie länderspezifische Unterschiede sein. Vgl. Kapitel 5.4.2; Ahmed, H. et al. (2014), S. 23; Panaretou, A. (2014), S. 1168; Vila Nova, M. et al. (2015), S. 29. Bei Untersuchungen mit einem älteren Untersuchungszeitraum ist der Einsatz von Derivaten dagegen noch deutlich weniger verbreitet. Demnach haben Bartram et al. im Rahmen ihrer globalen Untersuchung für die Jahre 2000 und 2001 festgestellt, dass 45,2 % der untersuchten Unternehmen Fremdwährungsderivate und 33,1 % Zinsderivate einsetzen. Vgl. Bartram, S. M. et al. (2009), S. 191, 193.

[1045] In Abhängigkeit vom abzusichernden Risiko dominieren verschiedene Arten von Derivaten. Demnach werden in den Fällen, in welchen das Fremdwährungsrisiko (N = 1.028) derivativ abgesichert wird, in 958 Fällen Devisentermingeschäfte, 353 mal Swaps und in 279 Fällen Optionen eingesetzt. Zur Absicherung des Zinsrisikos (N = 1.011) werden dagegen vorwiegend Swaps (N = 914) und Optionen (N = 400) verwendet. Selten ist dagegen der Einsatz von Forwards (N = 21) und Futures (N = 24).

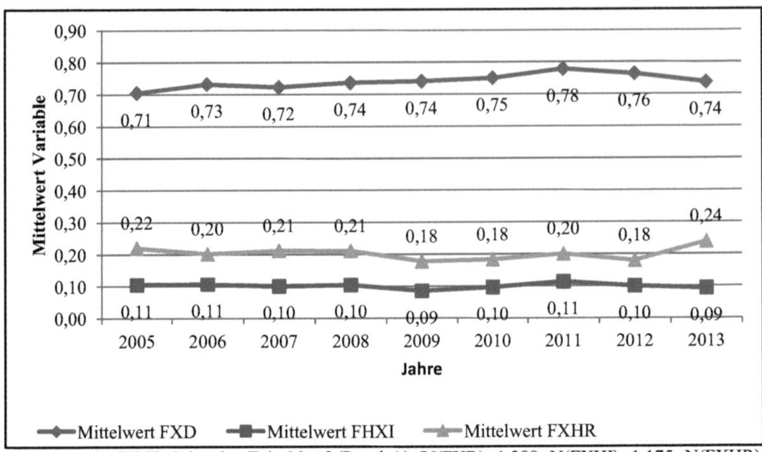

Abbildung 9: FX-Hedging im Zeitablauf (Panel A) (N(FXD): 1.388; N(FXHI): 1.175; N(FXHR): 1.070) (eigene Darstellung)

Im Rahmen dieser Analyse ist jedoch zu berücksichtigen, dass sich in Abhängigkeit vom betrachteten Index Unterschiede ergeben. Während 89,3 % bzw. 100 % der DAX-Unternehmen ihre Zins- bzw. Währungsrisiken mit Derivaten absichern, ist dies z. B. bei nur 51,2 % bzw. 64,9 % der TecDAX-Unternehmen der Fall.[1046] Von den untersuchten SDAX- und MDAX-Unternehmen sichern dagegen 69,7 % bzw. 87,8 % ihr Währungsrisiko ab, wohingegen beim Zinsrisiko der Anteil 70,7 % bzw. 79,5 % beträgt.

Hinsichtlich der bilanziellen Abbildung der Derivate ist festzustellen, dass im Durchschnitt in 53,9 % der Beobachtungen, die zur Absicherung von FX-Risiken eingesetzten Derivate bilanziell in einer Sicherungsbeziehung abgebildet werden, was in Abbildung 11 zusammengestellt ist. Bei Zinsderivaten beträgt der Anteil dagegen 48,1 %.[1047] Wird demgegenüber der Anteil des Nominalvolumens der Derivate, wel-

1046 Im Rahmen der Regressionsanalyse wird untersucht, ob die Ergebnisse von der Indexzugehörigkeit abhängen. Hierbei ist kein signifikanter Einfluss festzustellen. Ein möglicher Grund könnte sein, dass die Indexzugehörigkeit auch ein Indikator für die Unternehmensgröße ist, für welche bereits im Regressionsmodell kontrolliert wird.

1047 Der Umfrage von Glaum/Klöcker zufolge wenden 65,8 % der befragten deutschen und schweizerischen Unternehmen, unabhängig vom abgesicherten Risiko, Hedge Accounting an. Vgl. Glaum, M./Klöcker, A. (2009), S. 331. Ein möglicher Grund für die im Vergleich zur vorliegenden Untersuchung höheren Werte, könnte eine verhältnismäßig höhere Rücklaufquote von großen Unternehmen sein. Von diesen wenden 94,7 % Hedge Accounting an, während dies bei den kleinen Unternehmen nur bei 34,2 % zutrifft. Vgl. Glaum, M./Klöcker, A. (2009), S. 331. Dies lässt sich jedoch leider nicht weiter überprüfen, da die hierfür relevanten Informationen nicht in der Unter-

cher in eine Sicherungsbeziehung eingebunden wird, betrachtet, ist festzustellen, dass 42,3 % bzw. 52,3 % der Nominalvolumina der eingesetzten Fremdwährungs- bzw. Zinsderivate in eine Sicherungsbeziehung eingebunden sind (vgl. Abbildung 12). Auch hier sind in Abhängigkeit vom betrachteten Index starke Unterschiede festzustellen. Während 90,8 % bzw. 83,2 % der FX- bzw. IR-Derivate einsetzenden DAX-Unternehmen Hedge Accounting angewendet haben, erfolgt dies z. B. bei TecDAX-Unternehmen in demselben Zusammenhang nur bei 35,5 % bzw. 23,4 % der Beobachtungen. Von den SDAX und MDAX-Unternehmen haben sich dagegen bei der Währungsabsicherung 46,7 % bzw. 71,1 % für Hedge Accounting entschieden, wohingegen es bei der Zinsabsicherung 47,6 % bzw. 59,4 % sind.

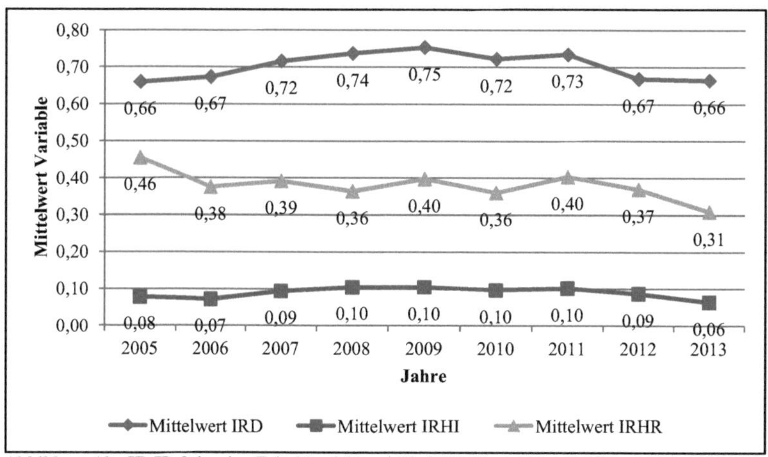

Abbildung 10: IR-Hedging im Zeitablauf (Panel B) (N(IRD): 1.435; N(IRHI): 1.285); N(IRHR): 1.285) (eigene Darstellung)

Hinsichtlich der Entwicklung im Zeitablauf sind in Bezug auf das Hedge Accounting deutliche Unterschiede zwischen Zins- und Währungsabsicherung festzustellen. Wie Abbildung 11 zeigt, ist sowohl die durchschnittliche FX-Hedge-Accounting-Dummy-Variable als auch die FX-Hedge-Accounting-Quote von 2005 bis 2013 um 5,8 % bzw. 10,8 % gestiegen. Dem steht ein relativ starker Anstieg der IR-Hedge-Accounting-Dummy bzw. -Quote um 13,6 % bzw. 47,7 % gegenüber.

suchung enthalten sind.

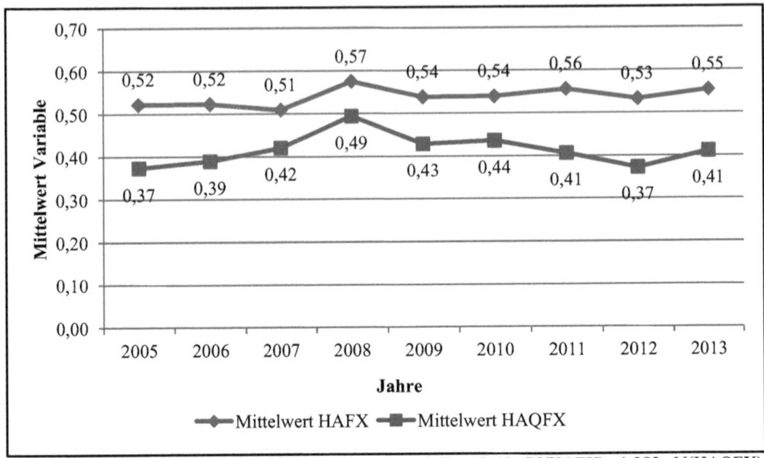

Abbildung 11: FX-Hedge Accounting im Zeitablauf (Panel A) (N(HAFX): 1.382; N(HAQFX): 579) (eigene Darstellung)

Bei Betrachtung der Entwicklung der durchschnittlich je Unternehmen der Untersuchung eingesetzten Nominalvolumina von FX-Derivaten ist festzustellen, dass diese von durchschnittlich 1.164 Mio. EUR in 2005 um 38,1 % auf 1.607 Mio. EUR in 2013 gestiegen sind, was Abbildung 13 zeigt. Demgegenüber sind die durchschnittlichen Nominalvolumen der eingesetzten Zinsderivate von 909 Mio. EUR im Jahr 2005 um 4,7 % auf 866 Mio. EUR zurückgegangen. Dies bedeutet vor dem Hintergrund des Anstiegs des Mittelwerts der Zins-Hedge-Accounting-Dummy-Variable bzw. -Quote, dass bei reduziertem Volumen der eingesetzten Derivate der Anteil der in eine Sicherungsbeziehung einbezogenen Zinsderivate gestiegen ist (vgl. Abbildung 12).

In Bezug auf die Hedge-Accounting-Quoten ist jedoch festzuhalten, dass die Anzahl der Beobachtungen deutlich geringer ist als bei der Hedge-Accounting-Dummy-Variable. Dies resultiert im Wesentlichen daraus, dass die für diese Kennzahl relevanten Angaben im Konzernanhang aufgrund der Gestaltungsspielräume nach IFRS nicht explizit veröffentlicht werden müssen.[1048]

[1048] Vgl. Kapitel 3.4.

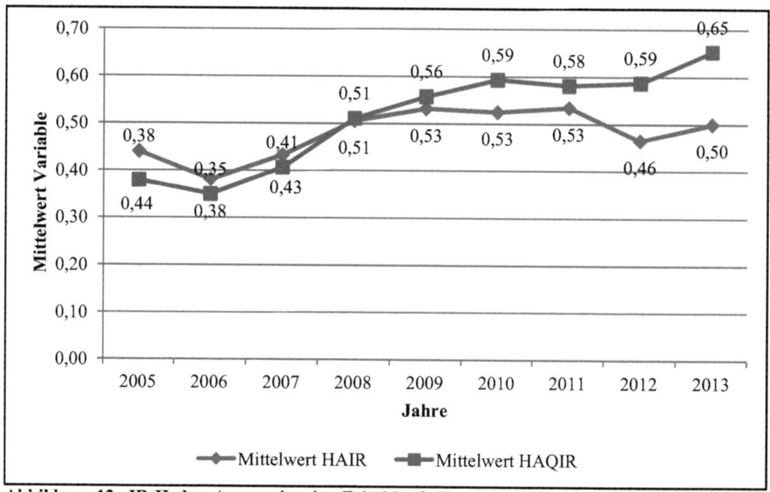

Abbildung 12: IR-Hedge Accounting im Zeitablauf (Panel B) (N(HAIR): 1.401; N(HAQFX): 676) (eigene Darstellung)

Insgesamt wurden im Durchschnitt im Gesamtzeitraum FX-Derivate in Höhe von 1.304 Mio. EUR bzw. Zinsderivate in Höhe von 797 Mio. EUR eingesetzt (vgl. Abbildung 13). Hierbei ist allerdings zu berücksichtigen, dass die Durchschnittswerte stark von den DAX-Unternehmen beeinflusst werden, die im Zeitraum von 2005 bis 2013 insgesamt durchschnittlich FX-Derivate in Höhe von 9.780 Mio. EUR sowie Zinsderivate in Höhe von 5.998 Mio. EUR einsetzen.[1049] Demgegenüber setzen die restlichen Unternehmen, welche nicht dem DAX angehören, durchschnittlich FX-Derivate in Höhe von 227 Mio. EUR bzw. IR-Derivate in Höhe von 179 Mio. EUR ein. Die in Abbildung 13 dargestellte Gesamtentwicklung im Zeitablauf der eingesetzten Derivate unterscheidet sich jedoch nicht wesentlich, wenn die Entwicklung der Nominalvolumina der Derivate differenziert nach Indizes betrachtet wird. Unabhängig vom betrachteten Index ergibt sich jeweils ein relativ starker Anstieg in Bezug auf die FX-Derivate, wohingegen die durchschnittlichen Nominalvolumina der eingesetzten IR-Derivate leicht rückläufig sind.

[1049] Im Folgenden verzerren die starken Unterschiede hinsichtlich der Höhe der Nominalvolumina in Abhängigkeit von der Indexzugehörigkeit die Ergebnisse nicht, da sowohl die Hedge-Ratio als auch die Hedge-Intensität durch die jeweilige Nennergröße normalisiert werden.

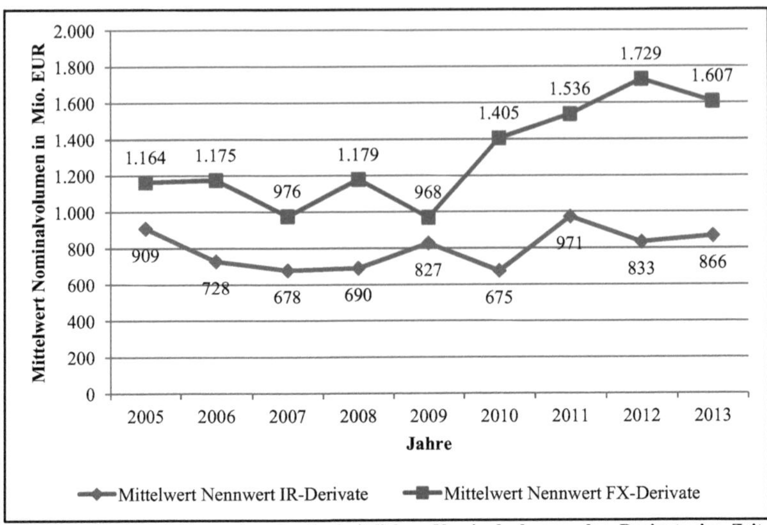

Abbildung 13: Entwicklung der durchschnittlichen Nominalvolumen der Derivate im Zeitablauf (N(FX): 1.177; N(IR): 1.285) (eigene Darstellung)

5.4.2 Charakteristika der Unternehmen der Stichprobe

Im Folgenden werden anhand von Tabelle 10 und 11 die Charakteristika der untersuchten Unternehmen dargestellt. Das Panel A enthält hierbei Unternehmen mit einer durchschnittlichen Bilanzsumme von 9.857 Mio. EUR, einem Tobins Q von 1,6 und einer Fremdkapitalquote von durchschnittlich 46,7 %. Die Quick-Ratio von 1,2 deutet darauf hin, dass die untersuchten Unternehmen im Durchschnitt ihre kurzfristigen Zahlungsverpflichtungen zu 120,0 % mit ihren liquiden Mitteln und kurzfristigen Forderungen abdecken können. Durchschnittlich werden 31,9 % der Umsätze im Ausland erwirtschaftet, wobei wiederum im Mittel 6,5 % der Umsätze für Investitionen in langfristige Anlagegüter verwendet werden. Nach Berücksichtigung der entsprechenden Kosten ist festzustellen, dass die Unternehmen von 2005 bis 2013 jährlich durchschnittlich eine Rendite auf das eingesetzte Kapital (ROCE) in Höhe von 11,3 % und für die Aktionäre eine Dividendenrendite von 2,1 % erwirtschaftet haben.

Kennzahl (Variable)	Mittelwert	Median	Maximum	Minimum	Standardabweichung	Beobachtungen (N)
Tobins Q	1,596	1,300	16,481	0,460	1,064	1.384
ln Tobins Q	0,346	0,262	2,802	-0,776	0,446	1.384
ln Tobins Q branchenadjustiert (Unternehmenswert)	0,064	0,000	1,464	-0,706	0,424	1.384
FX-Dummy (FXD)	0,741	1,000	1,000	0,000	0,438	1.388
FX-Intensität (FXHI)	0,101	0,040	0,819	0,000	0,149	1.175
FX-Hedge-Ratio (FXHR)	0,202	0,082	1,682	0,000	0,310	1.070
FX-Hedge-Accounting-Dummy (HAFX)	0,539	1,000	1,000	0,000	0,499	1.382
FX-Hedge-Accounting-Quote (HAQFX)	0,418	0,322	1,000	0,000	0,417	579
ROCE (Profitabilität)	0,113	0,120	0,516	-0,599	0,160	1.378
Bilanzsumme in Mio. EUR	9.857	1.075	318.711	10	29.945	1.386
ln Bilanzsumme (Unternehmensgröße)	14,092	13,888	18,827	10,623	1,875	1.386
Fremdkapitalquote (Kapitalstruktur)	0,467	0,468	0,914	0,044	0,230	1.384
Auslandsumsatzquote (Geografische Diversifikation)	0,319	0,273	0,998	0,000	0,240	1.024
Quick-Ratio (Liquidität)	1,192	0,950	5,662	0,270	0,830	1.328
Dividendenrendite (Kapitalbeschränkung)	0,021	0,016	0,123	0,000	0,023	1.386
Investitionsquote (Investitionsmöglichkeiten)	0,065	0,035	0,836	0,002	0,111	1.377

Tabelle 10: Deskriptive Statistik zu den Charakteristika der Unternehmen des Panel A (eigene Darstellung)

Demgegenüber umfasst Panel B Unternehmen mit einer durchschnittlichen niedrigeren Bilanzsumme von 9.608 Mio. EUR und einem niedrigeren ROCE von 10,7 %. Wird die Auslandsumsatzquote als Maßstab für die Internationalität der Unternehmen genommen, ist festzustellen, dass diese mit 29,8 % in Panel B geringer ausgeprägt ist als in Panel A. Demgegenüber ist sowohl die Verschuldung (Fremdkapitalquote: 47,8 %) als auch der Anteil der Investitionsausgaben für langfristige Anlagengüter am Gesamtumsatz mit 8,7 % in Panel B durchschnittlich höher als in Panel A. In Bezug auf die Dividendenrendite (Durchschnitt: 2,0 %), die Quick-Ratio (Durchschnitt: 1,2) sowie Tobins Q (Durchschnitt: 1,6) weisen die Unternehmen von Panel A und B vergleichbare Werte auf.

Kennzahl/Variable	**Mittelwert**	**Median**	**Maximum**	**Minimum**	**Standardabweichung**	**Beobachtungen (N)**
Tobins Q (Unternehmenswert)	1,558	1,266	16,481	0,460	1,021	1.433
ln Tobins Q (Unternehmenswert)	0,328	0,236	2,802	-0,776	0,434	1.433
ln Tobins Q branchenadjustiert (Unternehmenswert)	0,057	-0,005	1,386	-0,701	0,408	1.433
IR-Dummy (Hedge-Variable)	0,705	1,000	1,000	0,000	0,456	1.435
IR-Intensität (Hedge-Variable)	0,090	0,034	0,596	0,000	0,129	1.285
IR-Hedge-Ratio (Hedge-Variable)	0,380	0,177	5,494	0,000	0,708	1.285
IR-Hedge-Accounting-Dummy	0,481	0,000	1,000	0,000	0,500	1.401
IR-Hedge Accounting Quote	0,522	0,653	1,000	0,000	0,460	676
ROCE (Profitabilität)	0,107	0,112	0,498	-0,619	0,159	1.430
Bilanzsumme in Mio. EUR	9.608	1.134	318.711	10	29.461	1.435
ln Bilanzsumme (Unternehmensgröße)	14,120	13,941	18,824	10,681	1,832	1.435
Fremdkapitalquote (Kapitalstruktur)	0,478	0,483	0,926	0,049	0,227	1.433
Auslandsumsatzquote (Geografische Diversifikation)	0,298	0,252	0,994	0,000	0,244	1.075
Quick-Ratio (Liquidität)	1,165	0,950	5,661	0,269	0,815	1.338
Dividendenrendite (Kapitalbeschränkung)	0,020	0,016	0,104	0,000	0,022	1.433
Investitionsquote (Investitionsmöglichkeiten)	0,087	0,036	1,787	0,002	0,220	1.426

Tabelle 11: Deskriptive Statistik zu den Charakteristika der Unternehmen des Panel B (eigene Darstellung)

5.5 Bivariate Analyse des Zusammenhangs zwischen Hedging und Unternehmenswert

5.5.1 Analyse der Zusammenhänge zwischen den Variablen

Um nähere Erkenntnisse über den Zusammenhang von Hedging und Unternehmenswert zu erlangen, werden zunächst im Rahmen einer Korrelationsanalyse die Abhängigkeiten zwischen den Variablen untersucht. In Tabelle 12 und 13 sind die Korrelationen zwischen den im Regressionsmodell eingesetzten Variablen für Panel A bzw. B zusammengestellt.

Wird zunächst der Zusammenhang zwischen den Hedge-Variablen und dem sowohl branchenadjustierten als auch logarithmierten Tobins Q betrachtet, ist für beide Panels und für alle Hedge-Variablen ein schwach positiver linearer Zusammenhang festzustellen. Die Korrelationskoeffizienten bewegen sich in der Bandbreite von 0,045 für die FXHR bis 0,199 für die IRHR. Aus diesen Informationen lassen sich allerdings noch keine Aussagen über die Wertrelevanz von Hedging ableiten. Um dies im Folgenden im Rahmen eines multivariaten Ansatzes näher untersuchen zu können, muss zunächst geprüft werden, ob es Anzeichen auf Multikollinearität zwischen den erklärenden Variablen gibt, welche zu einer Verzerrung der Ergebnisse führen könnte.[1050]

Die Korrelation zwischen den im Modell einbezogenen erklärenden Variablen ist weder für Panel A noch für Panel B hoch. Sowohl in Panel A als auch B ist, absolut betrachtet, die negative Korrelation zwischen der Kapitalstruktur und Profitabilität am höchsten. Der Korrelationskoeffizient r nach Pearson beträgt in dieser Konstellation für Panel A bzw. B -0,450 bzw. -0,439. Die stärkste positive Korrelation in Panel A besteht zwischen Unternehmensgröße und der Kapitalstruktur mit r = 0,397. In Panel B ist dies beim Zusammenhang zwischen Unternehmensgröße und der Zins-Hedge Accounting-Dummy mit r = 0,415 der Fall.

[1050] Vgl. analog Panaretou, A. (2014), S. 1169, Vila Nova, M. et al. (2015), S. 30 f.

Panel A (FX-Hedging)	1	2	3	4	5	6	7	8	9	10	11	12	13
1_Kapitalbeschränkung	1,000												
2_FX-Hedging Dummy	-0,064	1,000											
3_FX-Hedge-Ratio	0,099	0,077	1,000										
4_FX-Hedge-Intensität	0,116	0,075	0,706	1,000									
5_Geografische Diversifikation	-0,015	-0,028	-0,080	0,005	1,000								
6_FX-Hedge Accounting Dummy	0,136	-0,088	0,216	0,298	-0,146	1,000							
7_FX Hedge Accounting Quote	0,102	0,105	0,181	0,152	-0,283	0,682	1,000						
8_Kapitalstruktur	0,169	0,114	0,006	-0,074	-0,106	0,112	0,072	1,000					
9_Liquidität	-0,057	-0,128	0,005	-0,022	-0,053	-0,098	0,088	-0,393	1,000				
10_ln (Tobins Q) branchenadj.	-0,122	0,080	0,045	0,127	0,093	-0,110	-0,058	-0,814	0,317	1,000			
11_Unternehmensgröße	0,107	0,111	0,256	0,174	0,105	0,270	-0,065	0,397	-0,307	-0,241	1,000		
12_Profitabilität	0,197	-0,044	-0,067	0,099	0,161	-0,100	-0,099	-0,450	0,206	0,476	-0,131	1,000	
13_Investitionsmöglichkeiten	-0,060	0,096	0,216	-0,107	-0,106	-0,069	0,067	-0,048	0,278	0,094	0,021	-0,098	1,000

Tabelle 12: Korrelogramm für das Panel A auf Basis des Pearson-Korrelationskoeffizienten r (eigene Darstellung)

Für beide Panels kann zum Teil eine hohe Korrelation zwischen der abhängige Variable Tobins Q und den erklärenden Variablen festgestellt werden. In beiden Panels weist der Korrelationskoeffizient zwischen der Fremdkapitalquote und des Tobins Q die höchste negative Ausprägung auf: Panel A: r = -0,814 und Panel B: r = -0,808. Den höchsten positiven Wert nimmt der Koeffizient dagegen in beiden Fällen für den Zusammenhang zwischen ROCE und Tobins Q ein: Panel A: r = 0,476 und Panel B: r = 0,478. Dies stellt einen ersten Indikator für den Einfluss der erklärenden Variablen auf Tobins Q dar.[1051]

Darüber hinaus besteht sowohl in Panel A als auch in Panel B jeweils eine vergleichsweise hohe Korrelation zwischen der Hedge-Ratio und der Hedge-Intensität (Panel A: r = 0,706; Panel B: r = 0,395) sowie zwischen der jeweiligen Hedge Accounting-Dummy und der entsprechenden Hedge-Accounting-Quote (Panel A: r = 0,682; Panel B: r = 0,822). Dies ergibt sich aus der ähnlichen Konstruktion der Variablen und führt zu keinem Multikollinearitätsproblem bei der Durchführung der Regressionsanalyse, da nur jeweils eine der beiden Variablen im Modell berücksichtigt wird.

Insgesamt bleibt festzuhalten, dass es keine Hinweise auf ein Multikollinearitätsproblem gibt, weil die Korrelation zwischen den erklärenden Variablen in beiden Panels gering ist.[1052] Um sicherzustellen, dass dies nicht nur bei der bivariaten, sondern auch bei der multivariaten Analyse gilt, werden im Rahmen der Regressionsanalyse zusätzlich die Varianzinflationsfaktoren berechnet.

1051 In der Untersuchung von Vila Nova et al. (2015) wird ebenso ein teilweise starker Zusammenhang zwischen den erklärenden Variablen und Tobins Q festgestellt. Vgl. Vila Nova, M. et al. (2016), S. 30 f.

1052 Die Höhe der Korrelationskoeffizienten liegt deutlich unter dem Wert von 0,8, welcher in der Literatur als Hinweis für eine stark lineare Beziehung erachtet wird. Vgl. Panaretou, A. (2014), S. 1169.

Panel B (IR-Hedging)	1	2	3	4	5	6	7	8	9	10	11	12	13
1_Kapital-beschränkung	1,000												
2_Geografische Diversifikation	-0,062	1,000											
3_IR-Hedge Accounting Dummy	0,157	-0,029	1,000										
4_IR Hedge Accounting Quote	0,120	-0,022	0,822	1,000									
5_IR-Hedging Dummy	-0,026	0,083	-0,066	-0,115	1,000								
6_IR-Hedge-Ratio	-0,005	0,039	-0,141	-0,084	0,061	1,000							
7_IR-Hedge-Intensität	-0,082	0,117	0,056	0,033	0,084	0,395	1,000						
8_Kapital-struktur	0,082	0,054	0,218	0,176	-0,218	-0,263	0,021	1,000					
9_Liquidität	-0,052	-0,099	-0,047	0,012	-0,016	0,030	-0,096	-0,353	1,000				
10_ln (Tobins Q) branchenadj.	-0,075	-0,043	-0,192	-0,199	0,152	0,199	0,057	-0,808	0,228	1,000			
11_Unter-nehmensgröße	0,143	0,030	0,415	0,266	0,021	-0,163	-0,146	0,337	-0,168	-0,230	1,000		
12_Profitabilität	0,233	-0,059	0,039	0,007	0,098	0,144	-0,012	-0,438	0,139	0,478	-0,069	1,000	
13_Investitions-möglichkeiten	-0,043	-0,116	-0,123	-0,154	0,038	-0,003	-0,091	-0,116	0,291	0,102	0,039	-0,058	1,000

Tabelle 13: Korrelogramm für das Panel B auf Basis des Pearson-Korrelations-koeffizienten r (eigene Darstellung)

5.5.2 Unternehmenscharakteristika in Abhängigkeit von der Absicherungsentscheidung

Nach der Untersuchung der Zusammenhänge zwischen den einbezogenen Variablen wird im Folgenden untersucht, inwiefern sich die Eigenschaften von absichernden und nicht absichernden Unternehmen unterscheiden. Zur Überprüfung der Signifikanz der Unterschiede der Mittelwerte bzw. Mediane wird jeweils ein t-Test bzw. Wilcoxon-Mann-Whitney-Test durchgeführt.[1053]

Panel A (FX-Hedging)	**FX-Hedging**			**kein FX-Hedging**			**t-Test**	**Wilcoxon/ Mann-Whitney-Test**
	N	**Mittelwert**	**Median**	**N**	**Mittelwert**	**Median**	**Delta Mittelwert**	**Delta Median**
Profitabilität	1.023	0,118	0,122	355	0,098	0,116	0,020**	0,005
Investitionsmöglichkeiten	1.023	0,055	0,035	354	0,094	0,036	-0,039***	-0,001
Kapitalstruktur	1.026	0,491	0,507	358	0,400	0,365	0,090***	0,142***
Liquidität	1.018	1,120	0,930	310	1,410	1,100	-0,290***	-0,170***
Geografische Diversifikation	811	0,337	0,297	213	0,248	0,155	0,090***	0,142***
Kapitalbeschränkung	1.027	0,021	0,017	359	0,018	0,011	0,003**	0,005***
Unternehmensgröße	1.027	14,531	14,239	359	12,836	12,803	1,695***	1,436***
Tobins Q	1.026	1,526	1,254	358	1,794	1,422	-0,268***	-0,169***
ln (Tobins Q) branchen-adj.	1.026	0,028	-0,036	358	0,169	0,081	-0,141***	-0,116***
Hinweis: Signifikanzniveau 10 % (*), 5 % (**), 1 % (***)								

Tabelle 14: Unternehmenscharakteristika in Abhängigkeit von der Absicherungsentscheidung (Panel A) (eigene Darstellung)

Bei der Betrachtung der Ergebnisse in Tabelle 14 zeigt sich, dass das FX-Risiko absichernde Unternehmen unabhängig davon, ob ein t-Test oder ein Wilcoxon-Mann-Whitney-Test durchgeführt wird, im Vergleich zu Unternehmen, die nicht absichern,

[1053] Die Vorgehensweise erfolgt in Anlehnung an Bartram et al., Kapitsinas sowie Vila Nova et al. Vgl. Bartram, S. M. et al. (2011), S. 985; Kapitsinas, S. (2008), S. 13 f., 33 f., Vila Nova, M. et al. (2015), S. 32.

eine signifikant höhere Verschuldung, niedrigere kurzfristige Liquidität, stärker ausgeprägte geografische Diversifikation sowie höhere Dividendenrendite und damit niedrigere Kapitalbeschränkung aufweisen. Zudem ergibt sich aus der Analyse, dass die absichernden Unternehmen in Bezug auf die Bilanzsumme wesentlich größer sind als Unternehmen, die nicht-derivativ absichern. Dies steht im Einklang mit den Erkenntnissen bisheriger Untersuchungen.[1054] Hinsichtlich der Profitabilität und der Investitionsquote ergeben sich nur in Bezug auf die Mittelwerte signifikant positive bzw. negative Unterschiede, nicht aber für die Mediane. Darüber hinaus weisen FX-Hedger allerdings ein signifikant niedrigeres Tobins Q als nicht-absichernde Unternehmen auf. Zu einem ähnlichen Ergebnis kommen auch Bartram et al.,[1055] die bei einer vergleichbaren univariaten Untersuchung feststellen, dass im Durchschnitt die Nicht-Finanzunternehmen ihrer Stichprobe, die Derivate zur Absicherung einsetzten, ein um 17,3 % niedrigeres Tobins Q aufweisen als Unternehmen, die kein derivatives Hedging betreiben.[1056]

Aus Tabelle 15 geht hervor, dass es sich hinsichtlich der das IR-Risiko absichernden Unternehmen ähnlich verhält. Unternehmen, die ihr Zinsrisiko mit Derivaten absichern, weisen unabhängig davon, ob ein t-Test oder ein Wilcoxon-Mann-Whitney-Test durchgeführt wird, im Vergleich zu Unternehmen, die nicht absichern, eine signifikant höhere Verschuldung, niedrigere kurzfristige Liquidität, höhere geografische Diversifikation, eine höhere Bilanzsumme sowie eine niedrigere Kapitalbeschränkung auf. Auch hier ist das Tobins Q der Zinsrisikoabsicherer signifikant niedriger. Hinsichtlich der Profitabilität ergeben sich nur in Bezug auf den Median signifikant negative Unterschiede. Die Ergebnisse unterscheiden sich nur in Bezug auf den Faktor Investitionsmöglichkeiten von denen für Absicherer des FX-Risikos. Hierbei ergibt sich bei IR-Hedgern in beiden Testvarianten eine signifikant höhere Investitionsquote als bei nicht absichernden Unternehmen.[1057]

1054 Vgl. Bartram, S. M. et al. (2009), S. 197; Fok, R. C. W. et al. (1997), S. 569; Mian, S. L. (1996), S.433; Nance, D. R. et al. (1993), S. 267, 275.

1055 Vgl. Bartram, S. M. et al. (2011), S. 985.

1056 Vgl. Bartram, S. M. et al. (2011), S. 985.

1057 Führt man die gleiche Analyse erneut durch und legt dabei die Anwendung von Hedge Accounting als Differenzierungskriterium fest, so ergeben sich vergleichbare Ergebnisse.

Panel B (IR-Hedging)	IR-Hedging			kein IR-Hedging			t-Test	Wilcoxon-Mann-Whitney-Test
	N	Mittelwert	Median	N	Mittelwert	Median	Delta Mittelwert	Delta Median
Profitabilität	1.006	0,107	0,106	424	0,108	0,137	-0,001	-0,031***
Investitionsmöglichkeiten	1.004	0,103	0,041	422	0,051	0,029	0,052***	0,012***
Kapitalstruktur	1.011	0,525	0,535	422	0,366	0,322	0,159***	0,213***
Liquidität	919	1,010	0,870	419	1,510	1,220	-0,500***	-0,350***
Geografische Diversifikation	803	0,319	0,276	272	0,237	0,186	0,081***	0,089***
Kapitalbeschränkung	1.011	0,023	0,018	422	0,016	0,009	0,007***	0,009***
Unternehmensgröße	1.011	14,566	14,280	424	13,055	12,975	1,511***	1,305***
Tobins Q	1.011	1,427	1,212	422	1,871	1,535	-0,444***	-0,323***
Ln (Tobins Q) branchenadj.	1.011	0,002	-0,047	422	0,189	0,115	-0,187***	-0,161***
Hinweis: Signifikanzniveau 10 % (*), 5 % (**), 1 % (***)								

Tabelle 15: Unternehmenscharakteristika in Abhängigkeit von der Absicherungsentscheidung (Panel B) (eigene Darstellung)

Diese bivariate Untersuchung hat gezeigt, dass Hedger und Nicht-Hedger wesentliche Unterschiede hinsichtlich ihrer Charakteristika aufweisen,[1058] die im Rahmen der multivariaten Analyse berücksichtigt werden sollten.[1059] Durch die Aufnahme der Variablen in das Regressionsmodell wird diesem Sachverhalt im Folgenden Rechnung getragen. Im Rahmen der multivariaten Betrachtung soll untersucht werden, ob sich die Beobachtung von vergleichsweise niedrigeren Unternehmenswerten von absichernden Unternehmen bestätigt.

[1058] Diesen Schluss lassen auch die Untersuchungen von Bartram et al., Kapitsinas sowie Vila Nova zu. Vgl. Bartram, S. M. et al. (2011), S. 986; Kapitsinas, S. (2008), S. 13 f., 33 f., Vila Nova, M. et al. (2015), S. 32.

[1059] Vgl. Bartram, S. M. et al. (2011), S. 986.

5.6 Der Werteffekt von Corporate Financial Hedging

5.6.1 Ergebnisse für den gesamten Untersuchungszeitraum

5.6.1.1 Währungsabsicherung

Im Rahmen der multivariaten Regressionsanalyse wird zunächst der Einfluss der Währungsabsicherung auf den Unternehmenswert im Gesamtzeitraum untersucht.[1060] Zur möglichst korrekten Abbildung der Absicherungsaktivitäten wird das Regressionsmodell abwechselnd mit allen drei in Kapitel 5.3.2 vorgestellten unabhängigen Variablen geschätzt: Hedge-Dummy (FXD bzw. IRD), Hedge-Intensität (FXHI bzw. IRHI) und Hedge-Ratio (FXHR bzw. IRHR). Demzufolge muss auch bei der Interpretation der Ergebnisse differenziert werden. Daher werden im Folgenden die Ergebnisse für jedes Regressionsmodell (M_1-M_8) in einer separaten Tabelle dargestellt, wobei in den Zeilen die unabhängigen Variablen und in den Spalten die Regressionskoeffizienten differenziert nach der Art der Hedge-Variable dargestellt werden. Ergänzend zum Regressionskoeffizienten wird in Klammern der zugehörige Wert der t-Statistik abgebildet. Statistisch signifikante Resultate werden durch die entsprechende Anzahl an Sternen („***", „**", „*") für das jeweilige Signifikanzniveau („1 %", „5 %", „10 %") markiert.

Die folgenden Regressionsergebnisse basieren auf M_1. Zur Ermittlung des für den Datensatz angemessenen Regressionsmodells wird vorgegangen, wie es in Kapitel 5.2.2 beschrieben wurde. Zunächst wird die Regression anhand des Fixed-Effects-Modells durchgeführt. Anschließend erfolgt der Hausman-Test zur Überprüfung der Nullhypothese, dass keine Korrelation zwischen Störterm und erklärenden Variablen vorliegt.[1061] Hierbei ist festzustellen, dass diese mit einer Ausnahme für alle Modelle auf dem 1 %-Signifikanzniveau zu verwerfen ist. Die Ausnahme betrifft das Regressionsmodell M_7, wenn der Faktor der Sicherungsbilanzierung mithilfe der Hedge-Accounting-Quote im Regressionsmodell abgebildet wird. In diesem Fall kann die Nullhypothese des Hausman-Tests nicht verworfen werden. Der Argumentation aus Kapitel 5.2.2 folgend, ist demnach die Anwendung des RE-Modells angemessen.

[1060] Die Regressionsanalyse erfolgt mithilfe der Software EViews (Version 9).
[1061] Vgl. Lippe, P. v. d. (2011), S. 13.

Abgesehen von dieser Ausnahme ist bei allen anderen Regressionsmodellen neben der Nullhypothese beim Hausman-Test auch die des im Anschluss durchgeführten Redundant-Fixed-Effects-Test zu verwerfen. Die Ablehnung der Nullhypothese dieses Tests spricht für das Vorliegen von Heterogenität.[1062] Somit stellt in diesen Fällen das FE-Modell den adäquaten ökonometrischen Ansatz dar.[1063]

Variablen	**Regressionskoeffizient (t-Statistik)**		
	FXD	**FXHI**	**FXHR**
Konstante	1,615*** (5,884)	1,456*** (5,124)	1,518*** (5,370)
FX-Dummy (FXD)	-0,001 (-0,066)		
FX-Intensität (FXHI)		0,138** (2,070)	
Hedge-Ratio (FXHR)			0,070** (2,334)
Profitabilität	0,068 (1,292)	0,085 (1,556)	0,085 (1,563)
Unternehmensgröße	-0,061*** (-3,086)	-0,048** (-2,305)	-0,051** (-2,501)
Kapitalbeschränkung	-0,924*** (-3,052)	-1,053*** (-3,198)	-1,048*** (-3,176)
Investitionsmöglich-keiten	-0,000 (-0,001)	-0,189 (-1,037)	-0,275 (-1,512)
Kapitalstruktur	-1,293*** (-22,397)	-1,365*** (-22,535)	-1,373*** (-22,544)
Geograf. Diversifikation	-0,021 (-0,679)	-0,052 (-1,568)	-0,045 (-1,346)
Liquidität	-0,071*** (-5,799)	-0,049*** (-3,918)	-0,050*** (-3,949)
R^2 adj. (N)	0,876 (992)	0,888 (847)	0,888 (843)
Hinweis: Anwendung eines FE-Modells inkl. Dummy-Variablen für die Jahre 2006-2013; Signifikanzniveau 10 % (*), 5 % (**), 1 % (***)			

Tabelle 16: Werteffekt des FX-Hedging im Gesamtzeitraum (eigene Darstellung)

Hinsichtlich der Kontrollvariablen ist, wie Tabelle 16 zeigt, festzuhalten, dass abgesehen von Profitabilität, Investitionsmöglichkeiten und geografischer Diversifikation alle einen signifikanten oder hochsignifikanten Zusammenhang mit Tobins Q aufweisen. Dies gilt unabhängig von der verwendeten Hedge-Variable.

Die Vorzeichen der Koeffizienten und damit die Wirkungsrichtung der Variablen bewegt sich im Rahmen der Erwartungen.[1064] So weisen die Unternehmensgröße, die Kapitalbeschränkung, die Kapitalstruktur und auch die Liquidität ein negatives Vor-

[1062] Vgl. Kapitsinas, S. (2009), S. 16; Lippe, P. v. d. (2011), S. 13, 20.
[1063] Vgl. Kapitsinas, S. (2009), S. 16; Lippe, P. v. d. (2011), S. 13, 20.
[1064] Vgl. Tabelle 9 in Kapitel 5.3.4.1.

zeichen auf. Die Vorzeichen der Koeffizienten der Variablen Profitabilität, geografische Diversifikation sowie Investitionsmöglichkeiten sind nicht aussagekräftig, da diese keinen signifikanten Einfluss auf Tobins Q aufweisen.

Die Ergebnisse in Bezug auf die Kontrollvariablen sind hinsichtlich der Modelle M_1 bis M_7 ähnlich. Es gibt demnach keine Hinweise auf signifikante Werteffekte der Kontrollvariablen außerhalb des Erwartungshorizonts. Auf eine Beschreibung wird im Folgenden verzichtet, um Redundanzen zu vermeiden. Lediglich in Bezug auf M_8 gibt es Abweichungen. Die Erläuterungen hierzu erfolgen in Kapitel 5.6.4.2.

Hinsichtlich der Modellgüte zeigt das adjustierte Bestimmtheitsmaß $R^2_{adj.}$ von 0,888 bzw. 0,897, dass 88,8 % bzw. 89,7 % der Variation des Unternehmenswertes mit diesem Modell erklärt werden können.[1065] Zur Kontrolle für Multikollinearität werden die Varianzinflationsfaktoren betrachtet. Diese nehmen hier Werte zwischen 1,0 und 2,6 an und sind somit wesentlich geringer als der in der Literatur vielfach als Grenzwert postulierte VIF = 10.[1066] Somit gibt es auch vor dem Hintergrund der in Kapitel 5.5.1 durchgeführten Korrelationsanalyse keine Hinweise auf ein Multikollinearitätsproblem.[1067]

Bei Betrachtung der Bestimmtheitsmaße sowie der Varianzinflationsfaktoren für die Modelle M_2 bis M_8 ergeben sich ebenso keine Hinweise auf eine schwache Modellgüte oder auf Multikollinearität. So nimmt für die Modelle M_2 bis M_8 das Bestimmtheitsmaß bei Anwendung eines FE-Modells Werte zwischen 0,867 und 0,930 an. Das im Rahmen von M_7 eingesetzte RE-Modell weist mit einem adjustierten Bestimmtheitsmaß von 0,608 bzw. 0,612 einen im Vergleich geringeren Erklärungsgehalt auf. Dies deutet darauf hin, dass die im FE-Modell berücksichtigten fixen unternehmensspezifischen Effekte eine wichtige Bedeutung für die Erklärungsgüte des

1065 Vgl. Backhaus, K. et al. (2016), S. 84. Darüber hinaus wird für alle Regressionsmodelle ein F-Test durchgeführt. Hierbei wird die Nullhypothese getestet, dass die erklärte und die erklärenden Variablen in der Grundgesamtheit keinen Zusammenhang aufweisen. Vgl. Backhaus, K. et al. (2016), S. 87. Diese wird für alle Regressionsmodelle auf dem 1 %-Signifikanzniveau verworfen. Das geschätzte Modell ist somit hochsignifikant und es ergeben sich hieraus keine Hinweise auf Inkonsistenzen.

1066 Vgl. Wooldridge, J. M. (2016), S. 86.

1067 Eine analoge Vorgehensweise und Erkenntnisse finden sich bei Ahmed et al., Ben Khediri sowie Panaretou. Vgl. Ahmed, H. et al. (2014), S. 26; Ben Khediri, K. (2010), S. 67; Panaretou, A. (2014), S. 1169. Darüber hinaus gibt es bei keiner der im Folgenden für die Regressionsmodelle M_1 bis M_8 durchgeführten Regressionen Hinweise auf eine Autokorrelation der Residuen.

Modells haben. In Bezug auf den Aspekt Multikollinearität ist festzustellen, dass die Variablen dieser Modelle VIFs in der Bandbreite von 1,0 bis 7,2 aufweisen.

Bei Betrachtung der in Tabelle 16 dargestellten Regressionsergebnisse, die sich bei Verwendung der Dummy-Variable einstellen, ist kein signifikanter positiver Einfluss der derivativen Währungsabsicherung auf den Unternehmenswert festzustellen. Wie Tabelle 1 und 2 in Kapitel 4.2.5 zeigen, widerspricht dieses Ergebnis den meisten anderen Untersuchungen, die eine Dummy-Variable zur Abbildung der Währungsabsicherung verwendet haben. Eine mögliche Erklärung könnte sein, dass durch die Dummy-Variable das Absicherungsverhalten nicht adäquat abgebildet wird und die Ergebnisse daher verzerrt sind.[1068] In diesem Kontext zeigen Vivel Búa et al., dass der Werteffekt der Währungsabsicherung in Abhängigkeit vom Volumen der Absicherung erheblich schwankt.[1069]

Wenn dagegen die Hedge-Intensität oder Hedge-Ratio als unabhängige Variable verwendet wird, dann ist ein signifikant positiver Einfluss der derivativen Währungsrisikoabsicherung auf den Unternehmenswert festzustellen. Somit entspricht das Ergebnis sowohl den in Hypothese H_1 aus der Kapitelmarkttheorie hergeleiteten Erwartungen als auch der Mehrzahl der bisherigen Untersuchungen zum Werteffekt der derivativen Währungsabsicherung.[1070] Neben dem reinen Vorliegen des Effekts ist auch dessen Höhe von Interesse. Hierbei ergibt sich sowohl in Bezug auf die Hedge-Ratio als auch die Hedge-Intensität eine Wertprämie von 1,4 %.[1071] Diesbezüglich stellt sich die Frage, ob dies anhand anderer Ergebnisse plausibel ist. Wie eingangs erwähnt, haben z. B. Allayannis/Weston für die USA eine Wertprämie von 4,9 % festgestellt.[1072] Panaretou hat für das UK eine Wertprämie von 6,0 % festgestellt.[1073] Dahingegen haben Vivel Búa et al. für Spanien eine ähnliche Wertprämie wie der

[1068] Vgl. Vivel Búa, M. et al. (2015), S. 912, 931 f.
[1069] Vgl. Vivel Búa, M. et al. (2015), S. 912, 931 f.
[1070] Vgl. hinsichtlich der bisherigen empirischen Evidenz die Tabellen 1 und 2 in Kapitel 4.2.5.
[1071] Die Vorgehensweise zur Ermittlung der Wertprämie orientiert sich an der von Panaretou. Vgl. Panaretou, A. (2014), S. 1184. Infolge der Logarithmierung von Tobins Q resultiert aus einem Anstieg der FX-Hedge-Ratio um eins eine Erhöhung des Tobins Q um 7,3 % ($e^{0,070*1} = 1,073$). Legt man statt des Anstiegs der Hedge-Ratio um eins die durchschnittliche FX-Hedge-Ratio von 0,202 zugrunde, so erhält man die Wertprämie von 1,4 % ($e^{0,070*0,202} = 1,014$). Bei gleicher Vorgehensweise ergibt sich in Bezug auf die durchschnittliche FX-Hedge-Intensität von 0,101 ebenso eine Wertprämie von 1,4 % ($e^{0,138*0,101} = 1,014$). Vgl. Panaretou, A. (2014), S. 1184.
[1072] Vgl. Allayannis, G./Weston, J. P. (2001), S. 243.
[1073] Vgl. Panaretou, A. (2014), S. 1171 f.

Verfasser in Höhe von 1,5 % festgestellt.[1074] Eine mögliche Begründung für die unterschiedlichen beobachteten Ergebnisse könnten die verschiedenen institutionellen Rahmenbedingungen sein. Eine entsprechende Erklärung für die Unterschiede enthält die Untersuchung von Allayannis et al.,[1075] die zu dem Ergebnis kommt, dass Unternehmen aus Ländern mit investorenfreundlicheren Rahmenbedingungen, wie z. B. USA und UK, eine signifikant höhere Wertprämie für Hedging aufweisen als andere Unternehmen.[1076]

5.6.1.2 Zinsabsicherung

Bei der analogen Untersuchung des Werteffekts der Zinsabsicherung anhand des Regressionsmodells M_2 (vgl. Tabelle 6) ergibt sich ein unterschiedliches Ergebnis. Tabelle 17 zeigt, dass hinsichtlich der Zins-Hedge-Ratio und der Zins-Hedge-Dummy ein nicht signifikanter Einfluss der Zinsabsicherung auf den Unternehmenswert festzustellen ist. In Bezug auf die Zins-Hedge-Intensität ergibt sich ein schwach signifikanter, positiver Effekt auf Tobins Q. Die Ergebnisse sind damit ähnlich differenziert wie bei den in diesem Kontext bereits durchgeführten Untersuchungen.[1077] Ein robuster signifikanter Werteffekt der derivativen Zinsabsicherung ist somit nicht zu konstatieren. Es gibt somit keine Hinweise für das Zutreffen der Hypothese H_2. Eine mögliche Erklärung bieten die Erkenntnisse von Marami/Dubois.[1078] Laut deren Studie ist es für die Investoren wichtig sicherstellen zu können, dass es sich nicht um einen spekulativen Einsatz von Derivaten handelt.[1079] Es stellt demnach einen positiven Indikator für die Investoren dar, wenn ein Unternehmen von Banken zum Einsatz von Derivaten verpflichtet wird.[1080] Bei deutschen börsennotierten Unternehmen gibt es im Geschäftsbericht üblicherweise keine Angaben zu aus Kreditverträgen resultierenden Verpflichtungen zum Hedging. Demzufolge ist eine weitergehende Differenzierung der Unternehmen nicht möglich. Denkbar ist aber, dass die Anwendung von Hedge Accounting ein alternatives Signal für den tatsächlichen Einsatz von Derivaten zur Absicherung ist.

1074 Vgl. Vivel Búa, M. et al. (2015), S. 941.
1075 Vgl. Allayannis, G. et al. (2012), S. 68, 75.
1076 Vgl. Allayannis, G. et al. (2012), S. 68, 75.
1077 Vgl. hierzu die Tabellen 1 und 2 in Kapitel 4.2.5.
1078 Vgl. Marami, A./Dubois, M. (2013), S. 5, 30.
1079 Vgl. Marami, A./Dubois, M. (2013), S. 5, 30.
1080 Vgl. Marami, A./Dubois, M. (2013), S. 1, 5.

Variablen	Regressionskoeffizient (t-Statistik)		
	IRD	IRI	IXHR
Konstante	1,592*** (5,973)	1,642*** (5,381)	1,632*** (5,337)
Zins-Hedge Dummy (IRD)	-0,003 (-0,151)		
Zins-Hedge-Intensität (IRHI)		0,135* (1,794)	
Zins-Hedge-Ratio (IRHR)			-0,007 (-0,765)
Profitabilität	-0,001 (-0,010)	-0,008 (-0,149)	-0,014 (-0,266)
Unternehmensgröße	-0,057*** (-2,928)	-0,060*** (-2,693)	-0,058*** (-2,607)
Kapitalbeschränkung	-0,900*** (-3,035)	-0,941*** (-2,741)	-0,962*** (-2,798)
Investitionsmöglichkeiten	0,041 (0,262)	0,039 (0,215)	0,054 (0,297)
Kapitalstruktur	-1,303*** (-24,047)	-1,314*** (-22,110)	-1,316*** (-22,007)
Geografische Diversifikation	-0,033 (-1,089)	- 0,039 (-1,125)	-0,036 (-1,034)
Liquidität	-0,075*** (-6,610)	-0,082*** (-6,680)	-0,082*** (-6,656)
R^2 adj. (N)	0,879 (1012)	0,873 (899)	0,872 (899)
Hinweis: Anwendung eines FE-Modells inkl. Dummy-Variablen für die Jahre 2006-2013; Signifikanzniveau 10 % (*), 5 % (**), 1 % (***)			

Tabelle 17: Werteffekt des IR-Hedging im Gesamtzeitraum (eigene Darstellung)

5.6.2 Resultate für den Krisenzeitraum

5.6.2.1 Währungsabsicherung

Im nächsten Schritt wird anhand Regressionsmodell M_3 (vgl. Tabelle 6) untersucht, ob die Währungsabsicherung während der Finanzkrise zu einer Wertprämie geführt hat. Zu diesem Zweck wird eine Dummy-Variable für den Krisenzeitraum von 2007 bis 2009 (FWK0709) eingeführt.[1081] Diese Variablen werden in Interaktion mit der Hedge-Intensität bzw. Hedge-Ratio gesetzt. Auf die Darstellung der Regressionsergebnisse mit der Hedge-Dummy als unabhängiger Variable wird infolge der eingeschränkten Aussagekraft im Folgenden verzichtet.[1082]

[1081] Die zeitliche Abgrenzung basiert auf der Analyse des zeitlichen Ablaufs der Krise in Kapitel 2.2.1.

[1082] Die Darstellung des Regressionsoutputs mit der Hedge-Dummy erfolgt in Kapitel 5.6.1 ausschließlich um einen Vergleich der Ergebnisse mit bisherigen Untersuchungen, die ebenfalls die Hedge-Dummy verwenden, zu ermöglichen. Die Regressionsergebnisse für die M_3 bis M_8 sind

Bei Betrachtung der Regressionsergebnisse in Tabelle 18 ist sowohl in Bezug auf die FX-Hedge-Intensität als auch die FX-Hedge-Ratio ein signifikant positiver Zusammenhang zwischen Tobins Q und der Interaktionsvariable FXHI*FWK0709 bzw. FXHR*FWK0709 festzustellen. Dies bedeutet, dass Unternehmen mit einer hohen Hedge-Ratio während der Finanzkrise eine hohe Wertprämie aufweisen. Demgegenüber sind die positiven, aber nicht signifikanten Koeffizienten der Hedge-Variable ohne Interaktion – FXHI bzw. FXHR – so zu interpretieren, dass die derivative Fremdwährungsabsicherung außerhalb des Krisenzeitraums nicht zu einem signifikanten Werteffekt führt.[1083]

Variablen	**Regressionskoeffizient (t-Statistik)**	
	FXHI	FXHR
Konstante	1,495*** (5,198)	1,570*** (5,490)
FXHI	0,068 (0,908)	
FXHR		0,035 (0,982)
FXHI*FWK0709	0,151** (2,113)	
FXHR*FWK0709		0,082** (2,101)
Profitabilität	0,063 (1,183)	0,067 (1,254)
Unternehmensgröße	-0,047** (-2,225)	-0,052** (-2,479)
Kapitalbeschränkung	-1,455*** (-4,560)	-1,418*** (-4,439)
Investitionsmöglichkeiten	-0,180 (-0,974)	-0,291 (-1,582)
Kapitalstruktur	-1,439*** (-24,412)	-1,441*** (-24,290)
Geografische Diversifikation	-0,064* (-1,915)	-0,056* (-1,667)
Liquidität	-0,050*** (-3,923)	-0,051*** (-3,965)
R^2 adj. (N)	0,885 (847)	0,886 (843)
Hinweis: Anwendung eines FE-Modells inkl. Dummy-Variablen für die Jahre 2006-2013; Signifikanzniveau 10 % (*), 5 % (**), 1 % (***)		

Tabelle 18: Werteffekt des FX-Hedging während der Finanzkrise (eigene Darstellung)

Dieses Ergebnis steht somit im Einklang mit der Untersuchung von Ahmed et al., welche feststellen, dass sich die Finanzkrise nicht auf die Wertprämie der derivativen

auf Nachfrage beim Autor erhältlich.

1083 Zur Interpretation von Interaktionstermen vgl. Jaccard, J./Turrisi, R. (2003), S. 18-26; Wooldridge, J. M. (2016), S. 177-179.

FX-Absicherung auswirkt.[1084] Panaretou stellt für den Zeitraum von 2007 bis 2010 für britische Unternehmen bei ähnlicher Vorgehensweise einen positiven Werteffekt der derivativen Fremdwährungsabsicherung fest.[1085] Darüber hinaus stellen die Regressionsergebnisse aus M_3 ein Hinweis auf das Zutreffen der Hypothese H_3 dar.

5.6.2.2 Zinsabsicherung

Die analoge Untersuchung des Werteffekts der derivativen Zinsabsicherung während der Finanz- und Wirtschaftskrise (2007-2009) erfolgt anhand Regressionsmodell M_4 (vgl. Tabelle 6). Hierbei ist jedoch unabhängig von der Art der Hedge-Variable kein signifikanter Werteffekt festzustellen (vgl. Tabelle 19). Es gibt somit keine Hinweise, dass Hypothese H_4 zutrifft.

Variablen	**Regressionskoeffizient (t-Statistik)**	
	IRHI	**IRHR**
Konstante	1,645*** (5,285)	1,638*** (5,256)
IRHI	0,148* (1,705)	
IRHR		-0,006 (-0,475)
IRI*FWK0709	-0,052 (-0,509)	
IRHR*FWK0709		-0,012 (-0,723)
Profitabilität	-0,010 (-0,184)	-0,014 (-0,266)
Unternehmensgröße	-0,058** (-2,516)	-0,056** (-2,447)
Kapitalbeschränkung	-1,376*** (-4,119)	-1,386*** (-4,145)
Investitionsmöglichkeiten	0,055 (0,296)	0,091 (0,485)
Kapitalstruktur	-1,402*** (-24,252)	-1,403*** (-24,156)
Geografische Diversifikation	-0,040 (-1,135)	-0,038 (-1,071)
Liquidität	-0,082*** (-6,561)	-0,082*** (-6,563)
R^2 adj. (N)	0,868 (899)	0,867 (899)
Hinweis: Anwendung eines FE-Modells inkl. Dummy-Variablen für die Jahre 2006-2013; Signifikanzniveau 10 % (*), 5 % (**), 1 % (***)		

Tabelle 19: Werteffekt des IR-Hedging während der Finanzkrise (eigene Darstellung)

[1084] Vgl. Ahmed, H. et al. (2014), S. 17, 28.
[1085] Vgl. Panaretou, A. (2014), S. 1175.

Auch Ahmed et al. sowie Panaretou, welche den Werteffekt im Krisenzeitraum für das UK untersucht haben, stellen einen negativen Zusammenhang fest.[1086] Bei beiden ist der Effekt jedoch signifikant und weist daher auf eine negative Auswirkung der derivativen Zinsabsicherung während der Finanzkrise hin.[1087]

5.6.3 Relevanz der Kapitalstruktur

5.6.3.1 Währungsabsicherung

Im Folgenden wird untersucht, welche Bedeutung die Kapitalstruktur für den Einfluss des Fremdwährungs-Hedging auf den Unternehmenswert hat. Zu diesem Zweck wird die Interaktion zwischen der Hedge-Variablen, in diesem Fall Hedge-Intensität und Hedge-Ratio, und der Kapitalstruktur in das Regressionsmodell M_5 (vgl. Tabelle 6) aufgenommen.

Der Zusammenhang zwischen dem eingeführten Interaktionsterm – Hedge-Variablen FXHI bzw. FXHR und Kapitalstruktur – und dem Unternehmenswert ist unabhängig von der Messung der Hedging-Aktivitäten negativ (vgl. Tabelle 20). Diese Ausprägung ist jedoch nur bei Verwendung der Hedge-Ratio als Maßzahl der Absicherung signifikant, wohingegen sich bei Einsatz der Hedge-Intensität nur ein schwach signifikanter negativer Zusammenhang ergibt. Dies ist wie folgt zu interpretieren:[1088] Wenn ein Unternehmen eine hohe Fremdkapitalquote und einen hohen Grad der Absicherung aufweist, dann wirkt sich dies negativ auf den Unternehmenswert aus und umgekehrt. Vor dem Hintergrund der in Kapitel 4.1 vorgestellten Theorien deuten diese Ergebnisse darauf hin, dass die Insolvenzkosten und die Kosten des Hedging die Vorteile der Absicherung und Verschuldung überwiegen. Diese Ergebnisse sprechen somit für die Hypothese H_5, wonach Kapitalstruktur und Hedging in einer Wechselwirkung stehen und der Werteffekt des Fremdwährungs-Hedging von der Kapitalstruktur abhängt.

[1086] Vgl. Ahmed, H. et al. (2014), S. 17; Panaretou, A. (2014), S. 1177, 1179.

[1087] Vgl. Ahmed, H. et al. (2014), S. 17; Panaretou, A. (2014), S. 1177, 1179.

[1088] Zur Interpretation von Interaktionstermen vgl. Jaccard, J./Turrisi, R. (2003), S. 18-26; Wooldridge, J. M. (2016), S. 177-179.

Variablen	Regressionskoeffizient (t-Statistik)	
	FXHI	FXHR
Konstante	1,495*** (5,257)	1,484*** (5,264)
FXHI	0,323*** (2,771)	
FXHR		0,191*** (3,311)
FXHI*Kapitalstruktur	-0,476* (-1,932)	
FXHR*Kapitalstruktur		-0,289** (-2,453)
Profitabilität	0,082 (1,514)	0,085 (1,561)
Unternehmensgröße	-0,052** (-2,493)	-0,051** (-2,465)
Kapitalbeschränkung	-1,069*** (-3,250)	-1,057*** (-3,214)
Investitionsmöglichkeiten	-0,159 (-0,875)	-0,277 (1,528)
Kapitalstruktur	-1,318*** (-20,210)	-1,314*** (-20,141)
Geografische Diversifikation	-0,057* (-1,716)	-0,052 (-1,559)
Liquidität	-0,048*** (-3,786)	-0,049*** (-3,900)
R^2 adj. (N)	0,889 (847)	0,889 (843)
Hinweis: Anwendung eines FE-Modells inkl. Dummy-Variablen für die Jahre 2006-2013; Signifikanzniveau 10 % (*), 5 % (**), 1 % (***)		

Tabelle 20: Werteffekt des FX-Hedging unter Berücksichtigung der Kapitalstruktur (eigenDarstellung)

Die außerdem im Modell berücksichtigten separaten Variablen der Hedge-Intensität bzw. Hedge-Ratio und der Kapitalstruktur können nur in gegenseitiger Abhängigkeit interpretiert werden, da diese Variablen zusätzlich auch Teil des Interaktionsterms sind.[1089] Hierbei gilt: Wenn die Fremdkapitalquote gleich Null ist, dann führt die Fremdwährungsabsicherung zu einer Wertprämie. Dieser Effekt ist hier sowohl für FXHI als auch FXHR hochsignifikant. Dies deutet darauf hin, dass sich Fremdwährungsabsicherung insbesondere bei geringer Verschuldung und somit niedrigen Insolvenzkosten positiv auswirkt.

5.6.3.2 Zinsabsicherung

Die Untersuchung des Einflusses der Kapitalstruktur auf den Werteffekt bei der Zinsabsicherung erfolgt mit der gleichen Vorgehensweise wie in Kapitel 5.6.3.1.

[1089] Zur Interpretation von Interaktionstermen vgl. Jaccard, J./Turrisi, R. (2003), S. 18-26; Wooldridge, J. M. (2016), S. 177-179.

Daher wird ein Interaktionsterm mit der Zins-Hedge-Variable und der Kapitalstruktur in das Regressionsmodell (M_6) (vgl. Tabelle 6) integriert.

Hinsichtlich der Interaktion der Faktoren Hedge-Ratio und Kapitalstruktur kann ein hochsignifikant negativer Zusammenhang zwischen dem Interaktionsterm und dem Unternehmenswert festgestellt werden (vgl. Tabelle 21). Wird als Indikator für die Hedging-Aktivität dagegen die Hedge-Intensität verwendet, dann ist diese Relation nicht signifikant. Die Interpretation des Ergebnisses erfolgt wie bei der Währungsabsicherung: Weist ein Unternehmen eine hohe Fremdkapitalquote und einem hohen Grad an Absicherung auf, wirkt sich dies negativ auf den Unternehmenswert aus und umgekehrt. Auf Basis der in Kapitel 4.1 vorgestellten theoretischen Ansätze lässt sich dieses Ergebnis so deuten, dass der aus der Absicherung und Verschuldung entstehende Nutzen die damit einhergehenden Insolvenz- und Hedging-Kosten nicht mehr übersteigt. Dies wird vom Kapitalmarkt negativ bewertet. Es ist somit der gleiche Zusammenhang wie bei der Fremdwährungsabsicherung zu beobachten. Dies ist ein Beleg für die Hypothese H_6, wonach der Werteffekt der Zinsabsicherung von der Kapitalstruktur abhängt.

Neben den Transaktionskosten, die mit Hedging einhergehen, könnte ein weiterer Grund für den beobachteten negativen Zusammenhang sein, dass es sich bei den Derivaten bilanziell um potentielle Schulden handelt, wenn der Marktwert zum Bilanzstichtag negativ ist. Die Höhe dieser potentiellen Schulden steigt mit dem Absicherungsniveau des Unternehmens. Im Hinblick auf die mögliche Nichteinhaltung von Covenants-Regelungen könnte dies ein zusätzliches und relevantes Risiko darstellen, welches daher vom Kapitalmarkt negativ bewertet wird.

Im Hinblick auf die einzelnen Variablen der Hedge-Intensität bzw. Hedge-Ratio und der Kapitalstruktur gilt hier analog, dass eine Wertprämie für die derivative Zinsabsicherung besteht, wenn die Verschuldung gleich Null ist. Dieser Effekt ist hier jedoch nur signifikant, wenn die Zinsabsicherungsaktivitäten durch die Hedge-Ratio im Modell abgebildet werden.

Variablen	**Regressionskoeffizient (t-Statistik)**	
	IRHI	**IRHR**
Konstante	1,662*** (5,434)	1,620*** (5,326)
IRHI	0,307 (1,619)	
IRHR		0,044** (2,198)
IRHI*Kapitalstruktur	-0,368 (-0,987)	
IRHR*Kapitalstruktur		-0,171*** (-2,952)
Profitabilität	-0,008 (-0,141)	-0,015 (-0,288)
Unternehmensgröße	-0,063*** (-2,784)	-0,058*** (2,620)
Kapitalbeschränkung	-0,937*** (-2,727)	-0,963*** (-2,816)
Investitionsmöglichkeiten	0,036 (0,201)	0,063 (0,345)
Kapitalstruktur	-1,286*** (-19,545)	-1,273*** (-20,775)
Geografische Diversifikation	-0,037 (-1,074)	-0,036 (-1,030)
Liquidität	-0,080*** (-6,460)	-0,080*** (-6,570)
R^2 adj. (N)	0,873 (899)	0,874 (899)
Hinweis: Anwendung eines FE-Modells inkl. Dummy-Variablen für die Jahre 2006-2013; Signifikanzniveau 10 % (*), 5 % (**), 1 % (***)		

Tabelle 21: Werteffekt von IR-Hedging unter Berücksichtigung der Kapitalstruktur (eigene Darstellung)

5.6.4 Berücksichtigung von Hedge Accounting

5.6.4.1 Währungsabsicherung

Im Folgenden wird das Modell erweitert, um anhand der Währungsabsicherung darzustellen, welche Rolle das Hedge Accounting für den Werteffekt spielt. Hierzu werden mit der Hedge Accounting-Quote HAQFX und der Hedge-Accounting-Dummy HAFX zwei Variablen eingeführt, die die Anwendung von Hedge Accounting abbilden.

Um die Bedeutung des Hedge Accounting für den Werteffekt der Fremdwährungsabsicherung zu messen, wird ein Interaktionsterm mit der Hedge Variable FXHI bzw. FXHR und der Hedge Accounting Variablen HAFX bzw. HAQFX in das Regressionsmodell M_7 integriert. In Tabelle 22 sind die Ergebnisse der Hedge-Accounting-

Dummy-Variable und in Tabelle 23 die Ergebnisse der Hedge-Accounting-Quote dargestellt.

Wie bereits in Kapitel 5.6.1.1 erläutert, hat sich bei Modellierung des Faktors der Sicherungsbilanzierung durch HAQFX das RE-Modell als geeignetes ökonometrisches Modell herausgestellt. Die Regressionsergebnisse in Bezug auf die Kontrollvariablen bewegen sich auch in dieser Konstellation im Rahmen der in Kapitel 5.3.4 formulierten Erwartungen. Im Unterschied zu den anderen Regressionsmodellen weist die Profitabilität hier den erwarteten signifikant positiven Zusammenhang zu Tobins Q auf.

Variablen	**Regressionskoeffizient (t-Statistik)**	
	FXHI	**FXHR**
Konstante	1,472*** (5,138)	1,509*** (5,339)
FXHI	-0,007 (-0,040)	
FXHR		-0,077 (-1,333)
FXHI*HAFX	0,141 (0,859)	
FXHR*HAFX		0,177*** (2,893)
Profitabilität	0,085 (1,563)	0,087 (1,599)
Unternehmensgröße	-0,049** (-2,347)	-0,052** (-2,515)
Kapitalbeschränkung	-1,086*** (-3,283)	-1,061*** (-3,220)
Investitionsmöglichkeiten	-0,197 (-1,078)	-0,117 (-0,619)
Kapitalstruktur	-1,366*** (-22,472)	-1,361*** (-22,367)
Geografische Diversifikation	-0,053 (-1,593)	-0,045 (-1,349)
Liquidität	-0,049*** (-3,838)	-0,050*** (3,985)
HAFX	0,011 (0,516)	-0,001 (-0,034)
R^2 adj. (N)	0,888 (846)	0,890 (842)
Hinweis: Anwendung eines FE-Modells inkl. Dummy-Variablen für die Jahre 2006-2013; Signifikanzniveau 10 % (*), 5 % (**), 1 % (***)		

Tabelle 22: Werteffekt des FX-Hedging unter Berücksichtigung des Hedge Accounting (Hedge-Accounting-Dummy) (eigene Darstellung)

Bei einer separaten Betrachtung der Ergebnisse für die Variablen FXHI, FXHR, HAFX und HAQFX lässt sich kein signifikanter Werteffekt feststellen. In Anbetracht der vorliegenden Interaktion impliziert dies, dass die Hedge-Variable ohne Hedge Accounting keinen Werteffekt aufweist.

Variablen	Regressionskoeffizient (t-Statistik)	
	FXHI	FXHR
Konstante	0,587*** (3,211)	0,618*** (3,339)
FXHI	0,108 (0,933)	
FXHR		-0,075 (-1,343)
FXHI*HAQFX	-0,046 (-0,296)	
FXHR*HAQFX		0,173** (2,254)
Profitabilität	0,161** (2,079)	0,156** (2,031)
Unternehmensgröße	0,010 (0,704)	0,009 (0,649)
Kapitalbeschränkung	-1,185** (-2,323)	-1,265** (-2,507)
Investitionsmöglichkeiten	0,017 (0,082)	0,102 (0,465)
Kapitalstruktur	-1,362*** (-17,578)	-1,357*** (-17,489)
Geografische Diversifikation	-0,044 (-1,010)	-0,040 (-0,923)
Liquidität	-0,056*** (-3,197)	-0,059*** (-3,407)
HAQFX	0,060* (1,677)	0,027 (0,448)
R^2 adj. (N)	0,608 (455)	0,612 (455)
Hinweis: Anwendung eines RE-Modells inkl. Dummy-Variablen für die Jahre 2006-2013; Signifikanzniveau 10 % (*), 5 % (**), 1 % (***)		

Tabelle 23: Werteffekt des FX-Hedging unter Berücksichtigung des Hedge Accounting (Hedge-Accounting-Quote) (eigene Darstellung)

Bei Betrachtung der Regressionsergebnisse im Kontext der Interaktion sind Unterschiede in Abhängigkeit von der eingesetzten Hedge-Variable FXHI bzw. FXHR festzustellen. Erfolgt die Approximation des Absicherungsverhaltens durch die Hedge-Intensität, ergeben sich hier unabhängig von der verwendeten Hedge-Accounting Größe keine signifikanten Werteffekte. Wird dagegen die Hedge-Ratio als Maßzahl des Absicherungsverhaltens erachtet, resultiert hieraus bei Anwendung von Hedge Accounting in Verbindung mit einer hohen Hedge-Ratio ein hochsignifikanter positiver Effekt auf den Unternehmenswert. Dies deutet darauf hin, dass Unternehmen, die einen hohen Grad an Absicherung aufweisen und Hedge Accounting anwenden, am Markt positiv bewertet werden. Ein ähnliches Ergebnis zeigt die Untersuchung mit der Hedge-Accounting-Quote. Hier kann ebenso ein signifikanter positiver Effekt festgestellt werden. Dies ist ein Hinweis dafür, dass sich eine gleichzeitig hohe Ausprägung bei Hedge Ratio und Hedge Accounting-Quote positiv auf den Unternehmenswert auswirkt. Vor dem Hintergrund der in Kapitel 4.1 und 4.3.4 dargestellten theoretischen Modelle deuten diese Ergebnisse darauf hin, dass der Nutzen des Hedge Accounting durch Erhöhung der Transparenz und Reduktion der Agencykosten die damit verbundenen Kosten übersteigt. Diese Ergebnisse sind ein Hinweis darauf, dass die im Rahmen von Hypothese H_7 formulierten Erwartungen zutreffen.

5.6.4.2 Zinsabsicherung

Um die Bedeutung des Hedge Accounting für den Werteffekt der Zinsabsicherung zu messen, wird dasselbe Regressionsmodell verwendet wie für die Währungsabsicherung. In Tabelle 24 sind die Ergebnisse der Hedge-Accounting-Dummy-Variable (HAIR) und in Tabelle 25 die Ergebnisse der Hedge-Accounting-Quote (HAQIR) dargestellt.

In Bezug auf die Kontrollvariablen gibt es bei Berücksichtigung der Hedge-Accounting-Dummy-Variable keine signifikanten Werteffekte außerhalb des Erwartungshorizonts (vgl. Tabelle 24). Im Regressionsmodell mit der Hedge-Accounting-Quote ist im Gegensatz zu den in der Literatur geäußerten Erwartungen ein signifikant negativer Zusammenhang zwischen der Profitabilität und Tobins Q festzustellen, was in Tabelle 25 zu sehen ist. Ein Grund hierfür könnte die bei Anwendung der Hedge-Accounting-Quote reduzierte Stichprobengröße von 494 Beobachtungen im Vergleich zu 880 Beobachtungen bei Verwendung der Hedge-Accounting-Dummy-Variable sein.

Bei einer separaten Betrachtung der Hedge-Accounting-Variablen lässt sich weder für die Hedge-Accounting-Dummy-Variable noch für die Hedge Accounting-Quote ein signifikanter Werteffekt feststellen. Hinsichtlich der einzelnen Hedge-Variablen ist lediglich für die Hedge-Ratio ein schwach bzw. sehr signifikanter, aber negativer Einfluss auf den Unternehmenswert zu konstatieren. Angesichts der im Regressionsmodell enthaltenen Interaktion ist der Einfluss der Absicherungsquote auf den Unternehmenswert folgendermaßen zu interpretieren: Eine hohe Absicherungsquote wirkt sich negativ auf den Unternehmenswert aus, wenn die Hedge-Accounting-Variable gleich Null ist. Während der Effekt bei der Hedge-Accounting-Quote sehr signifikant ist (vgl. Tabelle 25), weist dieser bei der Hedge-Accounting-Dummy-Variable nur eine schwache Signifikanz auf (vgl. Tabelle 24). Diese Ergebnisse deuten darauf hin, dass sich Absicherungsaktivitäten mit Zinsderivaten ohne die Anwendung von Hedge Accounting negativ auf die Bewertung des Unternehmens auswirken. Dies ist ein erster, wenngleich schwacher Hinweis auf das Zutreffen der Hypothese H_8.

Variablen	**Regressionskoeffizient (t-Statistik)**	
	IRHI	**IRHR**
Konstante	-1,522*** (4,926)	1,481*** (4,764)
IRHI	-0,113 (-0,972)	
IRHR		-0,021* (-1,859)
IRHI*HAIR	0,340*** (2,656)	
IRHR*HAIR		0,050** (2,365)
Profitabilität	-0,027 (-0,491)	-0,022 (-0,412)
Unternehmensgröße	-0,053** (-2,320)	-0,049** (-2,166)
Kapitalbeschränkung	-0,933*** (-2,647)	-0,892** (-2,533)
Investitionsmöglichkeiten	0,061 (0,335)	0,096 (0,522)
Kapitalstruktur	-1,273*** (-21,241)	-1,279*** (-21,176)
Geografische Diversifikation	-0,025 (-0,722)	-0,029 (-0,820)
Liquidität	-0,089*** (-7,233)	-0,090*** (-7,291)
HAIR	-0,005 (-0,228)	0,008 (0,387)
R^2 adj. (N)	0,876 (880)	0,875 (880)
Hinweis: Anwendung eines FE-Modells inkl. Dummy-Variablen für die Jahre 2006-2013; Signifikanzniveau 10 % (*), 5 % (**), 1 % (***)		

Tabelle 24: Werteffekt des IR-Hedging unter Berücksichtigung des Hedge Accounting (Hedge-Accounting-Dummy) (eigene Darstellung)

Weitere Erkenntnisse ergeben sich aus der Analyse der Ergebnisse in Bezug auf die Interaktion zwischen der Hedge- und Hedge-Accounting-Variable. Hierzu wird zunächst die Fallkonstellation mit der Hedge-Accounting-Dummy-Variable in Tabelle 24 betrachtet, bei der festzustellen ist, dass sich eine hohe Hedge-Intensität bzw. Hedge-Ratio in Verbindung mit der Anwendung von Hedge Accounting hochsignifikant bzw. signifikant positiv auf den Unternehmenswert auswirkt. Die analoge Untersuchung mit der Hedge-Accounting-Quote liefert – wie aus Tabelle 25 ersichtlich – ein vergleichbares Ergebnis. Dies ist so zu interpretieren, dass Unternehmen, die einerseits einen hohen Grad an Absicherung aufweisen und andererseits sicherstellen, dass sich diese Absicherung durch die Anwendung von Hedge Accounting auch im Jahresabschluss niederschlägt, eine Wertprämie aufweisen. Diese Ergebnisse unterstützen die Hypothese H_8.

Variablen	**Regressionskoeffizient (t-Statistik)**	
	IRHI	**IRHR**
Konstante	0,974*** (3,009)	0,916*** (2,858)
IRHI	0,016 (-0,144)	
IRHR		-0,039*** (-3,604)
IRHI*HAQIR	0,335** (2,288)	
IRHR*HAQIR		0,070*** (4,368)
Profitabilität	-0,146** (-2,309)	-0,135** (-2,192)
Unternehmensgröße	-0,006 (-0,263)	-0,001 (-0,037)
Kapitalbeschränkung	-0,929*** (-2,679)	-1,037*** (-3,043)
Investitionsmöglichkeiten	-0,211 (-1,009)	-0,121 (-0,578)
Kapitalstruktur	-1,461*** (-22,536)	-1,447*** (-22,602)
Geografische Diversifikation	-0,128*** (-3,428)	-0,129*** (-3,536)
Liquidität	-0,060*** (-3,080)	-0,063*** (-3,241)
HAQIR	-0,019 (-0,703)	-0,016 (-0,722)
R^2 adj. (N)	0,930 (494)	0,932 (494)
Hinweis: Anwendung eines FE-Modells inkl. Dummy-Variablen für die Jahre 2006-2013; Signifikanzniveau 10 % (*), 5 % (**), 1 % (***)		

Tabelle 25: Werteffekt des IR-Hedging unter Berücksichtigung des Hedge Accounting (Hedge-Accounting-Quote) (eigene Darstellung)

Bei einem Vergleich dieser Ergebnisse in Bezug auf die Bewertung der Zinsabsicherung durch den Kapitalmarkt stellt sich die Frage, warum sich – anders als in den Regressionsmodellen M_2 und M_4 – ein signifikanter Werteffekt ergibt, sobald der Faktor Hedge Accounting berücksichtigt wird.

Ein Erklärunganansatz basiert auf der Möglichkeit eines Unternehmens, einen accounting mismatch beim Einsatz von Derivaten zur Absicherung zu vermeiden, indem Hedge Accounting angewendet wird.[1090] Auf diese Weise kann durch derivatives Zins-Hedging tatsächlich die Ergebnisvolatilität reduziert werden. Dies ist ohne die Anwendung von Hedge Accounting nicht sichergestellt. Vor diesem Hintergrund könnte Zins-Hedging in Kombination mit der Anwendung von Hedge Accounting positiv am Kapitalmarkt bewertet werden.

Eine andere mögliche Argumentation liefert die Erkenntnis von Panaretou et al., dass die Anwendung von Hedge Accounting die Informationsasymmetrien zwischen Management und Anteilseigner reduziert.[1091] Dies impliziert niedrigere Agency-Kosten und führt zu einer höheren Marktbewertung.[1092] In diesem Kontext ist daher denkbar, dass Hedge Accounting aufgrund seiner strengen Anwendungsvoraussetzungen – ähnlich wie die Information zur Verpflichtung zum Hedging –[1093] ein Signal für den Kapitalmarkt darstellt, dass die Derivate tatsächlich zur Absicherung eingesetzt werden.

Angesichts der vorgestellten Ergebnisse ist unklar, inwiefern diese vom Untersuchungsdesign abhängen. Daher wird im Folgenden die Robustheit der Ergebnisse gegenüber Veränderungen der Panelstruktur, der Regressionsgleichung und der ökonometrischen Methode untersucht. Zu diesem Zweck wird jeweils ein Aspekt geändert und die Untersuchung im Anschluss unter ansonsten gleich bleibenden Bedingungen erneut durchgeführt. Im Rahmen der Robustheitstests wird die Hedge-Aktivität ausschließlich durch die jeweilige Hedge-Ratio approximiert.

5.7 Untersuchungen zur Robustheit der Ergebnisse

5.7.1 Prüfung der Abhängigkeit der Ergebnisse von der Panelstruktur

Zunächst wird die Stabilität der Ergebnisse in Bezug auf die Panelstruktur getestet, indem die multivariate Analyse bei veränderter Definition des Panels erneut vorge-

[1090] Vgl. Kapitel 3.
[1091] Vgl. Panaretou, A. et al. (2013), S. 116, 118 f.
[1092] Vgl. Armstrong, C. S. et al. (2011), S. 37; Kiy, F. (2015), S. 6.
[1093] Vgl. Marami, A./Dubois, M. (2013), S. 1.

nommen wird. Hierbei werden zwei Tests durchgeführt. Im ersten Fall wird überprüft, ob sich eine Aufhebung der in Kapitel 5.6 vorgenommenen Beschränkung der Panel auf eine bestimmte Risikoart (Panel A (FX) bzw. Panel B (IR)) wesentlich auf die Ergebnisse auswirkt. In der zweiten Konstellation wird getestet, welche Rolle die Balanciertheit des Panels für die Resultate spielt.[1094]

Der vorgenommene Ausschluss von Unternehmen aus der Stichprobe, die zum Stichtag kein Zins- bzw. Währungsrisiko aufweisen, könnte zu Verzerrungen führen, da die beiden Risiken jeweils mit einer Proxy-Variable gemessen werden. Um zu überprüfen, ob sich die Ergebnisse auch ohne Anpassung der Panelstruktur bezüglich des zugrunde liegenden Risikos einstellen, wird die Regressionsanalyse für das Panel mit allen Beobachtungen (N = 1.486) durchgeführt.[1095] Auf diese Weise erhöht sich die Größe der Stichprobe insbesondere bei der Analyse des Werteffekts der derivativen Währungsabsicherung. Die Anpassung der Vorgehensweise führt bei den acht Hypothesen weder zu einer Veränderung der Signifikanz der relevanten unabhängigen Hedge-Variablen inklusive der Interaktionsterme noch zu Änderungen bezüglich der Ausprägung der Koeffizienten. Die Ergebnisse ändern sich somit nicht.

Bei dem in Panel A und B vorliegenden Datensatz handelt es sich, wie bereits festgestellt, um unbalancierte Paneldaten, weil nicht für alle untersuchten Unternehmen Beobachtungen für den gesamten Untersuchungszeitraum vorliegen.[1096] Zur Untersuchung möglicher Auswirkungen dieser Datencharakteristika auf die Ergebnisse werden alle Beobachtungen von Unternehmen, die über den gesamten Zeitraum untersucht werden konnten, zu einem balancierte Panel mit 1.080 Beobachtungen zusammengefasst und die gleichen ökonometrische Methoden wie in Kapitel 5.6 angewandt.[1097] Ein Vergleich der sich ergebenden Resultate mit denen des unbalancierten

[1094] Die Regressionsergebnisse werden hierbei zusammenfassend erläutert. Eine tabellarische Darstellung der Ergebnisse der insgesamt 110 Regressionen für Kapitel 5.7.1 sowie 5.7.2 erfolgt an dieser Stelle nicht, um die Übersichtlichkeit und Klarheit der Arbeit zu wahren. Zudem ändern sich die Ergebnisse nicht bzw. nur geringfügig. Auf diese Veränderungen wird im Folgenden eingegangen. Von den im Rahmen von Kapitel 5.7.3 durchgeführten 20 Regressionen werden vor dem gleichen Hintergrund nur die Ergebnisse des Basismodells tabellarisch dargestellt. Die einzelnen Regressionsoutputs sind jedoch auf Anfrage beim Autor erhältlich.

[1095] Eine analoge Vorgehensweise findet sich bei Allayannis et al. Vgl. Allayannis, G. et al. (2012), S. 76.

[1096] Vgl. Greene, W. H. (2012), S. 388; Wooldridge, J. M. (2010), S. 284; Wooldridge, J. M. (2016), S. 440.

[1097] Eine analoge Vorgehensweise findet sich u. a. bei Schachtner, M. (2009), S. 120, 128.

Panels ergibt, ähnliche Werteffekte der derivativen Zinsabsicherung für alle vier Hypothesen wie die in Kapitel 5.6 festgestellten. Hinsichtlich der derivativen Währungsabsicherung sind die Resultate bezüglich der Hypothesen H_3 (Finanzkrise), H_5 (Kapitalstruktur), H_7 (Hedge Accounting) vergleichbar mit denen in Kapitel 5.6. Bei der Betrachtung der Wertrelevanz der Währungsabsicherung im Gesamtzeitraum (H_1) ist der Effekt jedoch nicht signifikant. Eine mögliche Erklärung hierfür könnte die relativ starke Reduktion der Stichprobengröße von 843 um 24,3 % auf 638 Beobachtungen sein.
Insgesamt lässt sich keine Abhängigkeit der Ergebnisse von der Panelstruktur feststellen. Im Folgenden wird daher die Relevanz der Definition der Kennzahlen für die Regressionsergebnisse betrachtet.

5.7.2 Resultate auf Basis alternativer Kontrollvariablen

Im Folgenden soll die Sensitivität der Ergebnisse in Bezug auf die Veränderung der Definition der Kennzahlen geprüft werden. Dies geschieht vor dem Hintergrund, dass in den bisherigen Untersuchungen teilweise unterschiedliche Kennzahlen zur Abbildung der Variablen verwendet werden.[1098] Hierzu wird die Definition einer Variablen geändert und daraufhin die in Kapitel 5.6 dargestellten Regressionen unter sonst gleichen Umständen erneut durchgeführt.

Im ersten Schritt werden die Regressionen mithilfe von zwei Varianten des Tobins Q durchgeführt. Hierbei wird im ersten Fall Tobins Q ohne Branchenadjustierung berechnet. In der zweiten Variation wird neben der Branchenanpassung auch auf die Logarithmierung verzichtet. Die auf dieser Basis erhaltenen Regressionsergebnisse unterscheiden sich hinsichtlich ihrer Implikationen für Hypothese H_1 bis H_8 in beiden Fällen nicht von denen in Kapitel 5.6.

Analog zur Vorgehensweise bei Tobins Q werden für die Kontrollvariablen ceteris paribus jeweils alternative Kennzahlen verwendet.[1099] Die dabei verwendeten Kenn-

1098 In Kapitel 5.3.4 werden die hier genannten alternativen Kennzahlen eingeführt. Verweise zu den Untersuchungen, die diese ebenso verwendet haben, finden sich dort.

1099 Für die geografische Diversifikation ist die Auslandsumsatzquote die in der Literatur vorherrschende Proxy-Variable. Vgl. u. a. Allayannis, G./Weston, J. P. (2001), S. 253; Belghitar, Y. et al. (2008), S. 50, 52; Kapitsinas, S. (2008), S. 15; Magee, S. (2013), S. 67; Panaretou, A. (2014), S. 1167. Daher unterbleibt eine alternative Approximation.

zahlen und deren Berechnungsweise werden zusammenfassend in Tabelle 26 dargestellt. Beispielsweise wird die Profitabilität durch das Verhältnis von EBIT zur Bilanzsumme approximiert.

Wird die Kapitalstruktur durch eine auf der Nettoverschuldung basierenden Fremdkapitalquote modelliert, ergeben sich bei zwei Regressionen (M_1, M_3) Unterschiede zu den Ergebnissen der Basisregressionen. Zum einen ist die Wertprämie in Bezug auf die derivative Währungsabsicherung im gesamten Untersuchungszeitraum (H_1) nicht auf dem 5 %- sondern dem 10 %-Signifikanzniveau signifikant. In Bezug auf die Hypothese H_3 ist die Signifikanz des Koeffizienten der Variable, welche die Interaktion zwischen der Währungsabsicherung und der Kapitalstruktur beschreibt, mit einem p-Wert von 7,2 % ebenfalls schwächer ausgeprägt als in der Basisregression. Für die weiteren acht Regressionen unterscheiden sich die Ergebnisse nicht von denen der Basismodelle.

Art der Kontrollvariable	**Bezeichnung Variable**	**Ermittlung (Datenquelle: Datastream (DS), Geschäftsbericht (GB))**
Unternehmensgröße	Logarithmus der Umsatzerlöse	Logarithmus der Umsatzerlöse (ln(WC01001)) (DS)
Profitabilität	Profitabilität	Profitabilität $= \frac{\text{EBIT}}{\text{Bilanzsumme}}$ (WC18191/WC02999) (DS)
Kapitalstruktur	Erweiterte Fremdkapitalquote auf Basis der Nettoverschuldung	erw. FK-Quote $= \frac{\text{BW Verbindlichkeiten - Zahlungsmittel \&-äquivalente}}{\text{BW Verbindlichkeiten - Zahlungsmittel \&-äquivalente + MW Eigenkapital}}$ ((WC03351) - (WC02001))/((WC03351) - (WC02001)) + (MV)) (DS)
Investitionsmöglichkeiten	Proxy-Variable für Investitionsmöglichkeiten	Investitionsquote $= \frac{\text{Investitionsausgaben (CAPEX)}}{\text{Bilanzsumme}}$ (WC04601/WC02999) (DS)
Kapitalbeschränkung	Dividendenzahlung	Dummy-Variable: 1, wenn Auszahlung einer Dividende im aktuellen GJ (d. h. Bruttodividende (WC18192) > 0); 0 sonst. (DS)
	Dividendenhöhe	Dummy-Variable: 1, wenn Dividendenrendite (DY) größer ist als der Median der Dividendenrendite des Samples, 0 sonst. (DS)
Liquidität	Current Ratio	Current Ratio $= \frac{\text{Umlaufvermögen}}{\text{kurzfristige Verbindlichkeiten}}$ (WC08106) (DS)

Tabelle 26: Übersicht der verwendeten alternativen Kontrollvariablen sowie deren Ermittlung (eigene Darstellung)

Bei der alternativen Approximation der Unternehmensgröße durch den Logarithmus der Umsatzerlöse ergeben sich nur in Bezug auf das Hedge Accounting Unterschiede zu den in Kapitel 5.6 ermittelten Ergebnissen. Demnach besteht kein signifikanter Zusammenhang zwischen Tobins Q und der Interaktionsvariable aus der Hedge-Accounting-Dummy-Variable und der FX-Hedge-Ratio. Wird in der Interaktion statt der Hedge-Accounting-Dummy die Hedge-Accounting-Quote berücksichtigt, ist der Zusammenhang zwischen dem Interaktionsterm und Tobins Q dagegen sehr signifikant.

Hinsichtlich des Einflusses von Hedging auf den Unternehmenswert verändern sich die Ergebnisse durch die Approximation der Kontrollvariablen Profitabilität, Investitionsmöglichkeiten, Kapitalbeschränkung und Liquidität durch alternative Kennzahlen nicht. Im Gesamtbild kann konstatiert werden, dass die Ergebnisse aus den Basisregressionen gegenüber Veränderungen der Definition der Kennzahlen robust sind.

5.7.3 Ergebnisse auf Basis der Generalized Methods of Moments

Im Folgenden soll überprüft werden, ob die vorgestellten Ergebnisse robust sind, wenn im Modell für Endogenität infolge von simultaner Kausalität kontrolliert wird. Zu diesem Zweck wird ein dynamisches Paneldatenmodell mit dem bereits in Kapitel 5.2.4 vorgestellten zweistufigen FD-GMM-Verfahren von Arellano/Bond geschätzt.[1100] Hierbei wird – wie von Magee – angenommen, dass die Hedge-Variable die einzige sequentiell exogene Variable darstellt.[1101] Diese Prämisse bedeutet, dass vergangene Bewertungen eines Unternehmens den aktuellen Umfang der Absicherungsaktivitäten beeinflussen können.[1102] Auf diese Weise wird die Anzahl der Instrumente gering gehalten und das Risiko von Fehlspezifikationen des Modells durch schwache Instrumente reduziert.[1103]

1100 Vgl. Arellano, M./Bond, S. (1991), S. 278 f.

1101 Vgl. Magee, S. (2013), S. 71.

1102 Vgl. Magee, S. (2013), S. 60. So hat z. B. das Management eines hoch bewerteten Unternehmens den Anreiz die Absicherungsaktivitäten zu erhöhen um ein möglicherweise an den Aktienkurs gebundenes Vergütungspaket abzusichern. Vgl. Smith, C. W./Stulz, R. M. (1985), S. 403.

1103 Vgl. hierzu auch Roodman, D. (2009a), S. 139 f., 148. Dies ist der Gegenentwurf zur Vorgehensweise von Vivel Búa et al. Vgl. Vivel Búa, M. et al. (2015), S. 928. Diese haben für die Endogenität aller erklärenden Variablen kontrolliert und daher für alle erklärenden Variablen Instrumentvariablen eingeführt. Vgl. Vivel Búa, M. et al. (2015), S. 928.

Vor einer näheren Analyse der Ergebnisse soll zunächst anhand des Hansens J-Tests sowie des Arellano/Bond-Tests für Autokorrelation zweiter Ordnung (AR (2)-Test) die Spezifikation des Modells überprüft werden. Zunächst ist festzuhalten, dass Hansens J-Test hier anwendbar ist, da im Regressionsmodell mehr Instrumente als endogene Regressoren vorliegen.[1104] Die durch Anwendung des J-Tests von Hansen ermittelten p-Werte bewegen sich für die acht in Tabelle 27 und 28 dargestellten Modelle in einer Bandbreite von 0,292 bis 0,699. Die Nullhypothese, dass die eingesetzten Instrumente in ihrer Gesamtheit exogen sind, wird somit bei Zugrundelegung des üblichen Signifikanzniveaus von 5 % nicht verworfen. Demnach gibt es keine Hinweise, dass die eingesetzten Instrumente mit dem Fehlerterm korrelieren. Hinsichtlich der Höhe des Signifikanzniveaus weist Roodman allerdings darauf hin, dass bei Tests der Güte der Spezifikation des Modells in diesem Zusammenhang die gängigen Schwellenwerte von 5 und 10 % nicht angemessen sind, insbesondere bei einer kleinen Stichprobe.[1105] Ein Ansatz eines Signifikanzniveaus von 25 %, wie in der Arbeit von Roodman diskutiert,[1106] würde dennoch in keinem der acht Modelle zu einer Ablehnung der Nullhypothese von exogenen Instrumenten führen. Es gibt demzufolge keine Hinweise, dass die Validität der eingesetzten Instrumente eingeschränkt ist.

Bezüglich der Autokorrelation der Residuen ist die Erwartung, dass die Residuen der Differenzen zweiter Ordnung nicht signifikant korreliert sind.[1107] Die p-Werte für AR (2) in Tabelle 27 und 28 zeigen, dass in keinem der acht Fälle eine signifikante Autokorrelation der Residuen zweiter Ordnung vorliegt. Somit gibt es keine Hinweise auf eine serielle Korrelation der Residuen in der Niveaugleichung, womit die Anwendung von Arellano-Bond-Schätzern gerechtfertigt ist.

[1104] Vgl. Baum, C. F. et al. (2003), S. 15 f.
[1105] Vgl. Roodman, D. (2009a), 142, 156.
[1106] Vgl. Roodman, D. (2009a), 142.
[1107] Vgl. Arellano, M./Bond, S. (1991), S. 282; Magee, S. (2013), S. 63.

Variablen	Regressionskoeffizient (t-Statistik)			
	M_1 (allgemein)	M_3 (Finanzkrise)	M_5 (Kapital-struktur)	M_7 (Hedge Accounting)
Tobin´s Q lag (-1)	0,007 (0,389)	-0,035** (-2,038)	-0,082*** (-16,071)	-0,278*** (-42,072)
FXHR	0,087*** (4,102)	0,008 (0,413)	0,224*** (29,017)	-0,190*** (-21,479)
FXHR*FWK0709		0,081*** (3,822)		
FXHR*Kapitalstruktur			-0,492*** (-26,420)	
FXHR*HAQFX				0,338*** (26,538)
Profitabilität	-0,135*** (-3,205)	-0,027 (-0,725)	-0,004 (-0,376)	-0,018** (-2,188)
Unternehmensgröße	-0,037 (-1,017)	-0,076** (-2,563)	-0,096*** (-8,704)	-0,105*** (14,243)
Kapitalbeschränkung	-0,713*** (-3,564)	-0,411** (-2,074)	-0,372*** (-7,786)	-0,598*** (-5,342)
Investitionsmöglichkeiten	-0,508*** (-5,457)	-0,581*** (-7,761)	0,114** (2,453)	-0,194*** (-3,877)
Kapitalstruktur	-1,484*** (-38,059)	-1,443*** (-29,989)	-1,387*** (-81,134)	-1,570*** (-106,076)
Geografische Diversifikation	0,175*** (6,458)	0,114*** (5,789)	-0,005 (-0,690)	-0,064*** (-14,565)
Liquidität	-0,015 (-1,040)	-0,070*** (-4,057)	-0,027*** (-6,301)	-0,087*** (-14,217)
HAQFX				-0,206*** (-14,325)
Anzahl Beobachtungen (Anzahl Instrumente)	594 (70)	594 (75)	594 (105)	323 (83)
AR (2)-Test (p-Wert)	0,098	0,227	0,152	0,605
Hansens J-test (p-Wert)	0,619	0,403	0,425	0,292
Hinweis: Signifikanzniveau 10 % (*), 5 % (**), 1 % (***); inkl. Dummys für die Jahre 2006-2013				

Tabelle 27: Multivariate Ergebnisse zum Werteffekt von FX-Hedging auf Basis von GMM (Panel A) (eigene Darstellung)

Bei der Betrachtung der Regressionsergebnisse in Tabelle 27 und 28 ist zunächst festzustellen, dass mit Ausnahme des Modells M_1 in sieben von acht Regressionsmodellen der aktuelle Wert von Tobins Q signifikant von den zeitlich vorgelagerten Werten abhängt. Dies steht im Einklang mit den Ergebnissen der Untersuchungen von Magee und Vivel Búa et al.[1108] Vor diesem Hintergrund stellt sich die Frage, ob nach der Kontrolle für diesen Feedback-Effekt noch ein Werteffekt für Corporate Financial Hedging besteht.[1109]

Zu diesem Zweck wird im ersten Schritt der in Tabelle 27 dargestellte Regressionsoutput für die vier Hypothesen in Bezug auf die Fremdwährungsabsicherung behandelt. Bei der Interpretation der Regressionskoeffizienten ist zu berücksichtigen, dass die in Tabelle 27 dargestellten Koeffizienten den kurzfristigen Effekt auf Tobins Q darstellen, da durch die Aufnahme des zeitversetzten Tobins Q für die Vergangenheit des Modells kontrolliert wird.[1110] Bei der Analyse der Regressionsergebnisse ist festzustellen, dass die Ergebnisse hinsichtlich des Werteffekts von FX-Hedging den in Kapitel 5.6 erzielten Erkenntnissen vergleichbar sind, wobei sich die Signifikanz der Ergebnisse erhöht hat. Demnach ist sowohl für den Gesamtzeitraum (M_1) als auch für den Krisenzeitraum (2007-2009) (M_3) im Vergleich zur Fixed-Effects-Schätzung nicht nur eine signifikante, sondern sogar eine hochsignifikante Prämie für die derivative Währungsabsicherung festzustellen. Bei der Untersuchung der Rolle der Kapitalstruktur (M_5) und des Hedge Accounting (M_7) für den Werteffekt von FX-Hedging mit GMM sind ebenso die gleichen Effekte zu beobachten wie bei Anwendung des FE-Modells. Die Koeffizienten der jeweiligen Interaktionsterme – FXHR*Kapitalstruktur bzw. FXHR*HAQFX – sind hier ebenfalls hochsignifikant statt signifikant. Dies deutet darauf hin, dass auch bei der Anwendung von GMM der Einfluss der Währungsabsicherung auf den Unternehmenswert von der Kapitalstruktur und der Anwendung von Hedge Accounting abhängt.

Somit ist zu konstatieren, dass sich – anders als bei der Untersuchung von Magee die Ergebnisse bezüglich der Werteffektes von Fremdwährungs-Hedging nach der Kontrolle für Feedback-Effekte in Bezug auf Tobins Q nicht ändern.[1111] Dies entspricht jedoch den Erkenntnissen der Untersuchung von Vivel Búa et al., wonach der Wert-

[1108] Vgl. Magee, S. (2013), S. 73; Vivel Búa, M. et al. (2015), S. 928, 930.
[1109] Vgl. Vivel Búa, M. et al. (2015), S. 928.
[1110] Vgl. Greene, W. H. (2012), S. 536; Magee, S. (2013), S. 61.
[1111] Vgl. Magee, S. (2013), S. 71-74.

effekt der derivativen Absicherung des Fremdwährungsrisikos auch nach einer Berücksichtigung möglicher Simultanität besteht.[1112]

Hinsichtlich der Zinsabsicherung sind, wie Tabelle 28 zeigt, auch hier ähnliche Ergebnisse wie bei der Verwendung von Fixe-Effekte-Schätzern festzustellen. So besteht im dynamischen Paneldatenmodell weder im gesamten Untersuchungszeitraum (M_2) noch während der Finanzkrise (M_4) ein signifikanter Zusammenhang zwischen der derivativen Zinsabsicherung und Tobins Q. Darüber hinaus hängt auch bei Anwendung von GMM der Einfluss der Zinsabsicherung auf den Unternehmenswert von der Anwendung von Hedge Accounting (M_8) ab. Hinsichtlich der Untersuchung der Bedeutung der Kapitalstruktur (M_6) ist zwar ein negativer, aber nicht signifikanter Zusammenhang zwischen Tobins Q und dem Interaktionsterm aus der Zins-Hedge-Ratio und der Kapitalstruktur festzustellen. Dieses abweichende Ergebnis könnte damit zusammen hängen, dass die Koeffizienten der Variablen den kurzfristigen Effekt auf Tobins Q messen.[1113] Demnach weist das in Tabelle 28 dargestellte Ergebnis darauf hin, dass die Kapitalstruktur kurzfristig keinen signifikanten Einfluss auf den Werteffekt von Zins-Hedging hat. Dies widerspricht somit nicht zwangsläufig den Ergebnissen der in Kapitel 5.6 durchgeführten Fixe-Effekte-Schätzung, weil es sich bei der Kapitalstruktur von Industrieunternehmen um eine langfristige Entscheidung handelt. Es ist daher denkbar, dass der Einfluss der Kapitalstruktur für den Werteffekt des Zins-Hedging überwiegend langfristig ist. Zusammenfassend bedeutet dies, dass sich die Ergebnisse hinsichtlich des Werteffektes von Zins-Hedging nach der Kontrolle von Abhängigkeiten von vorangegangenen Unternehmenswerten bis auf eine Ausnahme nicht ändern.[1114]

1112 Vgl. Vivel Búa, M. et al. (2015), S. 928, 930. Allayannis/Weston sowie Nelson/Beierlein finden in ihren Untersuchungen bei einer alternativen Vorgehensweise keine Hinweise für das Vorliegen von umgekehrter Kausalität. Vgl. Allayannis, G./Weston, J. P. (2001), S. 269 f.; Nelson J. M./Beierlein, J. J. (2014), S. 350 f.

1113 Vgl. Greene, W. H. (2012), S. 536; Magee, S. (2013), S. 61.

1114 Die Untersuchung von Nelson/Beierlein (2014) kommt zum gleichen Schluss. Diese finden weder für die derivative Absicherung des Fremdwährungs- noch des Zinsrisikos Hinweise für eine umgekehrte Kausalität zwischen Hedging und Tobins Q. Vgl. Nelson J. M./Beierlein, J. J. (2014), S. 350 f.

Variablen	Regressionskoeffizient (t-Statistik)			
	M_2 (allgemein)	M_4 (Finanzkrise)	M_6 (Kapital-struktur)	M_8 (Hedge Accounting)
Tobin´s Q lag (-1)	0,133*** (5,771)	0,129*** (5,791)	0,090*** (7,205)	0,101*** (10,592)
IRHR	-0,003 (-0,470)	-0,007 (-0,479)	-0,018*** (-3,591)	-0,035*** (-22,341)
IRHR*FWK0709		-0,001 (-0,124)		
IRHR*Kapital-struktur			-0,011 (-0,700)	
IRHR*HAQIR				0,114*** (21,483)
Profitabilität	-0,091 (-1,322)	-0,085 (-1,327)	-0,125*** (-4,196)	-0,112*** (-8,439)
Unternehmensgröße	0,001 (0,016)	-0,005 (-0,161)	-0,055*** (-2,919)	-0,002 (-0,189)
Kapitalbeschränkung	-0,629 (-1,539)	-0,634 (-1,615)	-0,859*** (-4,082)	-0,384*** (-3,673)
Investitions-möglichkeiten	-0,368 (-1,638)	-0,308 (-1,309)	-0,366*** (-5,570)	-0,644*** (-19,996)
Kapitalstruktur	-1,466*** (-18,644)	-1,476*** (-21,716)	-1,262*** (-32,751)	-1,412*** (-65,487)
Geografische Diversifikation	-0,188*** (-5,516)	-0,191*** (-5,558)	-0,077*** (-6,126)	-0,079*** (-6,153)
Liquidität	-0,048*** (-2,735)	-0,052*** (-3,059)	0,014** (2,155)	-0,093*** (-14,196)
Hedge Accounting HAQIR				0,006 (1,082)
Anzahl Beobachtungen (Anzahl Instrumente)	629 (70)	629 (75)	629 (105)	341 (91)
AR (2)-Test (p-Wert)	0,712	0,747	0,638	0,142
Hansens J-test (p-Wert)	0,448	0,499	0,699	0,658
Hinweis: Signifikanzniveau 10 % (*), 5 % (**), 1 % (***); inkl. Dummys für die Jahre 2006-2013				

Tabelle 28: Multivariate Ergebnisse zum Werteffekt von IR-Hedging auf Basis von GMM (Panel B) (eigene Darstellung)

Wie bereits in Kapitel 5.2.4 erläutert, sind die Ergebnisse von GMM-Schätzern grundsätzlich bezüglich der Anzahl der eingesetzten Instrumente sensitiv. Um Fehlinterpretationen infolge inkonsistenter Schätzer zu vermeiden, werden, wie von Roodman empfohlen, in einem Robustheitstest anstatt aller verfügbaren Lag-Variablen (vgl. Tabelle 27 und 28) nur die jeweils ein bzw. zwei Perioden zurückliegenden Hedge Variablen und Tobins Q ausgewählt, um die Anzahl der Lag-Variablen zu reduzieren.[1115] Diese Einschränkung führt zu einem deutlichen Rückgang der Instrumente. Während in der ursprünglichen Regressionsanalyse in allen acht Modellen zwischen 70 und 105 Instrumente im Einsatz sind, wie es in Tabelle 27 und 28 gezeigt wird, reduziert sich durch diese Anpassung die Bandbreite der eingesetzten Instrumente auf 49 bis 63. Die Ergebnisse in Bezug auf den Werteffekt von Hedging haben sich durch diese Anpassung bei keinem der Modelle verändert. Dies deutet auf die Robustheit der beschriebenen Ergebnisse hin.

5.8 Zusammenfassung der Ergebnisse der Hypothesentests

Nach der empirischen Untersuchung des Einflusses von Corporate Financial Hedging anhand von acht Hypothesen werden im Folgenden die Ergebnisse kurz zusammengefasst. Einen Überblick bietet Tabelle 29.

Zusammenfassend kann konstatiert werden, dass die empirischen Ergebnisse Hypothese H_1, H_3, H_5 und H_8 unterstützen. Unabhängig von der verwendeten Hedge-Variable (FXHI oder FXHR) deuten diese Ergebnisse auf eine Wertprämie für die derivative Fremdwährungsabsicherung hin, und zwar sowohl im gesamten Untersuchungszeitraum als auch in der Finanzkrise. Zudem gibt es Hinweise, dass diese Wertprämie für FX-Hedging von der Kapitalstruktur abhängig ist. Darüber hinaus gibt es signifikante Belege für eine Abhängigkeit des Werteffekts des Zins-Hedging vom Hedge Accounting.

In Bezug auf die Hypothese H_6 und H_7 ist festzustellen, dass die Ergebnisse insbesondere von der Wahl der Abbildung der Hedge-Aktivitäten abhängt. Während bei Anwendung der Hedge-Ratio in beiden Fällen signifikante Interaktionseffekte – IRHR*LEV bzw. FXHR*HAFX/FXHR*HAQFX – zu beobachten sind, ist dies bei Einsatz der jeweiligen Hedge-Intensität – IRHI bzw. FXHI – nicht der Fall. Den Er-

1115 Vgl. Roodman, D. (2009a), S. 148. Die Vorgehensweise entspricht dem des Robustheitstests von Magee (2013). Vgl. Magee, S. (2013), S. 74.

gebnissen auf Basis der Hedge-Ratio wird jedoch eine höhere Aussagekraft zugeschrieben, da diese zumindest approximativ das Exposure berücksichtigt.

Weder für Hypothese H_2 noch für die Hypothese H_4 konnten Belege gefunden werden. Demzufolge gibt es keine Hinweise darauf, dass derivatives Zins-Hedging während des Untersuchungszeitraums oder der Finanz- und Wirtschaftskrise zu einer Wertprämie bei den absichernden Unternehmen führte.

Hypothesen (H)	Empirische Evidenz (ja:✓, nein: ×; z. T.:~)
H_1: Die Absicherung von Währungsrisiken mit derivativen Finanzinstrumenten wirkt sich im deutschen Aktienmarkt positiv auf den Unternehmenswert aus.	✓
H_2: Die Absicherung von Zinsrisiken mit derivativen Finanzinstrumenten wirkt sich im deutschen Aktienmarkt positiv auf den Unternehmenswert aus.	×
H_3: Im Zeitraum der Finanz- und Wirtschaftskrise führt die derivative Währungsabsicherung zu einer Wertprämie.	✓
H_4: Im Zeitraum der Finanz- und Wirtschaftskrise führt die derivative Zinsabsicherung zu einer Wertprämie.	×
H_5: Der Einfluss der derivativen Fremdwährungsabsicherung auf den Unter-nehmenswert ist von der Kapitalstruktur abhängig.	✓
H_6: Der Einfluss der derivativen Zinsabsicherung auf den Unternehmenswert ist von der Kapitalstruktur abhängig.	~
H_7: Der Einfluss der derivativen Absicherung von Währungsrisiken auf den Unternehmenswert hängt von der der Anwendung von Hedge Accounting ab.	✓
H_8: Der Einfluss der derivativen Absicherung von Zinsrisiken auf den Unternehmenswert hängt von der der Anwendung von Hedge Accounting ab.	✓

Tabelle 29: Gesamtübersicht zur empirischen Evidenz der untersuchten Hypothesen (eigene Darstellung)

Hinsichtlich der Robustheit der Ergebnisse ist festzustellen, dass es keine Hinweise auf Multikollinearität gibt. In Bezug auf Endogenität i. e. S. haben sich nach der Kontrolle für Feedback-Effekte in einem Fall unterschiedliche Ergebnisse im Vergleich zu Kapitel 5.6 eingestellt. Dies betrifft Hypothese H_6, der zufolge der Werteffekt von Zins-Hedging von der Kapitalstruktur abhängt. Die in der Basisregression zum Teil festgestellten signifikanten Interaktionseffekte sind daher nur eingeschränkt aussagekräftig. Beim Einsatz alternativer Kennzahlen für die Kontrollvariablen ergeben sich dagegen keine substantiellen Veränderungen der Ergebnisse im Vergleich zu denen der Basisregressionen.

6 Schlussbetrachtung

6.1 Zusammenfassung

Die vorliegende Arbeit beschäftigt sich mit der branchenübergreifenden Untersuchung der Auswirkungen der Absicherung von Zins- und Währungsrisiken mit derivativen Finanzinstrumenten auf den Unternehmenswert von börsennotierten Unternehmen in Deutschland. Zu diesem Zweck wurde zunächst anhand der Erkenntnisse der Kapitalmarkttheorie untersucht, ob sich Corporate Financial Hedging positiv auf die Bewertung eines Unternehmens auswirken kann.

In der neoklassischen Welt von Modigliani/Miller mit vollkommenen Kapitalmärkten wirkt sich die Absicherungspolitik eines Unternehmens nicht auf seinen Wert aus, da die Anleger bei diesen Voraussetzungen die Absicherungsstrategie ohne zusätzliche Kosten selbst replizieren können.[1116] Wenn sich dagegen von den Annahmen eines vollkommenen Kapitalmarkts gelöst wird, dann kann anhand der positiven Theorien des Corporate Hedging gezeigt werden, dass Hedging sich insbesondere beim Vorliegen von Transaktions-, Insolvenz- und Agency-Kosten, Steuern sowie hohen Kosten für die externe Finanzierung positiv auf den Unternehmenswert auswirken kann.[1117] Dies resultiert im Wesentlichen aus der Möglichkeit, durch Hedging die Volatilität des Ergebnisses und der Cashflows zu reduzieren.[1118] Der empirische Beleg dieser theoriebasierten Herleitungen ist bisher – auch aufgrund der schwierigen ökonometrischen Umsetzbarkeit – nur bedingt gelungen. Vor diesem Hintergrund erfolgt anstatt einer indirekten Herleitung des Werteffekts von Hedging im Rahmen dieser Arbeit die direkte Untersuchung des Zusammenhangs zwischen Hedging und der Bewertung am Kapitalmarkt.

Auf Basis der empirischen Untersuchung ist in Bezug auf das Währungsrisiko zu konstatieren, dass deutsche börsennotierte Nicht-Finanzunternehmen, die dieses Risiko derivativ absichern, sowohl für den gesamten Untersuchungszeitraum (2005-2013) als auch für den Krisenzeitraum (2007-2009), eine signifikant positive Wertprämie aufweisen. Dieses Ergebnis steht zum einen in Einklang mit den auf Basis

[1116] Vgl. Modigliani, F./Miller, M. H. (1958), S. 268; MacMinn, R. D. (1987b), S. 1169-1173, 1184.
[1117] Vgl. Aretz, K./Bartram, S. M. (2010), S. 365; Monda, B. et al. (2013), S. 4 f.
[1118] Vgl. Monda, B. et al. (2013), S. 4 f.

der positiven Theorien des Corporate Hedging formulierten Erwartungen. Zum anderen entsprechen diese Ergebnisse auch den Erkenntnissen bisheriger Untersuchungen.

Dagegen besteht weder im gesamten Untersuchungszeitraum noch während der Finanzkrise ein signifikanter Zusammenhang zwischen der derivativen Zinsabsicherung und Tobins Q. Dieses Ergebnis widerspricht der aus den positiven Theorien des Corporate Hedging hergeleiteten Erwartung. In Bezug auf den Einsatz von Zinsderivaten zeigen die Ergebnisse von Marami/Dubois jedoch, dass Zins-Hedging insbesondere dann zu einer Wertprämie führt, wenn die Investoren sicherstellen können, dass die Derivate tatsächlich zur Absicherung eingesetzt werden.[1119]

Vor diesem Hintergrund ist die Untersuchung der Bedeutung der Sicherungsbilanzierung für den Werteffekt relevant, da die restriktiven Voraussetzungen zur Anwendung des Hedge Accounting implizieren, dass die in der Sicherungsbeziehung designierten Derivate tatsächlich zur Absicherung eingesetzt werden. Im Rahmen der empirischen Untersuchung zeigt sich sowohl für die Zins- als auch für die Währungsabsicherung, dass die Anwendung von Hedge Accounting in Verbindung mit einer hohen Hedge-Ratio einen signifikant positiven Einfluss auf die Bewertung durch den Kapitalmarkt hat. Angesichts dieser Ergebnisse könnte Hedge Accounting – wie die Information, dass das Unternehmen durch einen Kreditvertrag zum Hedging verpflichtet wurde – ein positives Signal für den Kapitalmarkt darstellen.[1120]

Darüber hinaus ist festzustellen, dass sich die Kombination aus einer hohen Verschuldung und einer hohen Hedge-Ratio insbesondere bei der Währungsabsicherung negativ auf die Bewertung durch den Kapitalmarkt auswirkt. Vor dem Hintergrund der positiven Theorien des Corporate Hedging bedeutet dies, dass der Nutzen der Absicherung und der Verschuldung aus Sicht der Kapitalmarktteilnehmer die damit einhergehenden Insolvenz- und Hedging-Kosten nicht mehr übersteigt. Dies deutet darauf hin, dass der Werteffekt von Hedging von der Kapitalstruktur abhängt. Zudem zeigen diese Ergebnisse, dass es sinnvoll ist, nicht nur – wie im Schrifttum empfoh-

1119 Vgl. Marami, A./Dubois, M. (2013), S. 4 f., 15 f., 29 f.
1120 Vgl. Marami, A./Dubois, M. (2013), S. 4 f., 15 f., 29 f.

len – die Hedge-Entscheidung gemeinsam mit der Kapitalstruktur zu betrachten,[1121] sondern auch deren Auswirkungen auf die Bewertung.

In Bezug auf die eingangs zitierte Aussage aus dem Geschäftsbericht von Berkshire Hathaway lässt sich abschließend festhalten, dass die Bezeichnung von Derivaten als Massenvernichtungswaffen im Rahmen der derivativen Absicherung bei deutschen börsennotierten Nicht-Finanzdienstleistungsunternehmen nicht angemessen ist.[1122] Demgegenüber ist insbesondere bei der Währungsrisikoabsicherung eine positive Wahrnehmung des Einsatzes von Derivaten am Kapitalmarkt festzustellen.

Bei der Interpretation dieser Ergebnisse ist zu berücksichtigen, dass das tatsächliche Ausmaß der Absicherung nicht exakt gemessen werden kann, weil die relevanten internen Informationen nicht in ausreichendem Maße veröffentlicht werden. Zudem unterliegt die Arbeit einem Stichtagseffekt. Dies bedeutet, dass der zum Abschlussstichtag gemessene Derivateeinsatz unter Umständen von dem während des Geschäftsjahrs abweicht. Darüber hinaus ist zu beachten, dass die Ergebnisse keine direkte Aussage über die tatsächliche Effektivität der Hedge-Programme der Unternehmen zulassen, da die Wahrnehmung der Absicherung durch die Kapitalmarktteilnehmer im Fokus dieser Arbeit steht.[1123]

6.2 Bedeutung für die Praxis

Die Untersuchung zeigt, dass die derivative Absicherung von Zins- und Währungsrisiken für die Mehrheit der untersuchten deutschen Nicht-Finanzunternehmen eine hohe Relevanz aufweist, denn 70,5 % bzw. 74,1 % der Unternehmen setzen Derivate zur Zins- bzw. Währungsrisikoabsicherung ein. Die vorliegende Untersuchung liefert Hinweise dafür, dass die derivative Währungsabsicherung von den Kapitalmarktteilnehmern honoriert wird, während dies bei der derivativen Zinsabsicherung nur eingeschränkt der Fall ist.

1121 Vgl. Gould, J./Szimayer, A. (2009), S. 2-38; Graham, J. R./Rogers, D. A. (2002), S. 820; Hahnenstein, L./Röder, K. (2006), S. 162, 165-167; Hahnenstein, L./Röder, K. (2007), S. 354-387; Stulz, R. M. (1996), S. 16.

1122 Vgl. Berkshire Hathaway (Hrsg.) (2003), S. 15.

1123 Mit der Effektivität der Hedging-Programme beschäftigen sich unter anderem die Untersuchungen von Bali et al., Hentschel/Kothari sowie Rao. Vgl. Bali, T. G. et al. (2007), S. 1053-1083; Hentschel, L./Kothari, S. P. (2001), S. 93-118; Rao, V. K. (2014), S. 1-15.

Hervorzuheben ist, dass sich Hedging insbesondere dann positiv in der Bewertung durch den Kapitalmarkt widerspiegelt, wenn die Derivate in einer Sicherungsbeziehung abgebildet werden. Dies deutet darauf hin, dass Hedging dann positiv vom Kapitalmarkt wahrgenommen wird, wenn es einen Indikator gibt, der darauf hinweist, dass der Einsatz von Derivaten aus nicht-spekulativen Motiven heraus erfolgt. Hiermit steht die Untersuchung im Einklang mit den Erkenntnissen von Allayannis et al. und Marami/Dubois,[1124] denen zufolge Hedging positiv bewertet wird, wenn die Unternehmen eine starke Corporate Governance aufweisen bzw. eine Verpflichtung zum Hedging durch Banken vorliegt. Dies spricht für das Bestehen einer hohen Informationsasymmetrie zwischen Unternehmen und Investoren. Zur Beseitigung dieses Informationsdefizits auf Seiten der Investoren ist allgemein betrachtet eine effektive Kommunikation im Rahmen der Risikoberichterstattung erforderlich.[1125] Zu diesem Zweck sollten die zur Verfügung gestellten Informationen einfach, klar und im angemessenen Kontext präsentiert werden, wobei der Nutzen des Adressaten im Vordergrund stehen muss.[1126]

6.3 Ausblick und weiterer Forschungsbedarf

Aktuell stehen, wie bereits angedeutet, in zweierlei Hinsicht regulatorische Änderungen an, welche sich künftig maßgeblich auf das Corporate Financial Hedging von Nicht-Finanzdienstleistungsunternehmen auswirken könnten. Ein wesentlicher Aspekt ist hierbei die stärkere Regulierung des OTC-Derivate-Handels durch die EMIR-Verordnung, welche auch Nicht-Finanzunternehmen betrifft.[1127] Die Implementierung der EMIR-Vorgaben wurde im Februar 2013 begonnen und wird voraussichtlich erst 2017 abgeschlossen sein.[1128] Gemäß EMIR müssen alle Nichtbanken, die OTC-Derivat-kontrakte eingehen, dies an ein Transaktionsregister berichten.[1129] Darüber hinaus verpflichtet die EMIR-Verordnung Nicht-Finanzunternehmen bei Überschreiten eines festgelegten durchschnittlich gehandelten OTC-Derivate-Volumens – bei Zins- und Fremdwährungsderivate: 3 Mrd. EUR – dazu, das Clearing

[1124] Vgl. Allayannis, G. et al. (2012), S. 71-75; Marami, A./Dubois, M. (2013), S. 4 f., 14-16.
[1125] Vgl. Jankensgård, H. et al. (2016), S. 51.
[1126] Vgl. Jankensgård, H. et al. (2016), S. 51, 58.
[1127] Vgl. Litten, R./Schwenk, A. (2013a), S. 857; Wieland, A./Weiß, S. (2013), S. 75.
[1128] Vgl. Wieland, A./Weiß, S. (2013), S. 76.
[1129] Vgl. EU-Verordnung Nr. 648/2012, S. 20 f., Art. 9 Abs. 1; Geier, B. M./Mirtschink, D. J. (2013), S. 112 f.; Köhling, L./Adler, D. (2012a), S. 2126.

über eine zentrale Gegenpartei und nicht bilateral vorzunehmen.[1130] Für die Unternehmen, welche nicht dieser Clearingpflicht durch eine dritte Einrichtung unterliegen, sind durch EMIR die Ansprüche an das Risikomanagement gestiegen.[1131] Die Umsetzung von EMIR verursacht bei Nicht-Finanzunternehmen durch die verstärkte Bindung interner personeller Ressourcen und durch die erforderliche Einbeziehung externer Ressourcen, z. B. für Beratungsleistungen, sowohl einmalig als auch laufend zusätzliche Kosten.[1132] Dieser Aufwand könnte künftig insbesondere kleinere Unternehmen davon abhalten, mit Derivaten abzusichern.

Die zweite wichtige regulatorische Veränderung ergibt sich durch die Einführung des IFRS 9. Dieser neue Standard soll es ermöglichen, die Praxis des Risikomanagements besser im Jahresabschluss abzubilden.[1133] Bei Gelingen dieses Vorhabens könnte hieraus eine bessere Honorierung der Absicherungsaktivitäten durch die Kapitalmarktteilnehmer resultieren.[1134] Offen ist jedoch, ob der generierte Zusatznutzen die zusätzlichen Kosten, die bei der Einführung des neuen Standards anfallen, rechtfertigt.[1135]

Die hohe Relevanz der Regulierungsthematik bei den Nutzern von Derivaten belegt eine internationalen Umfrage der International Swaps and Derivatives Association ISDA.[1136] Dieser zufolge betreffen die beiden größten Bedenken der Endnutzer von Derivaten in Bezug auf ihr Risikomanagement steigende Kosten der derivativen Absicherung sowie der Umfang der zukünftigen Regulierung.[1137]

Vor diesem Hintergrund wird es künftig interessant sein, wie sich die deutlichen Veränderungen im regulatorischen Umfeld auf das Absicherungsverhalten von Nicht-Finanz-unternehmen und die Wahrnehmung dessen durch den Kapitalmarkt auswir-

1130 Vgl. Geier, B. M./Mirtschink, D. J. (2013), S. 103-106.

1131 Vgl. Köhling, L./Adler, D. (2012b), S. 2173-2175; Litten, R./Schwenk, A. (2013b), S. 918.

1132 Vgl. Geier, B. M./Mirtschink, D. J. (2013), S. 116; Litten, R./Schwenk, A. (2013b), S. 918.

1133 Vgl. Hartenberger, H. (2016), § 3, S. 282 Tz. 523; Zeller, M./Ruprecht, R. (2014), S. 1119. Einen Überblick über die neuen Regelungen des IFRS 9 in Bezug auf das Hedge Accounting finden sich bei Echterling et al. (2014), Hartenberger (2016), Thomas (2015) sowie Zeller/Ruprecht (2014). Vgl. Echterling, F. et al. (2014), S. 5-17; Hartenberger, H. (2016), § 3, S. 282-295 Tz. 523-558; Thomas, M. (2015), S. 291-300; Zeller, M./Ruprecht, R. (2014), S. 1119-1125.

1134 Laut der Analyse des IFRS 9 von Dettenrieder ist dies auch im überwiegenden Maße gelungen. Vgl. Dettenrieder, D. (2014), S. 243. Dies muss sich jedoch noch in der Praxis bestätigen.

1135 Vgl. hinsichtlich den Kosten der Einführung Haaker, A. (2014), S. 2790.

1136 Vgl. ISDA (Hrsg.) (2015), S. 12.

1137 Vgl. ISDA (Hrsg.) (2015), S. 12.

ken. Es ist unklar, ob der Nutzen dieser Veränderungen die dadurch entstehenden Kosten aufwiegt. Dies bietet Anknüpfungspunkte für weitere Untersuchungen.

Anhang

Anhangsverzeichnis

Anhang I: Liste der untersuchten Unternehmen

Unternehmen	ISIN	einbezogene Jahre
Adidas AG	DE000A1EWWW0	2005, 2006, 2007, 2008, 2009, 2010, 2011, 2012, 2013
ADVA Optical Networking SE	DE0005103006	2005, 2006, 2007, 2008, 2009, 2010, 2011, 2012, 2013
Aixtron SE	DE000A0WMPJ6	2005, 2006, 2007, 2008, 2009, 2010, 2011, 2012, 2013
Alstria office REIT-AG	DE000A0LD2U1	2007, 2008, 2009, 2010, 2011, 2012, 2013
Altana AG	DE0007600801	2005, 2006, 2007, 2008, 2009
Amadeus FiRe AG	DE0005093108	2005, 2006, 2007, 2008, 2009, 2010, 2011, 2012, 2013
Arcandor AG	DE0006275001	2005, 2006, 2007, 2008
Atevia AG	DE000CMBT111	2005, 2006, 2007, 2008, 2009, 2010, 2011, 2012
Aurubis AG	DE0006766504	2005, 2006, 2007, 2008, 2009, 2010, 2011, 2012, 2013
Axel Springer SE	DE0005501357	2005, 2006, 2007, 2008, 2009, 2010, 2011, 2012, 2013
Balda AG	DE0005215107	2005, 2006, 2007, 2008, 2009, 2010, 2011, 2012, 2013
BASF SE	DE000BASF111	2005, 2006, 2007, 2008, 2009, 2010, 2011, 2012, 2013
Bauer AG	DE0005168108	2006, 2007, 2008, 2009, 2010, 2011, 2012, 2013
Bayer AG	DE000BAY0017	2005, 2006, 2007, 2008, 2009, 2010, 2011, 2012, 2013
Bayer Schering Pharma AG	DE0007172009	2005, 2006, 2007
BayWa AG	DE0005194062	2005, 2006, 2007, 2008, 2009, 2010, 2011, 2012, 2013
Beate Uhse SE	DE0007551400	2005, 2006, 2007, 2008, 2009, 2010, 2011, 2012, 2013
Bechtle AG	DE0005158703	2005, 2006, 2007, 2008, 2009, 2010, 2011, 2012, 2013
Beiersdorf AG	DE0005200000	2005, 2006, 2007, 2008, 2009, 2010, 2011, 2012, 2013
Bertrandt AG	DE0005232805	2005, 2006, 2007, 2008, 2009, 2010, 2011, 2012, 2013
Bilfinger Berger AG	DE0005909006	2005, 2006, 2007, 2008, 2009, 2010, 2011, 2012, 2013
Biotest AG	DE0005227235	2005, 2006, 2007, 2008, 2009, 2010, 2011, 2012, 2013
BMW AG	DE0005190003	2005, 2006, 2007, 2008, 2009, 2010, 2011, 2012, 2013
Boewe Systec AG	DE0005239701	2005, 2006, 2007, 2008
Bosch Solar Energy AG	DE0006627532	2005, 2006, 2007, 2008
Brenntag AG	DE000A1DAHH0	2010, 2011, 2012, 2013
Cancom SE	DE0005419105	2005, 2006, 2007, 2008, 2009, 2010, 2011, 2012, 2013
Carl Zeiss Meditec AG	DE0005313704	2006, 2007, 2008, 2009, 2010, 2011, 2012, 2013

Unternehmen	ISIN	einbezogene Jahre
Celesio AG	DE000CLS1001	2005, 2006, 2007, 2008, 2009, 2010, 2011, 2012, 2013
Centrotec Sustainable AG	DE0005407506	2005, 2006, 2007, 2008, 2009, 2010, 2011, 2012, 2013
Centrotherm photovoltaics AG	DE000A1TNMM9	2007, 2008, 2009, 2010, 2011, 2012, 2013
Cewe Stiftung & Co. KGaA	DE0005403901	2005, 2006, 2007, 2008, 2009, 2010, 2011, 2012, 2013
Colonia Real Estate AG	DE0006338007	2005, 2006, 2007, 2008, 2009, 2010, 2011, 2012, 2013
CompuGroup Medical SE	DE0005437305	2007, 2008, 2009, 2010, 2011, 2012, 2013
Conergy AG	DE000A1KRCK4	2005, 2006, 2007, 2008, 2009, 2010, 2011, 2012
Constantin Medien AG	DE0009147207	2005, 2006, 2007, 2008, 2009, 2010, 2011, 2012, 2013
Continental AG	DE0005439004	2005, 2006, 2007, 2008, 2009, 2010, 2011, 2012, 2013
CTS Eventim AG & Co. KGaA	DE0005470306	2005, 2006, 2007, 2008, 2009, 2010, 2011, 2012, 2013
Curanum AG	DE0005240709	2005, 2006, 2007, 2008, 2009, 2010, 2011, 2012, 2013
D+S Europe AG	DE0005336804	2005, 2006, 2007, 2008, 2009
Daimler AG	DE0007100000	2007, 2008, 2009, 2010, 2011, 2012, 2013
Degussa AG	DE0005421903	2005
Delticom AG	DE0005146807	2006, 2007, 2008, 2009, 2010, 2011, 2012, 2013
Demag Cranes AG	DE000DCAG010	2006, 2007, 2008, 2009, 2010, 2011, 2012
Derby cycle AG	DE000A1H6HN1	2011
Deutsche Annington Immobilien SE	DE000A1ML7J1	2013
Deutsche EuroShop AG	DE0007480204	2005, 2006, 2007, 2008, 2009, 2010, 2011, 2012, 2013
Deutsche Lufthansa AG	DE0008232125	2005, 2006, 2007, 2008, 2009, 2010, 2011, 2012, 2013
Deutsche Post AG	DE0005552004	2005, 2006, 2007, 2008, 2009, 2010, 2011, 2012, 2013
Deutsche Telekom AG	DE0005557508	2005, 2006, 2007, 2008, 2009, 2010, 2011, 2012, 2013
Deutsche Wohnen AG	DE000A0HN5C6	2006, 2007, 2008, 2009, 2010, 2011, 2012, 2013
Deutz AG	DE0006305006	2005, 2006, 2007, 2008, 2009, 2010, 2011, 2012, 2013
DIC Asset AG	DE000A1X3XX4	2005, 2006, 2007, 2008, 2009, 2010, 2011, 2012, 2013
DIS Deutsche Industrie Service AG	DE0005016901	2005, 2006, 2007
DMG Mori AG	DE0005878003	2005, 2006, 2007, 2008, 2009, 2010, 2011, 2012, 2013
DO Deutsche Office AG	DE000PRME020	2011, 2012, 2013
Douglas Holding AG	DE0006099005	2006, 2007, 2008, 2009, 2010, 2011, 2012

Unternehmen	ISIN	einbezogene Jahre
Drägerwerk AG & Co. KGaA	DE0005550636	2005, 2006, 2007, 2008, 2009, 2010, 2011, 2012, 2013
Drillisch AG	DE0005545503	2005, 2006, 2007, 2008, 2009, 2010, 2011, 2012, 2013
Dürr AG	DE0005565204	2005, 2006, 2007, 2008, 2009, 2010, 2011, 2012, 2013
Dyckerhoff AG	DE0005591036	2005, 2006, 2007, 2008, 2009, 2010, 2011, 2012
E.ON SE	DE000ENAG999	2007, 2008, 2009, 2010, 2011, 2012, 2013
EDOB Abwicklungs AG	DE0005692107	2005, 2006, 2007, 2008
Elexis AG	DE0005085005	2005, 2006, 2007, 2008, 2009, 2010, 2011, 2012, 2013
ElringKlinger AG	DE0007856023	2005, 2006, 2007, 2008, 2009, 2010, 2011, 2012, 2013
EPCOS AG	DE0005128003	2008
Euromicron AG	DE000A1K0300	2005, 2006, 2007, 2008, 2009, 2010, 2011, 2012, 2013
Evonik Industries AG	DE000EVNK013	2013
Evotec AG	DE0005664809	2005, 2006, 2007, 2008, 2009, 2010, 2011, 2012, 2013
Fielmann AG	DE0005772206	2005, 2006, 2007, 2008, 2009, 2010, 2011, 2012, 2013
Fraport AG	DE0005773303	2005, 2006, 2007, 2008, 2009, 2010, 2011, 2012, 2013
Freenet AG	DE000A0Z2ZZ5	2007, 2008, 2009, 2010, 2011, 2012, 2013
Fresenius SE & Co. KGaA	DE0005785604	2005, 2006, 2007, 2008, 2009, 2010, 2011, 2012, 2013
Fuchs Petrolub SE	DE0005790430	2005, 2006, 2007, 2008, 2009, 2010, 2011, 2012, 2013
Funkwerk AG	DE0005753149	2005, 2006, 2007, 2008, 2009, 2010, 2011, 2012, 2013
GEA Group AG	DE0006602006	2005, 2006, 2007, 2008, 2009, 2010, 2011, 2012, 2013
Gerresheimer AG	DE000A0LD6E6	2007, 2008, 2009, 2010, 2011, 2012, 2013
Gerry Weber International AG	DE0003304101	2006, 2007, 2008, 2009, 2010, 2011, 2012, 2013
Gesco AG	DE000A1K0201	2005, 2006, 2007, 2008, 2009, 2010, 2011, 2012, 2013
Gfk SE	DE0005875306	2005, 2006, 2007, 2008, 2009, 2010, 2011, 2012, 2013
Gigaset AG	DE0005156004	2005, 2006, 2007, 2008, 2009, 2010, 2011, 2012, 2013
Global PVQ SE	DE0005558662	2005, 2006, 2007, 2008, 2009, 2010
Grammer AG	DE0005895403	2005, 2006, 2007, 2008, 2009, 2010, 2011, 2012, 2013
GSW Immobilien AG	DE000GSW1111	2011, 2012, 2013
H & R AG	DE0007757007	2005, 2006, 2007, 2008, 2009, 2010, 2011, 2012, 2013
Hamburger Hafen und Logistik AG	DE000A0S8488	2007, 2008, 2009, 2010, 2011, 2012, 2013

Unternehmen	ISIN	einbezogene Jahre
Hamborner REIT AG	DE0006013006	2005, 2006, 2007, 2008, 2009, 2010, 2011, 2012, 2013
Hawesko Holding AG	DE0006042708	2005, 2006, 2007, 2008, 2009, 2010, 2011, 2012, 2013
Heidelberger Druckmaschinen AG	DE0007314007	2005, 2006, 2007, 2008, 2009, 2010, 2011, 2012, 2013
HeidelbergCement AG	DE0006047004	2005, 2006, 2007, 2008, 2009, 2010, 2011, 2012, 2013
Henkel AG & Co. KGaA	DE0006048432	2005, 2006, 2007, 2008, 2009, 2010, 2011, 2012, 2013
Hochtief AG	DE0006070006	2005, 2006, 2007, 2008, 2009, 2010, 2011, 2012, 2013
Homag Group AG	DE0005297204	2007, 2008, 2009, 2010, 2011, 2012, 2013
Hornbach Holding AG	DE0006083439	2005, 2006, 2007, 2008, 2009, 2010, 2011, 2012, 2013
Hugo Boss AG	DE000A1PHFF7	2005, 2006, 2007, 2008, 2009, 2010, 2011, 2012, 2013
IDS Scheer AG	DE0006257009	2005, 2006, 2007, 2008, 2009
Infineon Technologies AG	DE0006231004	2008, 2009, 2010, 2011, 2012, 2013
IVG Immobilien AG	DE0006205701	2005, 2006, 2007, 2008, 2009, 2010, 2011, 2012
Jenoptik AG	DE0006229107	2005, 2006, 2007, 2008, 2009, 2010, 2011, 2012, 2013
Jungheinrich AG	DE0006219934	2005, 2006, 2007, 2008, 2009, 2010, 2011, 2012, 2013
K + S AG	DE000KSAG888	2005, 2006, 2007, 2008, 2009, 2010, 2011, 2012, 2013
Kabel Deutschland Holding AG	DE000KD88880	2010, 2011, 2012, 2013
Kion Group AG	DE000KGX8881	2013
Klöckner & Co. SE	DE000KC01000	2006, 2007, 2008, 2009, 2010, 2011, 2012, 2013
Klöckner-Werke AG	DE0006780000	2005, 2006, 2007, 2008, 2009
Koenig & Bauer AG	DE0007193500	2005, 2006, 2007, 2008, 2009, 2010, 2011, 2012, 2013
Kontron AG	DE0006053952	2005, 2006, 2007, 2008, 2009, 2010, 2011, 2012, 2013
Krones AG	DE0006335003	2005, 2006, 2007, 2008, 2009, 2010, 2011, 2012, 2013
Kuka AG	DE0006204407	2005, 2006, 2007, 2008, 2009, 2010, 2011, 2012, 2013
KWS Saat SE	DE0007074007	2005, 2006, 2007, 2008, 2009, 2010, 2011, 2012, 2013
LANXESS AG	DE0005470405	2005, 2006, 2007, 2008, 2009, 2010, 2011, 2012, 2013
LEG Immobilien AG	DE000LEG1110	2013
Leoni AG	DE0005408884	2005, 2006, 2007, 2008, 2009, 2010, 2011, 2012, 2013
Linde AG	DE0006483001	2005, 2006, 2007, 2008, 2009, 2010, 2011, 2012, 2013
Loewe AG	DE000A1X3W34	2005, 2006, 2007, 2008, 2009, 2010, 2011, 2012

Unternehmen	ISIN	einbezogene Jahre
LPKF Laser & Electronics	DE0006450000	2005, 2006, 2007, 2008, 2009, 2010, 2011, 2012, 2013
MAN SE	DE0005937007	2005, 2006, 2007, 2008, 2009, 2010, 2011, 2012, 2013
Manz AG	DE000A0JQ5U3	2006, 2007, 2008, 2009, 2010, 2011, 2012, 2013
Masterflex SE	DE0005492938	2005, 2006, 2007, 2008, 2009, 2010, 2011, 2012, 2013
Medigene AG	DE000A1X3W00	2005, 2006, 2007, 2008, 2009, 2010, 2011, 2012, 2013
Medion AG	DE0006605009	2005, 2006, 2007, 2008, 2009, 2010, 2011, 2012, 2013
Merck KGaA	DE0006599905	2005, 2006, 2007, 2008, 2009, 2010, 2011, 2012, 2013
Metro AG	DE0007257503	2005, 2006, 2007, 2008, 2009, 2010, 2011, 2012, 2013
Mobilcom AG	DE0006622400	2005
MorphoSys AG	DE0006632003	2005, 2006, 2007, 2008, 2009, 2010, 2011, 2012, 2013
MTU Aero Engines AG	DE000A0D9PT0	2005, 2006, 2007, 2008, 2009, 2010, 2011, 2012, 2013
MVV Energie AG	DE000A0H52F5	2006, 2007, 2008, 2009, 2010, 2011, 2012, 2013
Mybet Holding SE	DE000A0JRU67	2005, 2006, 2007, 2008, 2009, 2010, 2011, 2012, 2013
Nemetschek SE	DE0006452907	2005, 2006, 2007, 2008, 2009, 2010, 2011, 2012, 2013
Nordex SE	DE000A0D6554	2005, 2006, 2007, 2008, 2009, 2010, 2011, 2012, 2013
NORMA Group SE	DE000A1H8BV3	2011, 2012, 2013
OSRAM Licht AG	DE000LED4000	2013
Patrizia Immobilien AG	DE000PAT1AG3	2006, 2007, 2008, 2009, 2010, 2011, 2012, 2013
Pfeiffer Vacuum Technology AG	DE0006916604	2005, 2006, 2007, 2008, 2009, 2010, 2011, 2012, 2013
Pfleiderer AG	DE0006764749	2005, 2006, 2007, 2008, 2009
Phoenix Solar AG	DE000A0BVU93	2005, 2006, 2007, 2008, 2009, 2010, 2011, 2012, 2013
Praktiker AG	DE000A0F6MD5	2005, 2006, 2007, 2008, 2009, 2010, 2011, 2012
ProSiebenSat 1 Media SE	DE000PSM7770	2005, 2006, 2007, 2008, 2009, 2010, 2011, 2012, 2013
PSI AG	DE000A0Z1JH9	2005, 2006, 2007, 2008, 2009, 2010, 2011, 2012, 2013
Puma SE	DE0006969603	2005, 2006, 2007, 2008, 2009, 2010, 2011, 2012, 2013
QSC AG	DE0005137004	2005, 2006, 2007, 2008, 2009, 2010, 2011, 2012, 2013
Rational AG	DE0007010803	2005, 2006, 2007, 2008, 2009, 2010, 2011, 2012, 2013
REpower Systems AG	DE0006177033	2005, 2006, 2007, 2008, 2009, 2010, 2011
Rheinmetall AG	DE0007030009	2005, 2006, 2007, 2008, 2009, 2010, 2011, 2012, 2013

Unternehmen	ISIN	einbezogene Jahre
Rhön-Klinikum AG	DE0007042301	2005, 2006, 2007, 2008, 2009, 2010, 2011, 2012, 2013
Roth & Rau AG	DE000A0JCZ51	2006, 2007, 2008, 2009, 2010, 2011, 2012, 2013
RWE AG	DE0007037129	2005, 2006, 2007, 2008, 2009, 2010, 2011, 2012, 2013
Salzgitter AG	DE0006202005	2005, 2006, 2007, 2008, 2009, 2010, 2011, 2012, 2013
SAP SE	DE0007164600	2007, 2008, 2009, 2010, 2011, 2012, 2013
Sartorius AG	DE0007165631	2005, 2006, 2007, 2008, 2009, 2010, 2011, 2012, 2013
Schaltbau Holding AG	DE0007170300	2005, 2006, 2007, 2008, 2009, 2010, 2011, 2012, 2013
Schlott Gruppe AG	DE0005046304	2005, 2006, 2007, 2008, 2009
Schuler AG	DE000A0V9A22	2006, 2007, 2008, 2009, 2010, 2011, 2012, 2013
Schwarz Pharma AG	DE0007221905	2005, 2006, 2007, 2008,
SGL Carbon SE	DE0007235301	2005, 2006, 2007, 2008, 2009, 2010, 2011, 2012, 2013
SHW AG	DE000A1JBPV9	2011, 2012, 2013
Siemens AG	DE0007236101	2007, 2008, 2009, 2010, 2011, 2012, 2013
Singulus Technologies AG	DE0007238909	2005, 2006, 2007, 2008, 2009, 2010, 2011, 2012, 2013
Sixt SE	DE0007231326	2005, 2006, 2007, 2008, 2009, 2010, 2011, 2012, 2013
SKW Stahl-Metallurgie Holding AG	DE000SKWM021	2006, 2007, 2008, 2009, 2010, 2011, 2012, 2013
Sky Deutschland AG	DE000SKYD000	2005, 2006, 2007, 2008, 2009, 2010, 2011, 2012, 2013
SMA Solar Technology AG	DE000A0DJ6J9	2008, 2009, 2010, 2011, 2012, 2013
SMT Scharf AG	DE0005751986	2007, 2008, 2009, 2010, 2011, 2012, 2013
Software AG	DE0003304002	2005, 2006, 2007, 2008, 2009, 2010, 2011, 2012, 2013
Solarworld AG	DE000A1YCMM2	2005, 2006, 2007, 2008, 2009, 2010, 2011, 2012, 2013
Solon AG	DE0007471195	2005, 2006, 2007, 2008, 2009, 2010
STADA Arzneimittel AG	DE0007251803	2005, 2006, 2007, 2008, 2009, 2010, 2011, 2012, 2013
Stratec Biomedical AG	DE0007289001	2005, 2006, 2007, 2008, 2009, 2010, 2011, 2012, 2013
Ströer SE & Co. KGaA	DE0007493991	2010, 2011, 2012, 2013
Südzucker AG	DE0007297004	2005, 2006, 2007, 2008, 2009, 2010, 2011, 2012, 2013
Süss Microtec AG	DE000A1K0235	2005, 2006, 2007, 2008, 2009, 2010, 2011, 2012, 2013
Symrise AG	DE000SYM9999	2006, 2007, 2008, 2009, 2010, 2011, 2012, 2013
TAG Immobilien AG	DE0008303504	2005, 2006, 2007, 2008, 2009, 2010, 2011, 2012, 2013
TAKKT AG	DE0007446007	2005, 2006, 2007, 2008, 2009, 2010, 2011, 2012, 2013

Unternehmen	ISIN	einbezogene Jahre
Techem AG	DE0005471601	2005, 2006, 2007, 2008
Telefónica Deutschland Holding AG	DE000A1J5RX9	2012, 2013
Thielert AG	DE0006052079	2005, 2006
Thyssenkrupp AG	DE0007500001	2006, 2007, 2008, 2009, 2010, 2011, 2012, 2013
Tognum AG	DE000A0N4P43	2007, 2008, 2009, 2010, 2011, 2012
Tom Tailor Holding AG	DE000A0STST2	2010, 2011, 2012, 2013
T-Online International AG	DE0005557706	2005
TUI AG	DE000TUAG000	2005, 2006, 2007, 2008, 2009, 2010, 2011, 2012, 2013
United Internet AG	DE0005089031	2005, 2006, 2007, 2008, 2009, 2010, 2011, 2012, 2013
VBH Holding AG	DE0007600702	2005, 2006, 2007, 2008, 2009, 2010, 2011, 2012, 2013
Versatel AG	DE000A0M2ZK2	2007, 2008, 2009, 2010
Villeroy & Boch AG	DE0007657231	2005, 2006, 2007, 2008, 2009, 2010, 2011, 2012, 2013
Vivacon AG	DE0006048911	2005, 2006, 2007, 2008, 2009
Volkswagen AG	DE0007664005	2005, 2006, 2007, 2008, 2009, 2010, 2011, 2012, 2013
Vossloh AG	DE0007667107	2005, 2006, 2007, 2008, 2009, 2010, 2011, 2012, 2013
VTG AG	DE000VTG9999	2007, 2008, 2009, 2010, 2011, 2012, 2013
Wacker Chemie AG	DE000WCH8881	2006, 2007, 2008, 2009, 2010, 2011, 2012, 2013
Wacker Neuson SE	DE000WACK012	2007, 2008, 2009, 2010, 2011, 2012, 2013
Wincor Nixdorf AG	DE000A0CAYB2	2005, 2006, 2007, 2008, 2009, 2010, 2011, 2012, 2013
Wirecard AG	DE0007472060	2005, 2006, 2007, 2008, 2009, 2010, 2011, 2012, 2013
Xing AG	DE000XNG8888	2006, 2007, 2008, 2009, 2010, 2011, 2012, 2013
Zapf Creation AG	DE000A11QU78	2005, 2006, 2007, 2008, 2009, 2010, 2011, 2012, 2013
Zooplus AG	DE0005111702	2008, 2009, 2010, 2011, 2012, 2013

Tabelle: Liste der untersuchten Unternehmen des Panel A (N = 1.486) (eigene Darstellung)

Verzeichnis der Gesetze, Verordnungen und anderer Rechnungslegungsnormen

DRSC (2017): Deutsche Rechnungslegungsstandards (DRSs), Berlin 2017.

EU-Verordnung Nr. 648/2012: Verordnung (EU) Nr. 648/2012 des Europäischen Parlaments und des Rates vom 4. Juli 2012 über OTC-Derivate, zentrale Gegenparteien und Transaktionsregister, in: Amtsblatt der Europäischen Union Nr. L 201 vom 27.07.2012, S. 1-59.

EU-Verordnung 2016/2067: Verordnung (EU) 2016/2067 der Kommission vom 22. November 2016 zur Änderung der Verordnung (EG) Nr. 1126/2008 zur Übernahme bestimmter internationaler Rechnungslegungsstandards gemäß der Verordnung (EG) Nr. 1606/2002 des Europäischen Parlaments und des Rates im Hinblick auf den International Financial Reporting Standard 9, in: Amtsblatt der Europäischen Union Nr. L 3231 vom 29.11.2016, S. 1-164.

HGB (2017): Handelsgesetzbuch in der im Bundesgesetzblatt Teil III, Gliederungsnummer 4100-1, veröffentlichten bereinigten Fassung, das zuletzt durch Artikel 2 des Gesetzes vom 11. April 2017 (BGBl. I S. 802) geändert worden ist.

IASB (2004): International Financial Reporting Standards (IFRSs) including International Accounting Standards (IASs) and Interpretations as at 31 March 2004, London 2004.

IASB (2013): International Financial Reporting Standards (IFRSs) including International Accounting Standards (IASs) and Interpretations as at 1 January 2013, London 2013.

IASB (2017): Financial Instruments: Accounting for Dynamic Risk Management: a Portfolio Revaluation Approach to Macro Hedging, online im Internet: http://www.ifrs.org/Current-Projects/IASB-Projects/Financial-Instruments-A-Replacement-of-IAS-39-Financial-Instruments-Recognitio/Phase-III-Macro-hedge-accounting/Pages/Phase-III-Macro-hedge-accounting.aspx,Stand: 21.05.2015, Abfrage: 11:00 Uhr, 23.04.2017, S. 1.

Literaturverzeichnis

Acharya, V./Philippon, T./Richardson, M./Roubini, N. (2009): The Financial Crisis of 2007-2009: Causes and Remedies; in: Financial Markets, Institutions & Instruments, 18. Jg., Heft 2, S. 89-137.

Adam, T. R./Fernando, C. S. (2006): Hedging, Speculation and Shareholder Value, in: Journal of Financial Economics, 81. Jg., Heft 2, S. 283-309.

Adam, T. R./Fernando, C. S./Salas, J. M. (2015): Why Do Firms Engage in Selective Hedging Evidence from the Gold Mining Industry, Working Paper, Social Science Research Network (SSRN).

Adler, M./Dumas, B. (1984): Exposure to Currency Risk: Definition and Measurement, in: Financial Management, 13. Jg., Heft 2, S. 41-50.

Afza, T./Alam, A. (2016): Foreign Currency Derivatives and Firm Value, in: European Online Journal of Natural and Social Sciences, 5. Jg., Heft 1, S. 1-14.

Ahmed, H./Azevedo, A./Guney, Y. (2014): The Effect of Hedging on Firm Value and Performance: Evidence from the Nonfinancial UK Firms, Conference Paper, Annual Meeting European Financial Management Association 2014.

Allayannis, G./Ofek, E. (2001): Exchange Rate Exposure, Hedging, and the Use of Foreign Currency Derivatives, in: Journal of International Money and Finance, 20. Jg., Heft 2, S. 273-296.

Allayannis, G./Weston, J. P. (2001): The Use of Foreign Currency Derivatives and Firm Market Value, in: Review of Financial Studies, 14. Jg., Heft 1, S. 243-276.

Allayannis, G./Lel U./Miller D. P. (2012): The Use of Foreign Currency Derivatives, Corporate Governance and Firm Value around the World, in: Journal of International Economics, 87. Jg., Heft 1, S. 65-79.

Altman, E. I. (1984): A Further Empirical Investigation of the Bankruptcy Cost Question, in: Journal of Finance, 39. Jg., Heft 4, S. 1067-1089.

Amberg, N./Friberg, R. (2016): Three Approaches to Risk Management – and How and Why Swedish Companies Use Them, in: Journal of Applied Corporate Finance, 28. Jg., Heft 1, S. 86-94.

Amihud, Y./Lev, B. (1981): Risk Reduction as a Managerial Motive for Conglomerate Mergers, in: Bell Journal of Economics, 12. Jg., Heft 2, S. 605-617.

Arellano, M./Bond, S. (1991): Some Tests of Specification for Panel Data: Monte Carlo Evidence and an Application to Employment Equations, in: Review of Economics Studies, 58. Jg., Heft 2, S. 277-297.

Arellano, M./Bover, O. (1995): Another Look at the Instrumental Variable Estimation of Error-Component Models, in: Journal of Econometrics, 68. Jg., Heft 1, S. 29-51.

Aretz, K./Bartram, S. M./Dufey, G. (2007): Why Hedge? Rationales for Corporate Hedging and Value Implications, in: Journal of Risk Finance, 8. Jg., Heft 5, S. 434-449.

Aretz, K./Bartram, S. M. (2010): Corporate Hedging and Shareholder Value, in: Journal of Financial Research, 33. Jg., Heft 4, S. 317-371.

Armstrong, C. S./Core, J. E./Taylor, D. J./Verrecchia, R. E. (2011): When Does Information Asymmetry Affect the Cost of Capital?, in: Journal of Accounting Research, 49. Jg., Heft 1, S. 1-40.

Arnold, M. M./Rathgeber, A. W./Stöckl, S. (2014): Determinants of Corporate Hedging: A (statistical) Meta-Analysis, in: Quarterly Review of Economics and Finance, 54. Jg., Heft 4, S. 443-458.

Ayturk, Y./Gurbuz, A. O./Yanik, S. (2016): Corporate Derivatives Use and Firm Value: Evidence from Turkey, in: Borsa Istanbul Review, 16. Jg., Heft 2, S. 108-120.

Backhaus, K./Erichson, B./Plinke, W./Weiber, R. (2016): Multivariate Analysemethoden, (Eine anwendungsorientierte Einführung), 14. Auflage, Berlin (et al.).

Bali, T. G./Hume, S./Martell, T. (2007): A New Look at Hedging with Derivatives: Will Firms Reduce Market Risk Exposure?, in: Journal of Futures Markets, 27. Jg., 11. Heft, S. 1053-1083.

Baltagi, B. H. (1998): Panel Data Methods (Chapter 8), in: Ullah, A./Giles, D. E. A. (Hrsg.): Handbook of Applied Economic Statistics, New York (et al.), S. 291-323.

Banz, R. W. (1981): The Relationship between Return and Market Value of Common Stocks, in: Journal of Financial Economics, 9. Jg., Heft 1, S. 3-18.

Barckow, A. (2003): IAS 39, (Finanzinstrumente: Ansatz und Bewertung), in: Baetge, J./Wollmert, P./Kirsch, H.-J./Oser, P./Bischof, S. (Hrsg.): Rechnungslegung nach IFRS, (Kommentar auf der Grundlage des deutschen Bilanzrechts), 2. Auflage, Stuttgart, Loseblattausgabe, Stand Oktober 2016, S. 1-180, Tz. 1-313.

Barckow, A./Glaum, M. (2004): Bilanzierung von Finanzinstrumenten nach IAS 39 (rev. 2004) – ein Schritt in Richtung Full Fair Value Model, in: Zeitschrift für kapitalmarktorientierte Rechnungslegung, 4. Jg., Heft 5, S. 185-203.

Barnett, V./Lewis, T. (1994): Outliers in Statistical Data, 3. Auflage, Chichester.

Bartram, S. M. (1999): Corporate Risk Management, (Eine empirische Analyse der finanzwirtschaftlichen Exposures deutscher Industrie- und Handelsunternehmen), Bad Soden am Taunus.

Bartram, S. M. (2000): Corporate Risk Management as a Lever for Shareholder Value Creation, in: Financial Markets, Institutions and Instruments, 9. Jg., Heft 5, S. 279-324.

Bartram, S. M. (2002): The Interest Rate Exposure of Nonfinancial Corporations, in: European Finance Review, 6. Jg., Heft 1, S. 101-125.

Bartram, S. M./Bodnar, G. M. (2009): No Place to Hide: The Global Crisis in Equity Markets in 2008/2009; in: Journal of International Money and Finance, 28. Jg., Heft 8, S. 1246-1292.

Bartram, S. M./Brown, S. J./Fehle, F. R. (2009): International Evidence on Financial Derivatives Usage, in: Financial Management, 38. Jg., Heft 1, S. 185-206.

Bartram, S. M./Brown, G. W./Minton, B. (2010): Resolving the Exposure Puzzle: The Many Facets of Foreign Exchange Exposure, in: Journal of Financial Economics, 95. Jg., Heft 2, S.148-173.

Bartram, S. M./Brown, G. W./Conrad, J (2011): The Effects of Derivatives on Firm Risk and Value, in: Journal of Financial and Quantitative Analysis, 46. Jg., Heft 4, S. 967-999.

Bartram, S. M. (2015): Corporate Hedging and Speculation with Derivatives, Working Paper, SSRN.

Bauer, M./Haller, A./Wiese, R. (2013): IASB-Projekt: Accounting for Macro Hedging, (Status Quo und relevante Aspekte für das geplante discussion paper), in: Zeitschrift für kapitalmarktorientierte Rechnungslegung, 13. Jg., Heft 7/8, S. 333-342.

Baum, C. F./Schaffer, M. E./Stillman, S. (2003): Instrumental Variables and GMM: Estimation and Testing, in: The Stata Journal, 3. Jg., Heft 1, S. 1-31.

Baum, C. F. (2006): An Introduction to Modern Econometrics Using Stata, College Station.

Baumol, W. J. (1959): Business Behavior, Value, and Growth, New York.

Baumol, W. J./Malkiel, B. G. (1967): The Firm's Optimal Debt-Equity Combination and the Cost of Capital, in: Quarterly Journal of Economics, 81. Jg., Heft 4, S. 547-578.

Bayer AG (Hrsg.) (2014): Geschäftsbericht 2013, Leverkusen.

Becker-Blease, J. R./Kaen, F. R./Etebari, A./Baumann, H. (2010): Employees, Firm Size and Profitability in U. S. Manufacturing Industries, in: Investment Management and Financial Innovations, 7. Jg., Heft 2, S. 7-23.

Beckmann, P. (2006): Der Diversification Discount am deutschen Kapitalmarkt: Eine empirische Untersuchung des Bewertungsunterschieds zwischen fokussierten und diversifizierten Unternehmen und seiner Einflussfaktoren, Wiesbaden.

Beisland, L. A./Frestad, D. (2013): How Fair Value Accounting Can Influence Firm Hedging, in: Review of Derivatives Research, 16. Jg., Heft 2, S. 193-217.

Beißer, J./Read, O. (2016): Libor- und Euribor-Skandal und erste Konsequenzen, in: Zeitschrift für das gesamte Kreditwesen, 16. Jg., Heft 6, S. 219-224.

Belghitar, Y./Clark, E./Judge, A. (2008): The Value Effects of Foreign Currency and Interest Rate Hedging: The UK Evidence, in: International Journal of Business, 13. Jg., Heft 1, S. 43-60.

Belghitar, Y./Clark, E./Mefteh, S. (2013): Foreign Currency Derivative Use and Shareholder Value, in: International Review of Financial Analysis, 29. Jg., Heft 4, S. 283-293.

Bell, A./Jones, K. (2015): Explaining Fixed Effects: Random Effects Modelling of Time-Series Cross Sectional and Panel Data, in: Political Science Research and Methods, 3. Jg., Heft 1, S. 133-153.

Ben Khediri, K. (2010): Do Investors Really Value Derivatives Use? Empirical Evidence from France. in: Journal of Risk Finance, 11. Jg., Heft 1, S. 62-74.

Ben Khediri, K./Folus, D. (2010): Does Hedging Increase Firm Value? Evidence from French Firms, in: Applied Economics Letters, 17. Jg., Heft 10, S. 995-998.

Berger, P. G./Ofek, E. (1995): Diversification's Effect on Firm Value, in: Journal of Financial Economics, 37. Jg., Heft 1, S. 39-65.

Berkshire Hathaway Inc. (Hrsg.) (2003): Annual Report 2002, Omaha.

Bernhardt, T./Erlinger, D./Unterrainer, L. (2014): IFRS 9: The New Rules for Hedge Accounting from the Risk Management's Perspective, in: Journal of Finance and Risk Perspectives, 3. Jg. , Heft 3, S. 53-66.

Berrospide, J. M./Purnanandam, A./Rajan, U. (2008): Corporate Hedging, Investment and Value, Finance and Economics Discussion Series (FEDS) Working Paper 2008-16, Divisions of Research & Statistics and Monetary Affairs Federal Reserve Board.

Bessembinder, H. (1991): Forward Contracts and Firm Value: Investment Incentive and Contracting Effects, in: Journal of Financial and Quantitative Analysis, 26. Jg., Heft 4, S. 519-532.

Bestmann, O./Drerup, B./Wömpener, A. (2016): Kennzahlenübersichten in deutschen Geschäftsberichten – empirische Analyse der Berichtspraxis börsennotierter Unternehmen, in: Zeitschrift für kapitalmarktorientierte Rechnungslegung, 16. Jg., Heft 2, S. 72-78.

Blundell, R./Bond, S. (1998): Initial Conditions and Moments Restrictions in Dynamic Panel Data Models, in: Journal of Econometrics, 87. Jg., Heft 1, S. 115-143.

Bock, J. M./Chwolka, A. (2013): Zum Nutzen von Risikomanagementsystemen und Stand der Umsetzung in börsennotierten Industrie- und Handelsunternehmen, in: Corporate Finance biz, 4. Jg., Heft 8, S. 490-500.

Bodemer, S./Disch, R. (2014): Corporate Treasury Management, (Organisation, Governance, Cash- und Liquiditätsrisikomanagement, Zins- und Währungsrisikomanagement), Stuttgart.

Bodnar, G. M./Gebhardt, G. (1999): Derivatives Usage in Risk Management by U.S. and German Non-Financial Firms: A Comparative Survey, in: Journal of International Financial Management & Accounting, 10. Jg., Heft 3, S. 153-187.

Bodnar, G. M./Tang, C./Weintrop, J. (1999): Both Sides of Corporate Diversification: The Value Impacts of Geographic and Industrial Diversification, Working paper, SSRN.

Bodnar, G. M./Giambona, E./Graham, J./Campbell, R. H./Marston, R. C. (2011): Managing Risk Management, Working Paper, SSRN.

Bohmfalk, T.-B. (2006): Währungsmanagement in international tätigen Unternehmen, (Maßnahmen zur Steuerung des strategischen und operativen Währungsrisikos), Saarbrücken.

Boland, T. (2009): Die Auswirkungen der Finanzkrise auf die Unternehmensfinanzierung und das Kreditvergabeverhalten deutscher Banken, (Eine Ursache-Wirkungsanalyse), in: Elschen, R./Lieven, T. (Hrsg.): Der Werdegang der Krise, (Von der Subprime- zur Systemkrise), Wiesbaden, S. 165-195.

Borchert, M. (2006): Die Sicherung von Wechselkursrisiken in der Rechnungslegung nach deutschem Handelsrecht und International Financial Reporting Standards (IFRS), Frankfurt am Main.

Breeden, D. T./Viswanathan, S. (2016): Why Do Firms Hedge? An Asymmetric Information Model, in: Journal of Fixed Income, 25. Jg., Heft 3, S. 7-25.

Breitkreuz, R. (2012): Grundfragen zur Steuerabgrenzung in der internationalen Rechnungslegung – eine konzeptionelle und bilanztheoretische Analyse auch vor dem Hintergrund empirischer Befunde, Bamberg.

Bromiley, P./McShane, M./Nair, A./Rustambekov, E. (2015): Enterprise Risk Management: Review, Critique, and Research Directions, in: Long Range Planning, 48. Jg., Heft 4, S. 265-276.

Brown, S. J./Goetzmann, W./Ibbotson, R. G./Ross, S. A. (1992): Survivorship Bias in Performance Studies, in: Review of Financial Studies, 5. Jg., Heft 4, S. 553-580.

Brown, G. W./Crabb, P. R./Haushalter, D. (2006): Are Firms Successful at Selective Hedging?, in: Journal of Business, 79. Jg., Heft 6, S. 2925-2949.

Brötzmann, I. (2004): Bilanzierung von güterwirtschaftlichen Sicherungsbeziehungen nach IAS 39 zum Hedge Accounting, Düsseldorf.

Brunnermeier, M. K. (2009): Deciphering the Liquidity and Credit Crunch 2007-2008, in: Journal of Economic Perspectives, 23. Jg., Heft 1, S. 77-100.

Brückner, R. (2013): Important Characteristics, Weaknesses and Errors in German Equity Data from Thomson Reuters Datastream and Their Implications for the Size Effect, Working Paper, SSRN.

Brücks, M./Kerkhoff, G./Stauber, J. (2006a): IFRS 7: Darstellung und Umsetzungsaspekte (Teil 1), in: Der Konzern, 4. Jg., Heft 5, S. 363-378.

Brücks, M./Kerkhoff, G./Stauber, J. (2006b): IFRS 7: Darstellung und Umsetzungsaspekte (Teil 2), in: Der Konzern, 4. Jg., Heft 6, S. 423-444.

Bühlmann, B. (1998): Corporate Hedging, (Über die Wertsteigerungsmöglichkeiten durch finanzwirtschaftliches Risikomanagement), Zürich.

Campbell, T. S./Kracaw, W. A. (1990): Corporate Risk Management and the Incentive Effects of Debt, in: Journal of Finance, 45. Jg., Heft 5, S. 1673-1686.

Campello, M./Lin, C./Ma, Y./Zou, H. (2011): The Real and Financial Implications of Corporate Hedging, in: Journal of Finance, 66. Jg., Heft 5, S. 1615-1647.

Carter, D. A./Rogers, D. A./Simkins, B. J. (2006): Does Hedging Affect Firm Value? Evidence from the U.S. Airline Industry, in: Financial Management, 35. Jg., Heft 1, S. 53-86.

Centrotherm Photovoltaics AG (Hrsg.) (2013): Berichte 01.01.2012-30.09.2012/ 01.10.2012-31.05.2013, Blaubeuren.

Centrotherm Photovoltaics AG (Hrsg.) (2014), Geschäftsbericht 01.06.2013-31.12.2013, Baubeuren.

Chaudhry, N. I./Mehmood, M. S./Mehmood, A. (2014): Dynamics of Derivatives Usage and Firm´s Value, in: Wulfenia Journal, 21. Jg., Heft 6, S. 122-140.

Chen, W./Tan, H./Wang, E. Y. (2013): Fair Value Accounting and Manager's Hedging Decisions, in: Journal of Accounting Research, 51. Jg., Heft 1, S. 67-103.

Chen, C./Lian, L./Lobo, G. J. (2015): Internationalization and Market Valuation in an Emerging Economy: Evidence from China, Conference Paper, Annual Meeting European Financial Management Association 2015.

Chodorow-Reich, G. (2014): The Employment Effects of Credit Market Disruptions: Firm-Level Evidence from the 2008-2009 Financial Crisis, in: Quarterly Journal of Economics, 129. Jg., Heft 1, S. 1-59.

Choi, J. J./Mao C. X./Upadhyay, A. D. (2013): Corporate Risk Management under Information Asymmetry, in: Journal of Business Finance & Accounting, 40. Jg., Heft 1/2, S. 239-271.

Christophe, S. E./Lee, H. (2005): What Matters about Internationalization: A Market-Based Assessment, in: Journal of Business Research, 58. Jg., Heft 5, S. 636-643.

Chung, K./Pruitt, S. (1994): A Simple Approximation of Tobin´s Q; in: Financial Management, 23. Jg., Heft 3, S. 70-74.

Clark, E./Judge, A. (2009): Foreign Currency Derivatives versus Foreign Currency Debt and the Hedging Premium, in: European Financial Management, 15. Jg., Heft 3, S. 606-642.

Clark, E./Mefteh, S. (2010): Foreign Currency Derivatives Use, Firm Value and the Effect of the Exposure Profile: Evidence from France, in: International Journal of Business, 15. Jg., Heft 2, S. 183-196.

Clark, T. S./Linzer, D. A. (2015): Should I Use Fixed or Random Effects?, in: Political Science Research and Methods, 3. Jg., Heft 2, S. 399-408.

Cortez, B./Schön, S. (2009): Hedge-Effektivität nach IAS 39, (Grundlagen, Vergleich mit SFAS 133 sowie zukünftige Entwicklungen, in: Zeitschrift für kapitalmarktorientierte Rechnungslegung, 9. Jg., Heft 7/8, S. 413-425.

Covitz, D./Sharpe, S. A. (2005): Do Nonfinancial Firms Use Interest Rate Derivatives to Hedge?, FEDS Working Paper 2005-39, Divisions of Research & Statistics and Monetary Affairs Federal Reserve Board.

Cox, A. J./Portes, J. (1998): Mergers in Regulated Industries: The Uses and Abuses of Event Studies, in: Journal of Regulatory Economics, 14. Jg., Heft 3, S. 281-304.

Creal, D. D./Robinson, L. A./Rogers, J. L./Zechman, S. L. C. (2014): The Multinational Advantage, Chicago Booth Paper No. 11-37, Fama-Miller Center for Research in Finance.

DaDalt, P./Gay, G./Nam, J. (2002): Asymmetric Information and Corporate Derivatives Use, in: Journal of Futures Markets, 22. Jg., Heft 3, S. 241-267.

DaimlerCrysler AG (Hrsg.) (2007): Geschäftsbericht 2006, Stuttgart.

Delitz, F. (2011): Hedge Accounting in Accordance with IFRS, Hamburg.

Deutsche Börse AG (Hrsg.) (2016): Leitfaden zu den Aktienindizes der Deutsche Börse AG, Version 8.0.2, Frankfurt am Main.

Deutsche Bundesbank (Hrsg.) (2014): Eigentümerstruktur am deutschen Aktienmarkt: allgemeine Tendenzen und Veränderungen in der Finanzkrise, in: Deutsche Bundesbank Monatsbericht, 66. Jg., Heft 9, S. 19-33.

DeMarzo, P. M./Duffie, D. (1991): Corporate Financial Hedging with Proprietary Information, in: Journal of Economic Theory, 53. Jg., Heft 2, 261-286.

DeMarzo, P. M./Duffie, D. (1995): Corporate Incentives for Hedge and Hedge Accounting, in: Review of Financial Studies, 8. Jg., Heft 3, S. 743-771.

Denis, D. J./Denis, D. K./Yost, K. (2002): Global Diversification, Industrial Diversification, and Firm Value, in: Journal of Finance, 57 Jg., Heft 5, S. 1951-1979.

Dettenrieder, D. (2014): Hedge Accounting in Industrieunternehmen nach IFRS 9, Lohmar (et al.).

Dhanani, A./Fifield, S./Helliar, C./Stevenson, L. (2007): Why UK Companies Hedge Interest Rate Risk, in: Studies in Economics and Finance, 24. Jg., Heft 1, S. 72-90.

Dhanani, A./Fifield, S./Helliar, C./Stevenson, L. (2008): The Management of Interest Rate Risk: Evidence from UK Companies, in: Journal of Applied Accounting Research, 9. Jg., Heft 1, S. 52-70.

Dijk, M. A. v. (2011): Is Size Dead? A Review of the Size Effect in Equity Returns, in: Journal of Banking & Finance, 35. Jg., Heft 12, S. 3263-3274.

Dill, A./Lieven, T. (2009): Folgen der Krise für die internationale Realwirtschaft, in: Elschen, R./Lieven, T. (Hrsg.): Der Werdegang der Krise, (Von der Subprime- zur Systemkrise), Wiesbaden, S. 196-218.

Dionne, G. (2013): Risk Management: History, Definition and Critique, in: Risk Management and Insurance Review, 16. Jg., Heft 2, S. 147-166.

Dittmar, A./Mahrt-Smith, J. (2007): Corporate Governance and the Value of Cash Holdings, in: Journal of Financial Economics, 83. Jg., Heft 3, S. 599–634.

Doege, D. (2013): Hedge Accounting nach IAS/IFRS, (Bilanzielle Abbildung ökonomischer Sicherungsbeziehungen), Wiesbaden.

Doidge, C./Karolyi, A./Stulz, R. M. (2007): Why Do Countries Matter so Much for Corporate Governance, in: Journal of Financial Economics, 86. Jg., Heft 1, S. 1-39.

Döhring, B. (2008): Hedging and Invoicing Strategies to Reduce Exchange Rate Exposure: A Euro-Area Perspective, Economic Papers Nr. 299, European Commission.

Droll, T./Ockler, M. (2013): Die Transparenz globaler Derivatemärkte – Licht, Halbdunkel und Schatten, in: Zeitschrift für das gesamte Kreditwesen, 66. Jg., Heft 4, S. 173-178.

Dufey, G./Srinivasulu, S. L. (1983): The Case for Corporate Risk Management of Foreign Exchange Risk, in: Financial Management, 12. Jg., Heft 4, S. 54-62.

Dufey, G./Giddy, I. H. (2003): Management of Corporate Foreign Exchange Risk, in: Choi, F. D. S. (Hrsg): International Finance and Accounting Handbook, 3. Auflage, Hoboken, S. 1-31.

Echterling, F./Eierle, B./Haberberger, B./Weik, A. (2014): Die neuen Regelungen zum Hedge Accounting nach IFRS 9, (Inwieweit wurden die Stellungnahmen zum Exposure Draft im finalen Standard berücksichtigt?), in: Zeitschrift für kapitalmarktorientierte Rechnungslegung, 14. Jg., Heft 1, S. 5-17.

Eichhorn, F.-J. /Heil, Y. (2007): State of the Art des Finanzrisikomanagements von großen deutschen Industrieunternehmen, in: Zeitschrift für das gesamte Kreditwesen, 60. Jg., Heft 2, S. 73-82.

Elschen, R./Lieven, T. (2009): Der Werdegang der Krise, (Von der Subprime- zur Systemkrise), Wiesbaden.

Ernstberger, J. (2008): The Value Relevance of Comprehensive Income under IFRS and US-GAAP: Empirical Evidence from Germany, in: International Journal of Accounting, Auditing and Performance Evaluation, 5. Jg., Heft 1, S. 1-29.

Errunza, V. R./Senbet, L. W. (1984): International Corporate Diversification, Market Valuation, and Size – Adjusted Evidence, in: Journal of Finance, 39. Jg., Heft 3, S. 727-743.

Faccio, M./Lang, L. H. P. (2002): The Ultimate Ownership of Western European Corporations, in: Journal of Financial Economics, 65. Jg., Heft 3 , S. 365-395.

Fama, E. F. (1970): Efficient Capital Markets: A Review of Theory and Empirical Work, in: Journal of Finance, 25. Jg., Heft 2, S. 383-417.

Fama, E. F. (1976): Efficient Capital Markets: Reply, in: Journal of Finance, 31. Jg., Heft 1, S. 143-145.

Fama, E. F. (1978): The Effects of a Firm´s Investment and Financing Decisions on the Welfare of its Security Holders, in: American Economic Review, 68. Jg., Heft 3, S. 272-284.

Fama, E. F. (1991): Efficient Capital Markets: II, in: Journal of Finance, 46. Jg., Heft 5, S. 1575-1617.

Fama, E. F./French, K. R. (1992): The Cross-Section of Expected Stock Returns, in: Journal of Finance, 47. Jg., Heft 2, S. 427-465.

Fama, E. F./French, K. R. (1998): Taxes, Financing Decisions and Firm Value, in: Journal of Finance, 53. Jg., Heft 3; S. 819-843.

Faulkender, M./Wang, R. (2006): Corporate Financial Policy and the Value of Cash, in: Journal of Finance, 61. Jg., Heft 4, S. 1957-1989.

Farrar, D./Glauber, R. (1967): Multicollinearity in Regression Analysis: The Problem Revisited, in: Review of Economics and Statistics, 49. Jg., Heft 1, S. 92-107.

Faßhauer, J. (2010): Rechnungslegung nach IFRS über betriebliche Pensionssysteme, (Konzeptionelle Fragen, Berichterstattungspraxis europäischer Unternehmen und empirische Untersuchung der Wertrelevanz bei deutschen Unternehmen), Düsseldorf.

Fatemi, A./Glaum, M. (2000): Risk Management Practices of German Firms, in: Managerial Finance, 26. Jg., Heft 3, S. 1-17.

Fauver, L./Houston, J. F./Naranjo, A. (2004): Cross-Country Evidence on the Value of Corporate Industrial and International Diversification, in: Journal of Corporate Finance, 10. Jg., Heft 5, S. 729-752.

Fauver, L./Naranjo, A. (2010): Derivative Usage and Firm Value: The Influence of Agency Costs and Monitoring Problems, in: Journal of Corporate Finance, 16. Jg., Heft 5, S. 719-735.

Fazzari, S. M./Hubbard, R. G./Petersen, B. C. (1988): Financing Constraints and Corporate Investments, in: Brookings Papers on Economic Activity, 1. Jg., Heft 1, S. 141-195.

Ferreira Carneiro, L. A./Sherris, M. (2008): Corporate Interest Rate Risk Management with Derivatives in Australia: Empirical Results, in: Revista Contabilidade & Finanças, 19. Jg., Heft 46, S. 86-10.

Fessler, T. (2013): Wirkung der Diversität von Aufsichtsräten auf die Unternehmensperformance in und nach der Finanzkrise, (Eine Panelanalyse deutscher Aktiengesellschaften), München (et al.).

Filippis, F. d. (2011): Währungsrisikomanagement in kleinen und mittleren Unternehmen, Wiesbaden.

Financial Crisis Inquiry Commission (FCIC) (Hrsg.) (2011): The Financial Crisis Inquiry Report, (Final Report of the National Commission on the Causes of the Financial and Economic Crisis in the United States), Washington D. C.

Fite, D./Pfleiderer, P. (1995): Should Firms Use Derivatives to Manage Risk? in: Beaver, W. H./Parker, G. C. (Hrsg.): Risk Management: Problems and Solutions, New York (et al.), S. 139-169.

Fok, R. C. W./Carroll, C./Chiou, M. C. (1997): Determinants of Corporate Hedging and Derivatives: A Revisit, in: Journal of Economics and Business, 49. Jg., Heft 6, S. 569–585.

Frank, M. Z./Goyal, V. K. (2009): Capital Structure Decisions: Which Factors Are Reliably Important?, in: Financial Management, 38. Jg., Heft 1, S. 1-37.

Friedhoff, M./Berger, M. (2011): IAS 39 – Financial Instruments: Recognition and Measurement, in: Buschhüter, M./Striegel, A. (Hrsg.): Kommentar Internationale Rechnungslegung IFRS, Wiesbaden, S. 1020-1158 Tz.1-294.

Froot, K. A./Scharfstein, D. S./Stein, J. C. (1993): Risk Management: Coordinating Corporate Investment and Financing Policies, in: Journal of Finance, 48. Jg., Heft 5, S. 1629-1658.

Froot, K. A./Scharfstein, D. S./Stein, J. C. (1994): A Framework for Risk Management, in: Harvard Business Review, 72. Jg., Heft 6, S. 91-102.

Gaber, C./Siwik, T. (2010): Modellierung eines Portfolio Hedge Accounting für Zinsrisiken, in: Corporate Finance biz, 1. Jg., Heft 4, S. 223-233.

Gamba, A./Triantis, A. J. (2014): Corporate Risk Management: Integrating Liquidity, Hedging and Operating Policies, in: Management Science, 60. Jg., Heft 1, S. 246-264.

Gande, A./Schenzler, C./Senbet, L. W. (2009): Valuation Effects of Global Diversification, in: Journal of International Business Studies, 40. Jg., Heft 9, 1515-1532.

Gay, G. D./Nam, J. (1998): The Underinvestment Problem and Corporate Derivatives Use, in: Financial Management, 27. Jg., Heft 4, S. 53-69.

Gehrke, N. (1994): Tobin´s q: Die Beziehung zwischen Buch- und Marktwerten deutscher Aktiengesellschaften, Wiesbaden.

Geier, B. M./Mirtschink, D. J. (2013): OTC-Derivate-Regulierung aus Sicht der Buy- und Sell-Side (EMIR und MiFID II/MiFIR), in: Corporate Finance biz, 4. Jg. Heft 2, S. 102-116.

Gerpott, T. J./Jakobin, N. M. (2006): Ereignisstudien, in: Wirtschaftswissenschaftliches Studium, 35. Jg., Heft 2, S. 66-72.

Geyer-Klingeberg, J./Hang, M./Rathgeber, A. W./Stöckl, S./Walter, M. (2015): What Do We Really Know about Corporate Hedging?, Conference Paper, Meta Analysis of Economics Research Network (MAER-Net) 2015 Colloquium.

Géczy, C./Minton, B. A./Schrand, C. (1997): Why Firms Use Currency Derivatives, in: Journal of Finance, 52. Jg., Heft 4, S. 1323-1354.

Glaum, M. (1994): Informationseffizienz der Devisenmärkte und unternehmerisches Wechselkursrisiko-Management, in: Kredit und Kapital, 27. Jg., Heft 1, S. 67-99.

Glaum, M., (2002): The Determinants of Selective Exchange Risk Management – Evidence from German Non-financial Corporations, in: Journal of Applied Corporate Finance, 14. Jg., Heft 4, S. 108-121.

Glaum, M./Klöcker, A. (2009): Hedge Accounting nach IAS 39 in der Praxis, in: Zeitschrift für kapitalmarktorientierte Rechnungslegung, 9. Jg., Heft 6, S. 329-340.

Glaum, M./Klöcker, A. (2011): Hedge Accounting and Its Influence on Financial Hedging: When the Tail Wags the Dog, in: Accounting and Business Research, 41. Jg., Heft 5, S. 459-489.

Glaser, M./Müller, S. (2006): Der Diversification Discount in Deutschland: Existiert ein Bewertungsabschlag für diversifizierte Unternehmen, Working Paper No. 06-13, Sonderforschungsbereich 504 der Universität Mannheim.

Goodhart, C. A. E. (2008): The Background to the 2007 Financial Crisis, in: International Economics and Economic Policy, in: 8. Jg., Heft 4, S. 331-346.

Gould, J./Szimayer, A. (2009): The Joint Hedging and Leverage Decision, Working Paper, SSRN.

Gómez-González, J. E./León Rincón, C. E./Leiton Rodríguez, K. J. (2012): Does the Use of Foreign Currency Derivatives Affect Firms´ Market Value? Evidence from Colombia, in: Emerging Markets Finance & Trade, 48. Jg., Heft 4, S. 50-66.

Graham, J. R./Smith, C. W. (1999): Tax Incentives to Hedge, in: Journal of Finance, 54. Jg., Heft 6, S. 2241-2263.

Graham, J. R./Rogers, D. A. (2002): Do Firms Hedge in Response to Tax Incentives, in: Journal of Finance, 57. Jg., Heft 2, S. 815–40.

Greene, W. H. (2012): Econometric Analysis, 7. Auflage, Boston (et al.).

Grossman, S. J./Stiglitz, J. E. (1976): Information and Competitive Price Systems, in: American Economic Review, 66. Jg., Heft 2, S. 246-253.

Grossman, S. J./Stiglitz, J. E. (1980): On the Impossibility of Informationally Efficient Markets, in: American Economic Review, 70. Jg., Heft 3, S. 393-408.

Große, J.-V. (2010): Ablösung von IAS 39 – Implikationen für das Hedge Accounting, in: Zeitschrift für kapitalmarktorientierte Rechnungslegung, 10. Jg., Heft 4, S. 191-199.

Guay, W./Kothari, S. P. (2003): How Much Do Firms Hedge with Derivatives?, in: Journal of Financial Economics, 70. Jg., Heft 3, S. 423-461.

Haaker, A. (2014): Nummer 9 lebt! – Auswirkungen des finalen IFRS 9 auf die Bilanzierung von Finanzinstrumenten, in: Der Betrieb, 26. Jg., Heft 49, S. 2790-2792.

Hader, J./Bryazgin, K./Lieven, T. (2009): Folgen der Krise für die internationale Finanzwirtschaft, in: Elschen, R./Lieven, T. (Hrsg.): Der Werdegang der Krise, (Von der Subprime- zur Systemkrise), Wiesbaden, S. 143-163.

Hadlock, C. J./Pierce, J. R. (2010): New Evidence on Measuring Financial Constraints: Moving beyond the KZ Index, in: Review of Financial Studies, 23. Jg., Heft 5, S. 1909-1940.

Hague, I. P. N. (2004): IAS 39: Underlying Principles, in: Accounting in Europe, 1. Jg., Heft 1, S. 21-26.

Hahnenstein, L. (2001): Hedging mit Termingeschäften und Shareholder Value, Wiesbaden.

Hahnenstein, L./Röder, K. (2006): Corporate Hedging and Capital Structure Decisions: towards an Integrated Framework for Value Creation, in: Journal of Financial Transformation, 6. Jg., Heft 2, S. 161-168.

Hahnenstein, L./Röder, K. (2007): Who Hedges More When Leverage Is Endogenous? A Testable Theory of Corporate Risk Management under General Distributional Conditions, in: Review of Quantitative Finance and Accounting, 28. Jg., Heft 4, S. 353-391.

Hahnenstein, L./Röder, K. (2009): Towards an Integrated Theory of Corporate Hedging and Capital Structure Decisions, in: Catlere, P. N. (Hrsg.): Financial Hedging, New York, S. 57-73.

Hall, M./Weiss, L. (1967): Firm Size and Profitability, in: Review of Economics and Statistics, 49. Jg., Heft 3, S. 319-331.

Hall, P. A. (2012): The Economics and Politics of the Euro Crisis, in: German Politics, 21. Jg., Heft 4, S. 355-371.

Haller, A./Froschhammer, M./Groß, T. (2010): Die Bilanzierung von Entwicklungskosten nach IFRS bei deutschen börsennotierten Unternehmen – eine empirische Analyse, in: Der Betrieb, 22. Jg., Heft 13, S. 681-689.

Harford, J. (1999): Corporate Cash Reserves and Acquisitions, in: Journal of Finance, 54. Jg., Heft 6, S. 1969-1997.

Harford, J./Mansi, S./Maxwell, W. (2008): Corporate Governance and Firm Cash Holdings in the US, in: Journal of Financial Economics, 87. Jg., Heft 3, S. 535-555.

Hartenberger, H./Varain, T. C. (2008): IAS 39, (Finanzinstrumente: Ansatz und Bewertung), in: Hennrichs, J./Kleindiek, D./Watrin, C. (Hrsg.): Münchener Kommentar zum Bilanzrecht Band 1 - IFRS, München, Loseblattausgabe, Stand September 2014, S. 1-110 Tz. 1-601.

Hartenberger, H. (2016): §3 Finanzinstrumente, in: Driesch, D./Riese, J./Schlüter, J./Senger, T. (Hrsg.): Beck´sches IFRS-Handbuch, (Kommentierung der IFRS/IAS), 5. Auflage, München, S. 127-301 Tz. 1-582.

Harikumar, T./Harter, C. I. (1995): Earnings Response Coefficient and Persistence: New Evidence Using Tobin´s q as a Proxy for Persistence, in: Journal of Accounting, Auditing & Finance, 10. Jg., Heft 2, S. 401-418.

Hausman, J. A. (1978): Specification Tests in Econometrics, in: Econometrica, 46. Jg., Heft 6, S. 1251-1271.

Henselmann, K./Klein, M./Fürst, B. (2010): Marktpreisrisiko-Reporting bei Nichtfinanzinstituten nach IFRS 7, (Empirische Befunde zum Einsatz von Value at Risk und Sensitivitätsanalysen bei kapitalmarktorientierten Unternehmen), in: Corporate Finance biz, 1. Jg., Heft 7, S. 457-476.

Hentschel, L./Kothari, S. P. (2001): Are Corporations Reducing or Taking Risks with Derivatives?, in: Journal of Financial and Quantitative Analysis, 36. Jg., Heft 1, S. 93-118.

Hommel, U. (2005): Value-Based Motives for Corporate Risk Management, in: Frenkel, M./Hommel, U./Rudolf, M. (Hrsg.): Risk Management, (Challenge and Opportunity), 2. Auflage, Berlin (et al.), S. 455-478.

Hooper, J./Hurlbut, W./Bai, S. (2012): Hedging Strategies and Effects on MNCs' Valuation, Conference Paper, Southwestern Finance Association 2013 Annual Conference.

Hsiao, C. (2014): Analysis of Panel Data, 3. Auflage, New York.

Hund, J. E./Monk, D./Tice, S. (2014): Manufactured Diversification Discount, Working Paper, SSRN.

International Swaps and Derivatives Association Inc. (ISDA) (Hrsg.) (2015): ISDA Insight, (A Survey of Issues and Trends for the Derivatives End-user Community), New York (et al.).

Jaccard, J./Wan, C. K./Turrisi, R. (1990): The Detection and Interpretation of Interaction Effects Between Continuous Variables in Multiple Regressions, in: Multivariate Behavioral Research, 25. Jg., Heft 4, S. 467-478.

Jaccard, J./Turrisi, R. (2003): Interaction Effects in Multiple Regression, 2. Auflage, Thousand Oaks (et al.).

Jaeger, S. (2012): Kapitalstrukturpolitik deutscher börsennotierter Aktiengesellschaften – eine empirische Analyse von Kapitalstrukturdeterminanten, Wiesbaden.

Jankensgård, H./Alviniussen, A./Oxelheim, L. (2016): Why FX Risk Management Is Broken – and What Boards Need to Know to Fix It, in: Journal of Applied Corporate Finance, 28. Jg., Heft 1, S. 46-61.

Jensen, M. C. (1978): Some Anomalous Evidence regarding Market Efficiency, in: Journal of Financial Economics, 6. Jg., Heft 2/3, S. 95-101.

Jensen, M. C./Meckling, W. H. (1976): Theory of the Firm: Managerial Behavior, Agency Costs and Ownership Structure, in: Journal of Financial Economics, 3. Jg., Heft 4, S. 305-360.

Jensen, M. C./Smith, C. W. (1985): Stockholder, Manager, and Creditor Interests: Applications of Agency Theory, in: Altman, E. I. /Subrahmanyam, M. G. (Hrsg): Recent Advances in Corporate Finance, Homewood, S. 93-131.

Jensen, M. C. (1986): Agency Costs of Free Cash Flow, Corporate Finance and Takeovers; in: American Economic Review, 76. Jg., Heft 2, S. 323-329.

Jerzembek, L./Große, J.-V. (2005): Die Fair Value-Option nach IAS 39, (Ende des Wechselbades der Gefühle in Sicht?), in: Zeitschrift für kapitalmarktorientierte Rechnungslegung, 5. Jg., Heft 6, S. 221-228.

Jin, Y./Jorion, P. (2006): Firm Value and Hedging: Evidence from U. S. Oil and Gas Producers, in: Journal of Finance, 61. Jg., Heft 2, S. 893-919.

Kaplan, S./Zingales, L. (1997): Do Investment-Cash Flow Sensitivities Provide Useful Measures of Financing Constraints?, in: Quarterly Journal of Economics, 112. Jg., Heft 1, S. 169-215.

Kapitsinas, S. (2008): The Impact of Derivatives Usage on Firm Value: Evidence from Greece, Munich Personal RePEc Archive (MPRA) Paper No. 10947, Munich University Library.

Kartheiser, T. (2010): Strategisches Währungs- und Zinsrisikomanagement, (Die Verknüpfung von Währungs- und Zinsrisikomanagement mit der Beschaffungs- und Preispolitik, um die unternehmerische Wettbewerbsfähigkeit zu steigern), Göttingen.

Kiy, F. (2015): Effects of the Adoption of Hedge Accounting, Working Paper, SSRN.

Klöcker, A. (2011): Hedge Accounting nach IAS 39, (Auswirkungen auf das finanzwirtschaftliche Hedging von Finanzrisiken in Nichtbanken), Hamburg.

Knappstein, J./Schmidt, A. (2015): Anwendung und Ergebniseffekt des hedge accounting nach IAS 39 in der Unternehmenspraxis, in: Zeitschrift für kapitalmarktorientierte Rechnungslegung, 15. Jg., Heft 12, S. 577-583.

Kohler, M. (2010): Exchange Rates during Financial Crisis, in: BIS Quarterly Review, 15. Jg., Heft 1, S. 39-50.

Konoplev, I. (2010): Corporate Financial Hedging: Auswirkungen auf die Bewertung und Kreditqualität eines Unternehmens am Beispiel der Lufthansa AG, Lohmar (et al.).

Köhling, L./Adler, D. (2012a): Der neue europäische Regulierungsrahmen für OTC-Derivate – Verordnung über OTC-Derivate, zentrale Gegenparteien und Transaktionsregister (Teil 1), in: Zeitschrift für Wirtschafts- und Bankrecht, 66. Jg., Heft 45, S. 2125-2133.

Köhling, L./Adler, D. (2012b): Der neue europäische Regulierungsrahmen für OTC-Derivate – Verordnung über OTC-Derivate, zentrale Gegenparteien und Transaktionsregister (Teil 2), in: Zeitschrift für Wirtschafts- und Bankrecht, 66. Jg., Heft 46, S. 2173-2180.

Kuhner, C./Maltry, H. (2006): Unternehmensbewertung, Berlin (et al.).

Kühnberger, M. (2016): Corporate Governance, Investorenschutz und Rechnungslegung (Teil 1), in: Zeitschrift für kapitalmarktorientierte Rechnungslegung, 16. Jg., Heft 2, S. 79-85.

La Porta, R./Lopez-de-Silanes, F./Shleifer, A./Vishny, R. W. (1998): Law and Finance, in: Journal of Political Economy, 106. Jg., Heft 6, S. 1113-1155.

La Porta, R./Lopez-de-Silanes, F./Shleifer, A./Vishny, R. W. (2002): Investor Protection and Corporate Valuation, in: Journal of Finance, 57. Jg., Heft 3, S. 1147-1170.

Lang, L. H. P./Stulz, R. (1994): Tobin´s Q, Corporate Diversification and Firm Performance, in: Journal of Political Economy, 102. Jg., Heft 6, S. 1248-1280.

Lartey, R. (2012): What Part Did Derivative Instruments Play in the Financial Crisis of 2007-2008?, Working Paper, SSRN.

Lel, U. (2012): Currency Hedging and Corporate Governance – A Cross-Country Analysis, in: Journal of Corporate Finance, 18. Jg., Heft 2, S. 221-237.

Leland, H. E. (1998): Agency Costs, Risk Management, and Capital Structure, in: Journal of Finance, 53. Jg., Heft 4, S. 1213-1243.

Lessard, D. R. (1991): Global Competition and Corporate Finance in the 1990s, in: Journal of Applied Corporate Finance, 3. Jg., Heft 4, S. 59-72.

Levi, M. D./Sercu, P. (1991): Erroneous and Valid Reasons for Hedging Foreign Exchange Rate Exposure, in: Journal of Multinational Financial Management, 1. Jg., Heft 2, S. 25-37.

Lewellen, W./Badrinath, S. (1997): On the Measurement of Tobin´s Q, in: Journal of Financial Economics, 44. Jg., Heft 1, S. 77-122.

Li, K./Prabhala, N. R. (2007): Self-Selection Models in Corporate Finance, in: Eckbo, B. E. (Hrsg.): Handbook of Corporate Finance, (Empirical Corporate Finance Volume 1), Amsterdam (et al.), S. 37-86.

Lieven, P. (2009): Lehman 9/15: Die größte Insolvenz aller Zeiten, in: Elschen, R./Lieven, T. (Hrsg.): Der Werdegang der Krise, (Von der Subprime- zur Systemkrise), Wiesbaden, S. 219-236.

Lievenbrück, M./Schmid, T. (2014): Why Do Firms (not) Hedge? – Novel Evidence on Cultural Influence, in: Journal of Corporate Finance, 25. Jg., Heft C, S. 92-106.

Lin, B. J./Pantzalis, C./Park, J. C. (2010): Corporate Hedging Policy and Mispricing; in: Financial Review, 45. Jg., Heft 3, S. 803-824.

Lindemann, J. (2004): Rechnungslegung und Kapitalmarkt, (Eine theoretische und empirische Analyse), Lohmar (et al.).

Lindenberg, E. B./Ross, S. A. (1981): Tobin´s Q Ratio and Industrial Organization, in: Journal of Business, 54. Jg., Heft 1, S. 1-32.

Lins, K. V./Servaes, H./Tamayo, A. (2011): Does Fair Value Reporting Affect Risk Management?, (International Survey Evidence), in: Financial Management, 40. Jg., Heft 3, S. 525-551.

Lippe, P. v. d. (2011): Verlaufsanalysen (Panelerhebungen) in der Statistik: Warum und wie?, Working Paper Nr. 186, Fakultät der Wirtschaftswissenschaften der Universität Duisburg-Essen.

Litten, R./Schwenk, A. (2013a): EMIR – Auswirkungen der OTC-Derivateregulierung auf Unternehmen der Realwirtschaft (Teil 1), in: Der Betrieb, 25. Jg., Heft 16, S. 857-863.

Litten, R./Schwenk, A. (2013b): EMIR – Auswirkungen der OTC-Derivateregulierung auf Unternehmen der Realwirtschaft (Teil 2), in: Der Betrieb, 25. Jg., Heft 17, S. 918-922.

Lösel, T. (2009): Die Reaktionen der Staaten im internationalen Vergleich, in: Elschen, R./Lieven, T. (Hrsg.): Der Werdegang der Krise, (Von der Subprime- zur Systemkrise), Wiesbaden, S. 259-279.

Löw, E. (2004): Bilanzierung von Finanzinstrumenten und Risikocontrolling, in: Zeitschrift für Controlling und Management , 48. Jg., Sonderheft 2, S. 32-41.

Löw, E. (2005): Neue Offenlegungsanforderungen zu Finanzinstrumenten und Risikoberichterstattung nach IFRS 7, in: Betriebs-Berater, 60. Jg., Heft 4, S. 2175-2184.

Löw, E./Theile, C. (2012): XIII. Sicherungsgeschäfte und Risikoberichterstattung (IAS 39, IFRS 7, IFRS 9), in: Heuser, P. J./Theile, C. (Hrsg.): IFRS Handbuch, (Einzel- und Konzernabschluss), 5. Auflage, Köln, S. 601-630 Tz. 3200-3399.

Lück, W. (2000): Managementrisiken, in: Dörner, D./Horváth, P./Kagermann, H. (Hrsg.): Praxis des Risikomanagements, (Grundlagen, Kategorien, branchenspezifische und strukturelle Aspekte), Stuttgart, S. 311-343.

Lück, W. (2001): Risikomanagementsystem und Controlling, in: Lück, W. (Hrsg.): Risikomanagementsystem und Überwachungssystem, (KonTraG: Anforderungen und Umsetzung in der betrieblichen Praxis), 2. Auflage, München, S. 201-215.

Lüdenbach, N. (2013): § 28 Finanzinstrumente, in: Lüdenbach, N./Hoffmann, W.-D. (2013): IFRS Kommentar, (Das Standardwerk), 11. Auflage, Freiburg (et al.), S. 1607-1822 Tz. 1-372.

Lüdenbach, N./Hoffmann, W.-D./Freiberg, J. (2017): IFRS Kommentar, (Das Standardwerk), 15. Auflage, Freiburg (et al.).

Mackay, P./Moeller, S. B. (2007): The Value of Corporate Risk Management, in: Journal of Finance, 62. Jg., Heft 3, S. 1379-1419.

MacMinn, R. D. (1987a): Insurance and Corporate Risk Management, in: Journal of Risk and Insurance, 54. Jg., Heft 4, S. 658-677.

MacMinn, R. D. (1987b): Forward Markets, Stock Markets, and the Theory of the Firm, in: Journal of Finance, 42. Jg., Heft 5, S. 1167-1185.

Magee, S. (2013): Foreign Currency Hedging and Firm Value: A Dynamic Panel Approach, in: Batten, J. A./Mackay, P./Wagner, N. (Hrsg.): Advances in Financial Risk Management: Corporates, Intermediaries and Portfolios, New York, S. 57-80.

Mahayni, D. (2002): Determinanten des unternehmerischen Währungsderivateeinsatzes, Berlin 2002.

Marami, A/Dubois, M. (2013): Interest Rate Derivatives and Firm Value: Evidence from Mandatory versus Voluntary Hedging, Working Paper, SSRN.

March, J. G./Shapira, Z. (1987): Managerial Perspectives on Risk and Risk Taking, in: Management Science, 33. Jg., Heft 11, S. 1404-1418.

Mason, S. P./Merton, R. C. (1985): The Role of Contingent Claims Analysis in Corporate Finance, in: Altman, E. I./Subrahmanyam, M. G. (Hrsg): Recent Advances in Corporate Finance, Homewood, S. 7-54.

May, D. O. (1995): Do Managerial Motives Influence Firm Risk Reduction Strategies?, in: Journal of Finance, 50. Jg., Heft 4, S. 1291-1308.

Mayer-Fiedrich, M. D. (2016): Zur Bedeutung des Währungsrisikomanagements als Bestandteil der strategischen Krisenprävention, in: Corporate Finance, 7. Jg., Heft 4, S. 89-94.

Mayers, D./Smith, C. W. (1982): On the Corporate Demand for Insurance, in: Journal of Business, 55. Jg., Heft 2, S. 281-296.

Mayers, D./Smith, C. W. (1987): Corporate Insurance and the Underinvestment Problem, in: Journal of Risk and Insurance, 54. Jg., Heft 1, S. 45-54.

McShane, M. K./Nair, A./Rustambekov, E. (2011): Does Enterprise Risk Management Increase Firm Value?, in: Journal of Accounting, Auditing and Finance, 26. Jg., Heft 4, S. 641-658.

Meckl, R./Fredrich, V./Riedel, F. (2010): Währungsmanagement in international tätigen Unternehmen – Ergebnisse einer empirischen Erhebung, in: Corporate Finance biz, 1. Jg., Heft 4, S. 216-222.

Mehrhoff, J. (2009): A Solution to the Problem of too Many Instruments in Dynamic Panel Data GMM, Discussion Paper No. 31/2009, Deutsche Bundesbank.

Melumad, N. D./Weyns, G./Ziv, A. (1999): Comparing Alternative Hedge Accounting Standards: Shareholders Perspective, in: Review of Accounting Studies, 5. Jg., Heft 4, S. 265-292.

Menk, M. T. (2009): Hedge Accounting nach IAS 39 und Alternativen auf Fair Value Basis, Frankfurt am Main.

Meyer, H. D. (2013): Die Bilanzierung latenter Steuern nach IAS 12 – eine Untersuchung der Wertrelevanz latenter Steuern im IFRS-Konzernabschluss deutscher börsennotierter Unternehmen, Dissertation, Universität Giessen.

Mian, S. L. (1996): Evidence on Corporate Hedging Policy, in: Journal of Financial and Quantitative Analysis, 31. Jg., Heft 3, S. 419-439.

Mikus, B. (2001): Risiken und Risikomanagement – ein Überblick, in: Götze, U./Henselmann, K./Mikus, B. (Hrsg.): Risikomanagement, Heidelberg, S. 3-28.

Miller, M. H. (1988): The Modigliani-Miller Propositions After Thirty Years, in: Journal of Economic Perspectives, 2. Jg., Heft 4, S. 99-120.

Miller, K. D. (1992): A Framework for Integrated Risk Management in International Business, in: Journal of International Business Studies, 23. Jg., Heft 2, S. 311-331.

Modigliani, F./Miller, M. H. (1958): The Cost of Capital, Corporate Finance and the Theory of Investment, in: American Economic Review, 48. Jg., Heft 3, S. 261-297.

Modigliani, F./Miller, M. H. (1959): The Cost of Capital, Corporate Finance and the Theory of Investment: Reply, in: American Economic Review, 49. Jg., Heft 4, S. 655-669.

Modigliani, F./Miller, M. H. (1963): Corporate Income Taxes and the Cost of Capital: A Correction, in: American Economic Review, 53. Jg., Heft 3, S. 433-443.

Monda, B./Giorgino, M./Modolin, I. (2013): Rationales for Corporate Risk Management – A Critical Literature Review, MPRA Paper No. 45420, Munich University Library.

Morck, R./Yeung, B. (1991): Why Investors Value Multinationality, in: Journal of Business, 64. Jg., Heft 2, S. 165-187.

Mundlak, Y. (1978): On the Pooling of Time Series and Cross Section Data, in: Econometrica, 46. Jg., Heft 1, S. 69-85.

Myers, S. C. (1977): Determinants of Corporate Borrowing, in: Journal of Financial Economics, 5. Jg., Heft 2, S. 147-175.

Myers, S. C. (1984): The Capital Structure Puzzle, in: Journal of Finance, 39. Jg., Heft 3, S. 575-592.

Myers, S. C./Majluf, N. S. (1984): Corporate Financing and Investment Decisions When Firms Have Information That Investors Do Not Have, in: Journal of Financial Economics, 13. Jg., Heft 2, S. 187-221.

Nance, D. R./Smith, C. W./Smithson, C. W. (1993): On the Determinants of Corporate Hedging, in: Journal of Finance, 48. Jg., Heft 1, S. 267-284.

Nelson, J. M./Beierlein, J. J. (2014): The Use of Derivatives and Firm Value, in: International Research Journal of Applied Finance, 5. Jg., Heft 4, S. 342-361.

Neubäumer, R. (2011): Eurokrise: Keine Staatsschuldenkrise, sondern Folge der Finanzkrise, in: Wirtschaftsdienst, 91. Jg., Heft 12, S. 827-823.

Nguyen, T. (2007): Hedge Accounting: Bilanzierung von Sicherungsgeschäften nach IAS 39, in: Zeitschrift für internationale Rechnungslegung, 2. Jg., Heft 5, S. 299-310.

Nguyen, H./Faff, R. (2010): Does the Type of Derivative Instrument Used by Companies Impact Firm Value, in: Applied Economics Letters, 17. Jg., Heft 7, S. 681-683.

Niebergall, J. (2008): Wertgenerierung durch Corporate Hedging – eine empirische Untersuchung der internationalen Automobilindustrie, Lohmar (et al.).

Nölte, U. (2008): Managementprognosen, Analystenschätzungen und Eigenkapitalkosten – empirische Analysen am deutschen Kapitalmarkt, Dissertation, Ruhr-Universität Bochum.

O'Brien, R. M. (2007): A Caution regarding Rules of Thumb for Variance Inflation Factors, in: Quality & Quantity, 41. Jg., Heft 5, S. 673-690.

Ofir, C./Khuri, A. (1986): Multicollinearity in Marketing Models: Diagnostics and Remedial Measures, in: International Journal of Research in Marketing, 3 Jg., Heft 3, S. 181-205.

Panaretou, A./Shackleton, M. B./Taylor, P. A. (2013): Corporate Risk Management and Hedge Accounting, in: Contemporary Accounting Research, 30. Jg., Heft 1, S. 116-139.

Panaretou, A. (2014): Corporate Risk Management and Firm Value: Evidence from the UK Market, in: The European Journal of Finance, 20. Jg., Heft 12, S. 1161-1186.

Papaioannou, M. (2006): Exchange Rate Risk Measurement and Management: Issues and Approaches for Firms, International Monetary Fund (IMF) Working Paper WP/06/255, International Monetary Fund.

Parajuli, B./Ryan, C./Bai, S. (2013): Currency Hedging by Multinationals under Financial Crisis, Conference Paper, Southwestern Finance Association 2014 Annual Conference.

Perfect, S. B./Wiles, K. W. (1994): Alternative Constructions of Tobin´s Q: An Empirical Comparison; in: Journal of Empirical Finance, 1. Jg., Hefte 3/4, S. 313-341.

Pérez-González, F./Yun, H. (2013): Risk Management and Firm Value: Evidence from Weather Derivatives, in: Journal of Finance, 68. Jg., Heft 5, S. 2143-2176.

Petersen, M. A. (2009): Estimating Standard Errors in Finance Panel Data Sets: Comparing Approaches, in: Review of Financial Studies, 22. Jg., Heft 1, S. 435-480.

Polonis, A./Göcmen, F. (2009): Die Reaktionen der Zentralbanken im internationalen Vergleich, in: Elschen, R./Lieven, T. (Hrsg.): Der Werdegang der Krise, (Von der Subprime- zur Systemkrise), 1. Auflage, Wiesbaden, S. 239-258.

Pratt, J. W./Zeckhauser, R. J. (1991): Principal and Agents: An Overview, in: Pratt, J. W./Zeckhauser, R. J. (1991) (Hrsg.): Principal and Agents: The Structure of Business, 2. Auflage, Boston, S. 1-36.

Pritsch, G./Hommel, U. (1997): Hedging im Sinne des Aktionärs, (Ökonomische Erklärungsansätze für das unternehmerische Risikomanagement, in: Die Betriebswirtschaft, 57. Jg., Heft 5, S. 672-693.

Prokop, J. (2008): Sensitivitätsanalysen und Value at Risk als Instrumente des Marktpreisrisiko-Reporting nach IFRS 7, in: Betriebswirtschaftliche Forschung und Praxis, 60. Jg., Heft 5, S. 464-480.

Proppe, D. (2009): Endogenität und Instrumentenschätzer, in: Albers, S./Klapper, D./Konradt, U./Walter, A./Wolf, J. (Hrsg.): Methodik der empirischen Forschung, 3. Auflage, Wiesbaden, S. 253-266.

Rao, V. K. (2014): Effectiveness of Corporate Hedging, Working Paper, Metropolitan State University.

Reynolds-Moehrle, J. (2005): Management's Disclosure of Hedging Activity: An Empirical Investigation of Analysts' and Investors' Reactions, in: International Journal of Managerial Finance, 1. Jg., Heft 2, S. 108-122.

Roberts, M. R./Whited, T. M. (2013): Endogeneity in Empirical Corporate Finance, in: Constantinides, G. M./Harris, M./Stulz, R. M. (Hrsg.): Handbook of the Economics of Finance (Volume 2, Part A), Oxford, Amsterdam, S. 493-572.

Robichek, A. A./Myers, S. C. (1966): Problems in the Theory of Optimal Capital Structure, in: Journal of Financial & Quantitative Analysis, 1. Jg., Heft 2, S. 1-35.

Rogler, S./Straub, S. V./Tettenborn, M. (2012): Bedeutung des Goodwill in der Bilanzierungspraxis deutscher kapitalmarktorientierter Unternehmen, in: Zeitschrift für kapitalmarktorientierte Rechnungslegung, 12. Jg., Heft 7/8, S. 343-351.

Roodman, D. (2009a): A Note on the Theme of too Many Instruments, in: Oxford Bulletin of Economics and Statistics, 71. Jg., Heft 1, S. 135-158.

Roodman, D. (2009b): How to Do xtabond2: An Introduction to Difference and System GMM in Stata, in: The Stata Journal, 9. Jg., Heft 1, S. 86-136.

Ross, M. P. (1996): Corporate Hedging: What, Why and How?, Research Program in Finance Working Paper Nr. 280, University of California, Berkeley.

Rossi Júnior, J. L./Laham, J. L.(2008): The Impact of Hedging on Firm Value: Evidence from Brazil; in: Journal of International Finance and Economics, 8. Jg., Heft 1, S. 76-91.

Rossi Júnior, J. L. (2013): Hedging, Selective Hedging or Speculation? Evidence of the Use of Derivatives by Brazilian Firms during the Financial Crisis, in: Journal of Multinational Financial Management, 23. Jg., Heft 5, S. 415-433.

Rudolph, C./Schwetzler, B. (2014): Mountain or Molehill? Downward Biases in the Conglomerate Discount Measure, in: Journal of Banking & Finance, 40. Jg., Heft 3, S. 420-431.

Ruß, O. (2002): Hedging-Verhalten deutscher Unternehmen, Empirische Analyse ökonomischer Bestimmungsfaktoren, Wiesbaden.

Ruß, O./Gebhardt, G. (2005): Erklärungsfaktoren für den Einsatz von Währungsderivaten bei deutschen Unternehmen – eine empirische Logit-Analyse, in: Schmalenbachs Zeitschrift für betriebswirtschaftliche Forschung, 57. Jg., Heft 7, S. 565-594.

Schachtner, M. (2009): Accounting und Unternehmensfinanzierung – Eine Analyse börsennotierter Unternehmen in Deutschland und der Schweiz, Wiesbaden.

Schaller, P. D. (2011): Aktienbasierte Incentives im Rahmen der Vorstandsvergütung – eine empirische Analyse der Determinanten und der Implikationen auf die Investitionsentscheidung sowie die Performance deutscher Prime-Standard-Unternehmen, Dissertation, Technische Universität München.

Scharpf, P. (2006): IFRS 7 Financial Instruments: Disclosures, (Eine Erläuterung zu den neuen Angabepflichten für Finanzinstrumente), in: Zeitschrift für kapitalmarktorientierte Rechnungslegung, 6. Jg., Heft 9, S. 3-54.

Schimmelpfennig, F. (2014): European Integration in the Euro Crisis: The Limits of Postfunctionalism, in: Journal of European Integration, 36. Jg., Heft 3, S. 321-337.

Schneider, H. (2009): Nachweis und Behandlung von Multikollinearität, in: Albers, S./Klapper, D./Konradt, U./Walter, A./Wolf, J. (Hrsg.): Methodik der empirischen Forschung, 3. Auflage, Wiesbaden, S. 221-236.

Schneider, H. (2010): Determinanten der Kapitalstruktur – eine meta-analytische Studie der empirischen Literatur, Wiesbaden.

Schön, S. G. (2012): Praxis der IFRS 7-Berichterstattung bei Nicht-Finanzdienstleistern, Lohmar (et al.).

Schremper, R. (2002): Informationseffizienz des Kapitalmarkts, in: Wirtschaftswissenschaftliches Studium, 31. Jg., Heft 12, S. 687-692.

Schröder, A. (2009): Prinzipien der Panelanalyse, in: Albers, S., Klapper, D./ Konradt, U./Walter, A./Wolf, J. (Hrsg.): Methodik der empirischen Forschung, 3. Auflage, Wiesbaden, S. 315-330.

Schwarz, C. (2006): Derivative Finanzinstrumente und hedge accounting, (Bilanzierung nach HGB und IAS 39), Berlin.

Servaes, H./Tamayo, A./Tufano, P. (2009): The Theory and Practice of Corporate Risk Management, in: Journal of Applied Corporate Finance, 21. Jg., Heft 4, S. 60-78.

Siemens AG (Hrsg.) (2006): Geschäftsbericht 2006, München.

Smith, C.W./Warner, J. B. (1979): On Financial Contracting, (An Analysis of Bond Covenants), in: Journal of Financial Economics, 7. Jg., Heft 2, S. 117-161.

Smith, C. W./Stulz, R. M. (1985): The Determinants of Firms Hedging Policies, in: Journal of Finance and Quantitative Analysis, 20. Jg., Heft 4, S. 391-405.

Smith, C. W./Smithson, C. W./Wilford, D. S. (1990): Financial Engineering: Why Hedge?, in: Smith, C. W./Smithson, C. W (Hrsg.): The Handbook of Financial Engineering, (New Financial Product Innovations, Applications, and Analyses), New York (et al.), S. 126-137.

Smith, C. W. (1995): Corporate Risk Management: Theory and Practice, in: Journal of Derivatives, 2. Jg., Heft 4, S. 21-30.

Smith, J. (2014): Does the Market Matter for More than Investment?, in: Journal of Empirical Finance, 25. Jg., Heft 1, S. 52-61.

Soenen, L. A. (1979): Foreign Exchange Exposure Management, in: Management International Review, 19. Jg., Heft 2, S. 31-38.

Spanò, M. (2013): Theoretical Explanations of Corporate Hedging, in: International Journal of Business and Social Research, in: 3. Jg., Heft 7, S. 84-102.

Stapleton, R. C./Subrahmanyam, M. G. (2003): Interest Rate and Foreign Exchange Risk Management Products: Overview of Hedging Instruments and Strategies, in: Choi, F. D. S. (Hrsg): International Finance and Accounting Handbook, 3. Auflage, Hoboken, S. 1-18.

Steinbrenner, H.-P./Schulz, S. (2013): Derivate im Schussfeld der Kritik, in: Zeitschrift für das gesamte Kreditwesen, 66. Jg., Heft 4, S. 21-24.

Stenzel, A./Seifen, A./Hachmeister, D. (2015): Währungsrisikomanagement deutscher Industrieunternehmen – empirische Untersuchung der Praxis, in: Corporate Finance, 6. Jg., Heft 3, S. 47-57.

Stock, J. H./Wright, J. H./Yogo, M. (2002): A Survey of Weak Instruments and Weak Identification in Generalized Methods of Moments, in: Journal of Business and Economic Statistics, 20. Jg., Heft 4, S. 518-529.

Stocker, K. (2013): Management internationaler Finanz- und Währungsrisiken, 3. Auflage, Wiesbaden.

Stulz, R. M. (1996): Rethinking Risk Management, in: Journal of Applied Corporate Finance, 9. Jg., Heft 3, S. 8-25.

Stulz, R. M. (2004): Should We Fear Derivatives?, in: Journal of Economic Perspectives, 18. Jg., Heft 3, S. 173-192.

Stulz, R. M. (2008): Risk Management Failures: What Are They and When Do They Happen?, in: Journal of Applied Corporate Finance, 20. Jg., Heft 4, S. 39-48.

Stulz, R. M. (2009): Financial Derivatives – Lessons from the Subprime Crisis, in: The Milken Institute Review, 11. Jg., Heft 1, S. 58-70.

Stulz, R. M. (2013): How Companies Can Use Hedging to Create Shareholder Value, in: Journal of Applied Corporate Finance, 25. Jg., Heft 4, S. 21-29.

Strauß, M. (2008): Wertorientiertes Risikomanagement in Banken, (Analyse der Wertrelevanz und Implikationen für Theorie und Praxis), Wiesbaden.

Theuermann, C./Grbenic, S. (2011): Corporate Risk Management im Kontext Währungsrisikomanagement, in: Risk, Compliance & Audit, 3. Jg., Heft 3, S. 16-22.

Thiere, W. (2009): Wertrelevanz von Humankapital am deutschen Kapitalmarkt – empirische Bestandsaufnahme und Entwicklung eines Bewertungsmodells, Dissertation, Universität Würzburg.

Thomas, M. (2015): Hedge Accounting nach IFRS 9: Methodenvergleich und Herausforderungen für die Prüfungspraxis, in: Zeitschrift für kapitalmarktorientierte Rechnungslegung, 15. Jg., Heft 6, S. 291-300.

Thomson Reuters (Hrsg.) (2012): Thomson Reuters Business Classification, New York.

Tobin, J. (1969): A General Equilibrium Approach to Monetary Theory, in: Journal of Money, Credit and Banking, 1. Jg., Heft 1, S. 15-29.

Treanor, S. D./Carter, D. A./Rogers, D. A./Simkins, B. J. (2013): Operational and Financial Hedging: Friend or Foe? Evidence from the U. S. Airline Industry, in: Journal of Accounting and Finance, 13. Jg., Heft 6, S. 64-91.

Treanor, S. D./Rogers, D. A./Carter, D. A./Simkins, B. J. (2014): Exposure, Hedging, and Value: New Evidence from the US Airline Industry, in: International Review of Financial Analysis, 34. Jg., Heft 4, S. 200-211.

Trepte, F./Byentsa, M. (2010): Hedging – Quo vadis nach der Regulierung des OTC-Derivatemarkts?, in Corporate Finance law, 1. Jg., Heft 4, S. 260-265.

Triantis (2005): Corporate Risk Management: Real Options and Financial Hedging, in: Frenkel, M./Hommel, U./Rudolf, M. (Hrsg.): Risk Management, (Challenge and Opportunity), 2. Auflage, Berlin (et al.), S. 591-608.

Triki, T. (2005): Research on Corporate Hedging Theories: A Critical Review of the Evidence to Date, Working Paper Nr. 05-04, Canada Research Chair in Risk Management HEC Montreal.

Tuckman, B. (2016): Derivatives: Unterstanding Their Usefulness and Their Role in the Financial Crisis, in: Journal of Applied Corporate Finance, 28. Jg., Heft 1, S. 62-71.

Vila Nova, M./Cerqueira, A./Brandão, E. (2015): Hedging with Derivatives and Firm Value: Evidence for the Nonfinancial Firms Listed on the London Stock Exchange, FEP Working Papers Nr. 568, School of Economics and Management of University of Porto.

Vivel Búa, M./Otero Gonzalez, L./Duran Santomil, P. (2015): Is Value Creation Consistent with Currency Hedging, in: The European Journal of Finance, 21. Jg., Hefte 10/11, S. 912-945.

Vollmer, R. (2008): Rechnungslegung auf informationseffizienten Kapitalmärkten, Wiesbaden.

Vorstius, S. (2004): Wertrelevanz von Jahresabschlussdaten, (Eine theoretische und empirische Betrachtung von Wertrelevanz im Zeitverlauf in Deutschland), Wiesbaden.

Walterscheidt, S./Klöcker, A. (2009): Hedge Accounting gemäß IAS 39: Treiber oder Hemmnis für ein ökonomisch sinnvolles Risikomanagement?, (Ergebnisse einer gemeinsamen Studie von PricewaterhouseCoopers und der Justus-Liebig-

Universität Gießen), in: Zeitschrift für internationale Rechnungslegung, 4. Jg., Heft 07/08, S. 321-324.

Wang, G. C. S. (1996): How to Handle Multicollinearity in Regression Modeling, in: Journal of Business Forecasting: Methods & Systems, 15. Jg., Heft 1, S. 23-27.

Wawrzinek, W./Lübbig, M. (2016): §2. Ansatz, Bewertung und Ausweis sowie zugrunde liegende Prinzipien der IFRS, in: Driesch, D./Riese, J./Schlüter, J./Senger, T. (Hrsg.): Beck´sches IFRS-Handbuch, (Kommentierung der IFRS/IAS), 5. Auflage, München, S. 29-126 Tz. 1-337.

Welch, I. (2004): Capital Structure and Stock Returns; in: Journal of Political Economy, 112. Jg., Heft 1, S. 106-131.

Welch, I. (2011): Two Common Problems in Capital Structure Research: The Financial-Debt-To-Asset-Ratio and Issuing Activity versus Leverage Changes; in: International Review of Finance, 11. Jg., Heft 1, S. 1-17.

Wernerfelt, B./Montgomery, C. A. (1988): Tobin´s Q and the Importance of Focus in Firm Performance, in: American Economic Review, 78. Jg., Heft 1, S. 246-250.

Wesenberg, T. (2005): Zinsrisikomanagement, in: Priermeier, T. (Hrsg.): Finanzrisikomanagement im Unternehmen, (Ein Praxishandbuch), München, S. 103-170.

Whited, T. M./Wu, G. (2006): Financial Constraints Risk, in: Review of Financial Studies, 19. Jg., Heft 2, S. 531-559.

Wiedemann, A. (2002): Messung und Steuerung von Risiken im Rahmen des industriellen Treasury-Managements, in: Hölscher, R./Elfgen, R. (Hrsg.): Herausforderung Risikomanagement, (Identifikation, Bewertung und Steuerung industrieller Risiken), Wiesbaden, S. 505-523.

Wieland, A./Weiß, S. (2013): EMIR – die Regulierung des europäischen OTC-Derivatemarkts, in: Corporate Finance law, 4. Jg., Heft 2, S. 73-91.

Wiese, R. (2009): Hedge-Accounting im IFRS-Abschluss – Methoden der Effektivitätsmessung und Aspekte der Abschlussprüfung, Düsseldorf.

Wintoki, M. B./Linck, J. S./Netter, J. M. (2012): Endogeneity and the Dynamics of Internal Corporate Governance, in: Journal of Financial Economics, 105. Jg., Heft 3, S. 581-606.

Wooldridge, J. M. (2010): Econometric Analysis of Cross Section and Panel Data, 2. Auflage, Cambridge (et al.).

Wooldridge, J. M. (2016): Introductory Econometrics – A Modern Approach, 6. Auflage, Boston.

Wulf, I./Pollmann, R. (2015): Anforderungen an Sicherungsinstrumente und Grundgeschäfte für das General Hedge Accounting nach IFRS 9, in: Zeitschrift für kapitalmarktorientierte Rechnungslegung, 15. Jg., Heft 3, S. 121-130.

Yermack, D. (1996): Higher Market Valuation of Companies with a Small Board of Directors, in: Journal of Financial Economics, 40. Jg., Heft 2, S. 185-211.

Zeller, M./Ruprecht, R. (2014): IFRS 9: Hedge Accounting, (Die wesentlichen Änderungen im Vergleich zu IAS 39), in: Der Schweizer Treuhänder , 88. Jg., Heft 12, S. 1119-1125.

Zhang, H. (2009): Effect of Derivative Accounting Rules on Corporate Risk-Management Behavior, in: Journal of Accounting and Economics, 47. Jg., Heft 3, S. 244-264.

Zhao, Z. (2004): Using Matching to Estimate Treatment Effects: Data Requirements, Matching Metrics, and Monte Carlo Evidence, in: Review of Economics and Statistics, 86. Jg., Heft 2, S. 91-107.

Zimmermann, U./Weck, J. (2013): Derivate in der kommunalen Praxis, in: Zeitschrift für das gesamte Kreditwesen, 13. Jg., Heft 4, S. 193-196.

Zooplus AG (Hrsg.) (2013): Geschäftsbericht 2012, München.

Zunk, D. (2002): Währungsmanagement als Teil des Risikomanagements in der Treasury von Unternehmen, in: Finanz-Betrieb, 4. Jg., Heft 2, S. 90-97.

FINANZIERUNG, KAPITALMARKT UND BANKEN

Herausgegeben von Prof. Dr. Hermann Locarek-Junge, Dresden, Prof. Dr. Klaus Röder, Regensburg, und Prof. Dr. Mark Wahrenburg, Frankfurt

Band 94
Svenja Mangold
Die Realoptionsmethode als Steuerungsinstrument eskalierenden Commitments – Eine empirische Untersuchung
Lohmar – Köln 2017 • 268 S. • € 62,- (D) • ISBN 978-3-8441-0513-1

Band 95
Johannes Volkheimer
Erfolg und Einflussfaktoren chinesischer Unternehmensübernahmen in Europa – Eine empirische Untersuchung
Lohmar – Köln 2017 • 520 S. • € 88,- (D) • ISBN 978-3-8441-0534-6

Band 96
Philipp Bartholomä
Strategische Fremdwährungsverschuldung
Lohmar – Köln 2018 • 244 S. • € 60,- (D) • ISBN 978-3-8441-0538-4

Band 97
Steffen Biermann
Unternehmensbewertung mit Modellen zur Diskontierung von Gewinnprognosen unter Verwendung zukunftsorientierter Kapitalkosten – Eine empirische Analyse auf Basis von Faktorenmodellen zur Bestimmung impliziter Kapitalkosten
Siegburg 2018 • 288 S. • € 64,- (D) • ISBN 978-3-8441-0544-5

Band 98
Alois Rauscher
Einfluss des Corporate Financial Hedging auf den Unternehmenswert – Dargestellt am Beispiel der Absicherung von Zins- und Währungsrisiken deutscher börsennotierter Nicht-Finanzdienstleistungsunternehmen
Siegburg 2018 • 268 S. • € 62,- (D) • ISBN 978-3-8441-0562-9